地学遥感实验教程

DIXUE YAOGAN SHIYAN JIAOCHENG

文广超　主编

中国矿业大学出版社
· 徐州 ·

内 容 提 要

本教程以提升学生运用所学知识解决实际地学问题的技能，激发学生对专业知识的学习兴趣，培养学生利用专业软件开展地学信息提取与分析的能力为目标，以《地学遥感课程教学大纲》和《地学遥感实验课程教学大纲》为指导，以“实验目的→实验内容→实验要求→实验步骤（含实验原理和实验数据）”为主线，建立了地学遥感实验教学体系，共设计了遥感图像预处理、遥感图像处理与分类、地貌解译等13个实验。

本教程可作为地球信息科学与技术、资源勘查工程、地质工程、地质学、地理信息科学等地学类相关专业地学遥感课程的教学用书，也可供地质资源与地质工程、资源环境、遥感地质等相关专业研究生以及从事遥感地质工作的科研与工程技术人员参考使用。

图书在版编目(CIP)数据

地学遥感实验教程 / 文广超主编. —徐州：中国矿业大学出版社，2024.1

ISBN 978-7-5646-6148-9

Ⅰ.①地… Ⅱ.①文… Ⅲ.①地质遥感—高等学校—教材 Ⅳ.①P627

中国国家版本馆 CIP 数据核字(2024)第 036924 号

书　　名　地学遥感实验教程
主　　编　文广超
责任编辑　路　露
出版发行　中国矿业大学出版社有限责任公司
（江苏省徐州市解放南路　邮编 221008）
营销热线　(0516)83885370　83884103
出版服务　(0516)83995789　83884920
网　　址　http://www.cumtp.com　**E-mail**:cumtpvip@cumtp.com
印　　刷　日照报业印刷有限公司
开　　本　787 mm×1092 mm　1/16　**印张** 13.25　**字数** 339 千字
版次印次　2024 年 1 月第 1 版　2024 年 1 月第 1 次印刷
定　　价　36.00 元

前　言

“地学遥感”是河南理工大学地球信息科学与技术、资源勘查工程、地质工程等专业的一门专业课，也是地理、测绘、资源环境等相关专业的重要基础课程之一。“地学遥感”课程是以遥感数字图像处理、普通地质学、构造地质学、地层学、矿物岩石学、地理学等先修课程为基础，运用遥感技术方法或手段有效识别地质体的物性与运动状态的一门课程，具有较强的理论性和实践性。学习本课程，对正确理解人地关系，开展地理地质调查、矿产资源勘查、地质灾害监测与防治、生态环境调查与评价等都具有重要意义。

广义的地学泛指大气圈、水圈、生物圈和岩石圈所涵盖的研究及应用领域，通常包括地质学、地理学、海洋学、大气物理学、古生物学等学科；狭义的地学指地质学和地理学的统称。本实验教程主要涉及狭义地学范畴，旨在通过课堂教学使学生掌握遥感地质基础理论和技术方法，采用数字图像处理方法对不同的地质地理目标进行遥感地学信息的提取与分析训练，强化学生在地质基础理论研究、基础地质与矿产资源调查、灾害监测与防治、生态环境调查与评价等方面对遥感技术的理解，提升学生运用所学知识解决实际地学问题的技能，构建“理论—实践—兴趣—职业”与“课程—专业—研究—就业”相统一的育人格局，激发学生对专业知识的学习兴趣，培养学生利用 ENVI、PIE 等专业软件解决实际问题的能力，为学生今后从事地学遥感领域的科研和技术工作奠定基础。

《地学遥感实验教程》作为“地学遥感”课程的优质配套资料，共设计 13 个实验，包括遥感图像预处理、遥感图像处理与分类、地貌解译、构造解译、植被信息提取、土地覆盖/土地利用信息提取、水体信息提取、湖泊信息提取、土壤侵蚀信息提取、滑坡遥感识别、矿化蚀变信息提取、生态环境评价、区域地表沉降信息提取等内容；开课过程中，教师可以根据需要选择教学。为了便于读者学习，所有实验均按照实验目的、实验内容、实验要求、实验步骤（含实验原理和实验数据）、实验成果提交的思路设计，其中实验步骤结合 ENVI 软件操作给出。

本教程由河南理工大学文广超担任主编，郭梅荣参与编写，实验 1 和实验 2 由郭梅荣编写，实验 3 至实验 13 由文广超编写。文广超对全书做了统稿。河南理工大学谢洪波教授对本教程的设计思路和实验内容提出了宝贵意见，研究生王琳、吴冰洁、王晓鹤、谢丹、尚佳丽参与了本教程部分实验操作步骤的编写，王晓鹤对规范本教程实验步骤做了大量工作，吴冰洁、谢丹对本书的实验进行了重复性测试。地球信息科学与技术专业2018级、2019级、2020级本科生练习了所有实验内容，并进行了错误反馈。

本教程编写得到了教育部产学研合作协同育人项目（项目编号：220802313192541）、河南理工大学课程思政样板课程项目（项目编号：SZYB2022018）、河南理工大学资源环境学院一流课程培育项目（项目编号：YLKC202204）等的联合资助，河南理工大学资源环境学院为本教程出版提供了经费支持，本教程出版得到了航天宏图信息技术股份有限公司的大力支持，作者一并表示衷心的感谢！

此外，本教程是在前人研究工作的基础上编写而成的，书中引用了许多他人的研究成果，在此对地学遥感领域的前辈科研工作者表示崇高的敬意和衷心的感谢！

由于编者水平所限，书中不足之处在所难免，恳请读者批评指正，读者的意见和建议请致信 wengc@hpu.edu.cn，不胜感激！

编　者

2023年8月

目　录

0 ENVI概述

可视化图像处理软件 ENVI(the Environment for Visualizing Images)和交互式数据语言 IDL(Interactive Data Language)是美国 ITT Visual Information Solutions 公司的旗舰产品。其中,ENVI 是遥感领域的研究人员采用 IDL 开发的一套功能齐全的遥感图像处理系统,是可处理、分析并显示多光谱数据的高级工具,主要有以下两大功能:

(1) 强大的图像显示、处理和分析能力

ENVI 作为一个完整的遥感图像处理平台,具有遥感数据常规处理、几何校正、定标、多光谱分析、高光谱分析、雷达分析、地形地貌分析、矢量应用、神经网络分析、区域分析、GPS(全球定位系统)连接、正射影像图生成、三维图像生成、有丰富的可供二次开发调用的函数库、可制图和数据输入/输出等功能。

ENVI 对于待处理的遥感图像波段数目没有显示,它能够处理国际上最先进的卫星影像格式,如 LandSat TM、IKONOS、SPOT、RADARSAT、NASA、NOAA、EPOS 和 TERRA,并能够接收未来新传感器的数据信息。

(2) 强大的多光谱影像处理功能

ENVI 具备全套完整的多光谱遥感影像处理工具,能够进行文件处理、图像增强、掩膜、预处理、图像计算和统计、图像变换和滤波、图像镶嵌、图像融合以及图像分类等操作。同时,软件具有丰富完备的投影软件包,可支持各种投影类型,ENVI 还创造性地将一些高光谱数据处理方法应用于多光谱影像处理领域,能更有效地进行知识分类、土地利用动态监测等遥感应用分析。

0.1 ENVI 工程化应用

ENVI 为用户提供工具,方便用户读取、准备、探测、分析和共享图像中的信息。

0.1.1 支持多种图像类型和格式

ENVI 支持各种类型航空和航天传感器的图像,包括全色、多光谱、高光谱、雷达、热红外、地形数据、GPS 数据、激光雷达等。ENVI 可以读取超过 80 种的数据格式,包括 HDF、GeoDataBase、GeoTIFF 和 JITC 认证的 NITF 等格式。同时,ENVI 的企业级性能可以让人们通过内部组织机构和互联网快速、轻松地访问 OGC(开放地理空间信息联盟)和 JPIP 兼容服务器上的图像。

0.1.2 准备图像

ENVI 提供了自动预处理工具,可以快速、轻松地预处理图像,以便进行查看浏览或其他分析。通过ENVI可以对图像进行以下处理：

① 几何校正/正射校正
② 图像(自动)配准
③ 图像定标
④ 大气校正
⑤ 创建矢量叠加
⑥ 确定感兴趣区域(ROI)
⑦ 创建数字高程模型(DEM)
⑧ 图像融合、掩膜和镶嵌
⑨ 调整大小、旋转、数据类型转换

0.1.3 探测图像

ENVI提供了一个直观的用户界面和易用的工具，可让人们轻松、快速地浏览和探测图像。利用ENVI可以完成的工作包括浏览大型数据集合元数据、对图像进行视觉对比、创建强大的3D场景、创建散点图及探测像素特征等。

0.1.4 分析图像

(1) 数据分析工具

① 创建图像统计资料，如自相关系数和协方差
② 计算图像图集信息，如平均值、最小值、最大值、标准差
③ 提取线性特征
④ 合成雷达图像
⑤ 主成分计算
⑥ 变化检测
⑦ 空间特征测量
⑧ 地形建模和特征提取
⑨ 采用通用或自定义的滤波器
⑩ 执行自定义的波段和光谱数学函数

(2) 光谱分析工具

① 采用监督和非监督方法进行图像分类
② 使用强大的光谱库识别光谱特征
③ 检测和识别目标
④ 识别感兴趣的特征
⑤ 对感兴趣物质的分析和制图
⑥ 执行像素级和亚像素级的分析
⑦ 使用分类后处理工具完善分类结果
⑧ 使用植被分析工具计算森林健康度

0.1.5 可共享信息

ENVI能轻松地整合现有的工作流，让人们能在任何环境中与他人分享地图和报告。所处理的图像可以输出为常见的矢量格式图像和栅格图像，便于协同和演示。

0.1.6 自定义遥感图像应用

ENVI建立于一个强大的开发语言IDL之上。IDL允许对其特性和功能进行扩展或自定义，以符合用户的具体要求。这个强大而灵活的平台可以让人们创建批处理、自定义菜单、添加自己的算法和工具，甚至可将C++或Java代码集成到相应工具中。

0.2 ENVI资源

ENVI自带帮助网址，部分列举如下：

ENVI/IDL技术殿堂：http://www.cnblogs.com/enviidl

ENVI/IDL微博：http://weibo.com/enviidl

0.3 ENVI的使用

0.3.1 ENVI文件格式

ENVI包含一个简单的二进制文件和一个相关的ASCII头文件，能够存储为二进制的字节流，通常以BSQ(按波段顺序)、BIP(波段按像元交叉)或者BIL(波段按行交叉)的方式存储。

(1) BSQ格式

BSQ指先将影像同一波段的数据逐行存储下来，再以相同的方式存储下一波段的数据。

(2) BIP格式

以BIP格式存储的影像，按顺序存储第一个像素的所有波段的光谱特征，接着是第二个像素的所有波段的光谱特征，然后是第三个像素的所有波段的光谱特征，……，依次类推，直到所有像素都存储完毕为止。

(3) BIL格式

BIL格式为大多数ENVI处理操作中所推荐使用的文件格式。以BIL格式存储的影像，先存储第一个波段的第一行，接着是第二个波段的第一行，然后是第三个波段的第一行，直到所有波段都存储完毕为止。

ENVI支持各种数据类型，包括字节型、整型、无符号整型、长整型、无符号长整型、浮点型、双精度浮点型、复数型、双精度复数型、64位整型以及无符号64位整型。

与影像数据同名的文本头文件为ENVI提供了遥感图像的相关信息，包括维数、任何可能嵌入的头信息、数据格式信息及其他信息等。头文件通常是在ENVI第一次读取到一个数据文件时创建的(有时需要用户输入)。在ENVI的菜单栏中选择【File】→【EDIT ENVI Header】(“→”表示点击顺序，下同)能够查看和编辑头文件，或者在可用波段列表中点击鼠标右键，选择【Edit Header】来完成同样的操作。此外，用户也可以在 ENVI 之外使用文本编辑器，产生一个数据文件对应的头文件。

0.3.2 ENVI 窗口和显示

ENVI 的默认设置包括 3 个显示窗口：主影像窗口、滚动窗口和缩放窗口。

(1) 主影像窗口(Main Image Window)

通过该窗口，整幅影像或影像的某部分会以全分辨率(屏幕上的一个像素就是影像中的一个像素)形式显示出来。主影像窗口示例如图 0-1 所示。

(2) 滚动窗口(Scroll Window)

如果在主影像窗口中无法将整幅影像全部显示出来，那么系统会显示滚动窗口。滚动窗口中显示的是经重采样缩小尺寸后的整幅影像，在该窗口中可以选择影像的某一部分并使其显示于主影像窗口。滚动窗口中带颜色的矩形框表示主影像窗口中显示影像在完整影像中的空间位置。根据滚动窗口标题栏中的数值可以得到滚动窗口中显示的影像被缩放的比例。滚动窗口示例如图 0-2 所示。

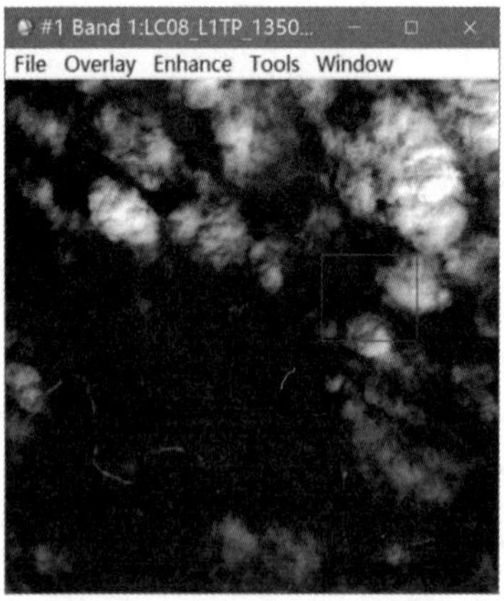

图 0-1　主影像窗口示例

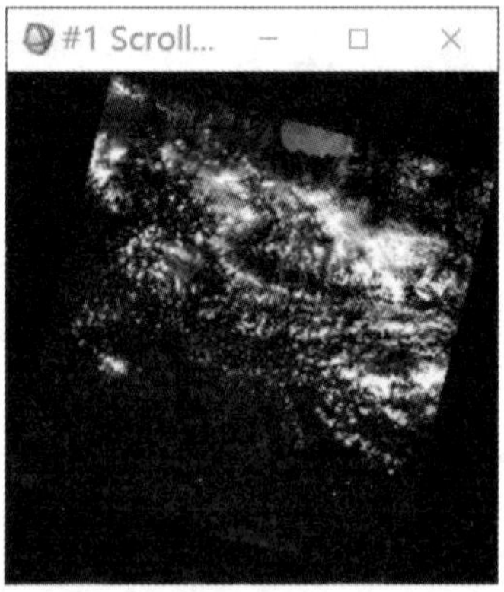

图 0-2　滚动窗口示例

(3) 缩放窗口(Zoom Window)

如图 0-3 所示，该窗口显示的是一幅被放大了的影像，该影像对应主影像窗口所选的部分影像。主影像中带颜色的矩形框显示了缩放窗口中影像所处的空间位置。根据滚动窗口标题栏的数值可以得到影像被放大的倍数。

在任何时刻都可以打开多个显示窗口。ENVI 中有各种类型的窗口，这些窗口包括散点图绘制窗口、波谱剖面廓线窗口、波谱曲线绘制窗口以及矢量窗口。

0.3.3 可用波段列表

如图 0-4 所示，可用波段列表包括所有被打开文件中可用的影像波段，以及与此相关的地图信息列表。使用可用波段列表能够方便地把彩色或灰度影像加载到一个显示窗口中。

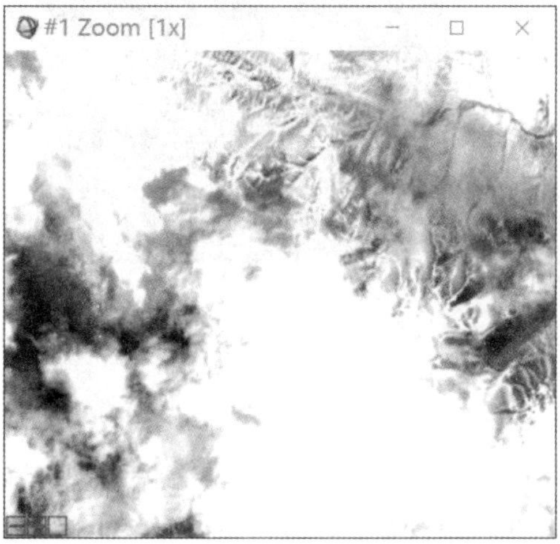

图 0-3　缩放窗口示例

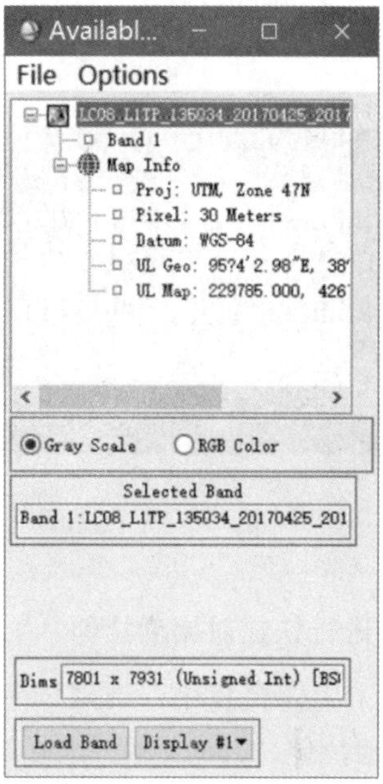

图 0-4　可用波段列表对话框

0.4　ENVI 基本功能

0.4.1　鼠标键的使用方法

（1）鼠标键功能

【Mouse Button Descriptions】对话框用于显示鼠标功能。

打开方法：从主影像窗口菜单栏或者从 ENVI 主菜单栏中选择【Window】→【Mouse Button Descriptions】，打开该对话框后，只要鼠标光标出现在 ENVI 显示窗口或者图形窗口中，鼠标键的功能就会出现在该对话框中。

鼠标键的功能："MB1""MB2""MB3"分别代表鼠标左键、中键和右键。

（2）光标的位置和值

打开方法：从主影像窗口菜单栏或者从 ENVI 主菜单栏中选择【Window】→【Cursor Location】→【Value】菜单命令；或者在主影像窗口中点击鼠标右键，从弹出的快捷菜单中选择菜单命令【Cursor Location】→【Value】；还可以在主影像窗口双击鼠标左键打开或关闭。

0.4.2　显示影像剖面轮廓

打开命令：从主影像窗口菜单栏中选择【Tools】→【Profiles】→【X Profiles/Y Profiles/Z Profiles】菜单命令，即可打开影像剖面轮廓。

如图 0-5 所示，在 X Profiles 绘制窗口中可根据影像中所选择的行绘制出数据值与列号之间的关系曲线图。

如图 0-6 所示，利用 Y Profiles 绘制窗口可绘制出数据值与行号之间的关系曲线图。

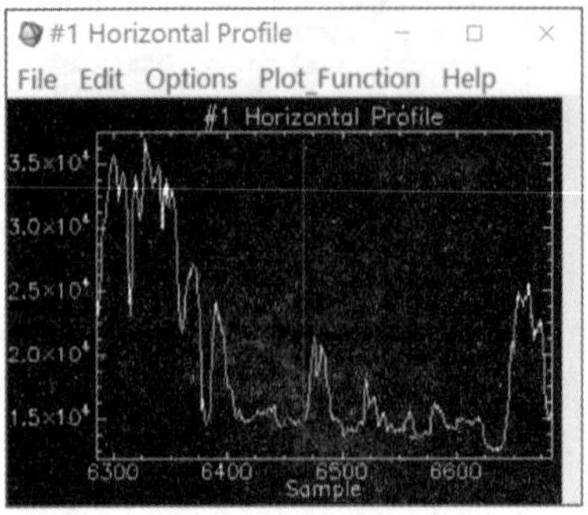

图 0-5　X Profiles

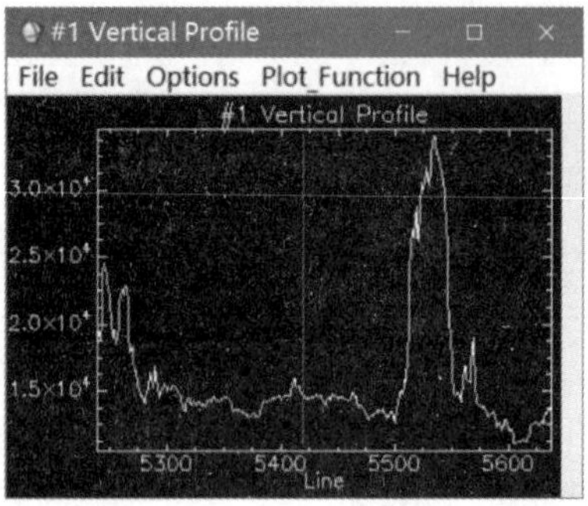

图 0-6　Y Profiles

0.4.3　进行快速对比度拉伸

在主影像窗口中，选择【Enhance】菜单，可以进行各种对比度拉伸，包括线性拉伸、0～255 线性拉伸、2%的线性拉伸、高斯拉伸、均衡化拉伸以及平方根拉伸。

0.4.4　显示交互式的散点图

命令：在主影像窗口菜单栏选择菜单命令【Tools】→【2D Scatter Polts】。

如图 0-7 所示，通过交互式散点图，拖动鼠标中键，可以借助 10×10 的窗口在主影像窗口观测高亮显示的像素。

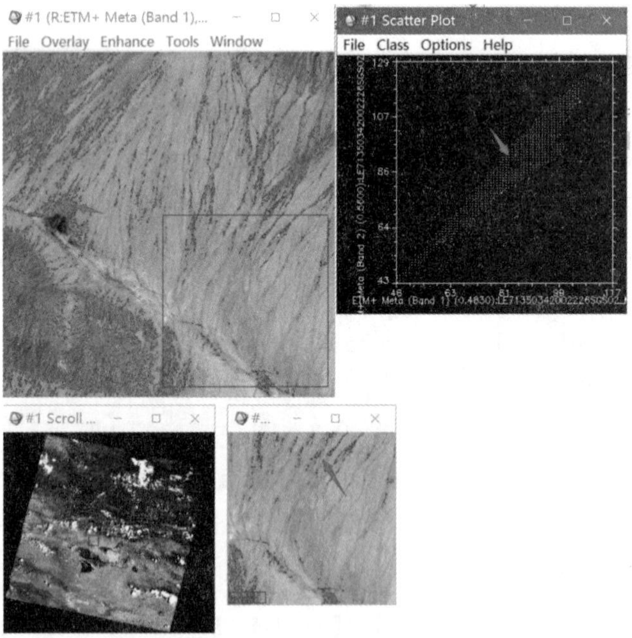

图 0-7　交互式散点图

0.4.5 加载彩色影像

第一步，在 ENVI 主菜单栏中选择菜单命令【Window】→【Available Bands List】，即可打开可用波段列表对话框，如图 0-8 所示。

第二步，在可用波段列表对话框中点击【R】【G】【B】单选按钮，在新窗口中加载一幅彩色影像。

第三步，通过点击列表中的波段名，分别为 R、G、B 选择一个对应波段，当点击列表中的波段名称时，指定的 R、G、B 单选按钮会自动地向前选择。

第四步，当 3 种颜色都有波段与其对应时，点击对话框下侧的【Display ＃1】下拉列表，在下拉列表中选择【New Display】。

第五步，点击【Load RGB】按钮，可将彩色影像加载到新的显示窗口中。

第六步，如图 0-9 所示，在可用波段列表对话框中，用鼠标右键点击文件名，从弹出的快捷菜单中选择【Load True Color to ＜current＞】，在视窗中显示合成的真彩色图像；再次用鼠标右键点击文件名，从弹出的快捷菜单中选择【Load CIR to ＜new＞】，在视窗中显示合成的标准假彩色图像。

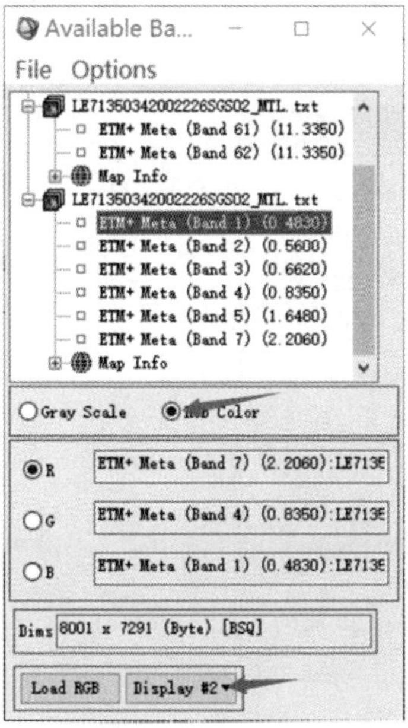

图 0-8 可用波段列表对话框

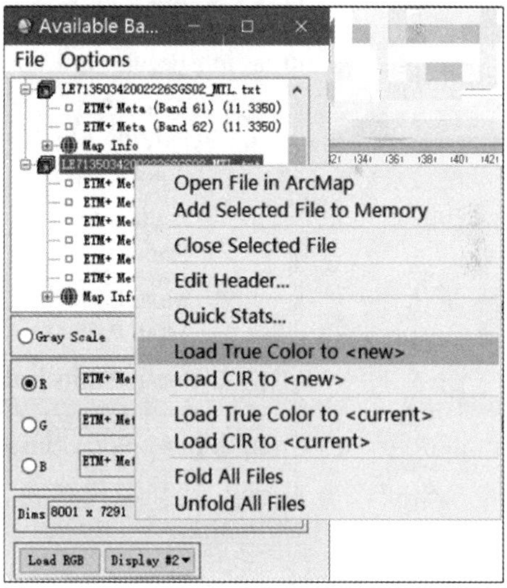

图 0-9 加载真彩色或假彩色图像

0.4.6 选择感兴趣区(Region of Interests，ROI)

感兴趣区主要用于提取分类的统计信息、生成掩膜及进行其他相关操作。

第一步，选择命令，打开感兴趣区区域工具对话框。如图 0-10 所示，在主影像窗口菜单中选择菜单命令【Overlay】→【Region of Interest】，或者在影像中点击鼠标右键，在弹出的快捷菜单中选择菜单命令【ROI Tool】。打开后的【ROI Tool】对话框见图 0-10。

第二步，绘制可代表感兴趣区的多边形。

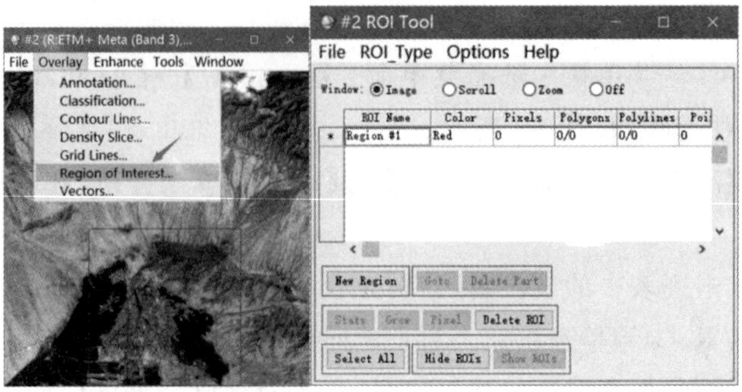

图 0-10　打开感兴趣区

如图 0-11 所示，在【ROI Tool】对话框的【ROI Type】菜单下，可以选择感兴趣区的类型，包括点、线、区、矩形、椭圆等一系列类型。

确定感兴趣区的类型后，在主影像窗口点击鼠标左键，建立感兴趣的第一个顶点，再次点击鼠标左键选点，按顺序依次选择多个顶点，点击鼠标右键结束操作，完成感兴趣区定义。

如果操作过程中出现错误，可以借助鼠标中键删除最新定义的点，或者(如果用户已经闭合了该多边形)删除整个多边形。

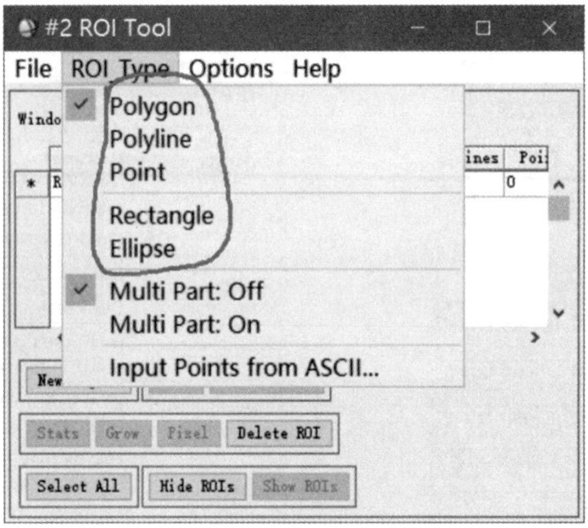

图 0-11　感兴趣区的类型选择

如图 0-12 所示，点击【Stats】按钮，打开【ROI Statistics Result】对话框；如图 0-13 所示，可以查看所选感兴趣区的统计数据，点击【Select Plot】菜单并选择它的子菜单可以显示各个波段的光谱特征曲线。

点击【Grow】按钮，使用一个特定的阈值使感兴趣区“生长”到邻近的像素。

点击【Pixel】按钮，可以将多边形、椭圆、矩形以及折线进行像素化，它的目的是使其成为编辑点的集合。

点击【Delete】按钮，将会把所选的感兴趣区从列表中永久性地删除。

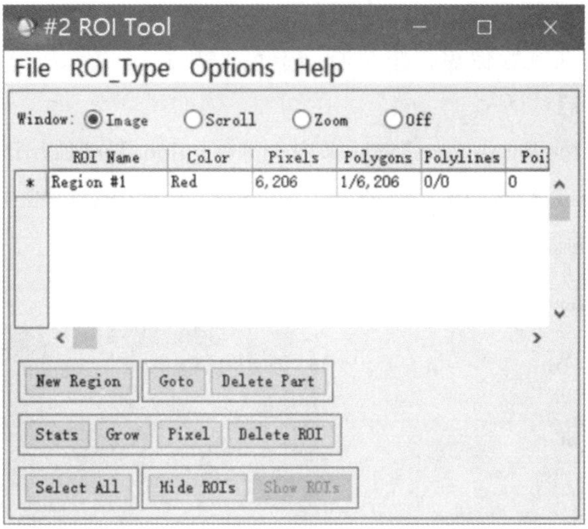

图 0-12 【ROI Tool】对话框

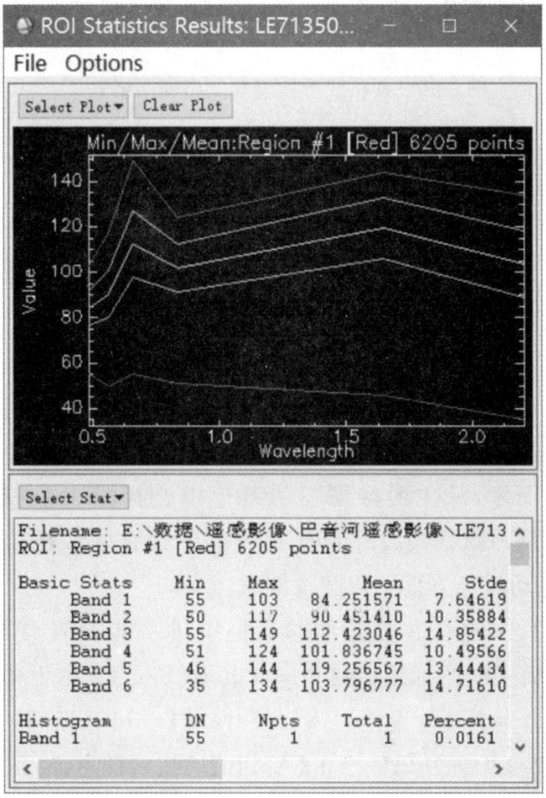

图 0-13 感兴趣区的光谱特征曲线及统计数据的显示

【ROI Tool】对话框顶部的其他按钮和下拉菜单中的选项可以用于计算感兴趣区的均值、保存感兴趣区的定义、载入已保存的感兴趣区、显示或者删除列表中的所有感兴趣区的定义。

0.4.7 添加网格

操作命令：该操作在主影像窗口中进行，选择菜单命令【Overlay】→【Grid Lines】，打开【Grid Line Parameters】对话框。

第一步，在【Grid Line Parameters】对话框中选择【Options】→【Edit Pixel Grid Attributes】下拉菜单，打开【Edit Pixel Attributes】对话框，可以通过设置公里网线宽、公里网颜色和公里网间隔来修改公里网的属性，如图 0-14 所示。

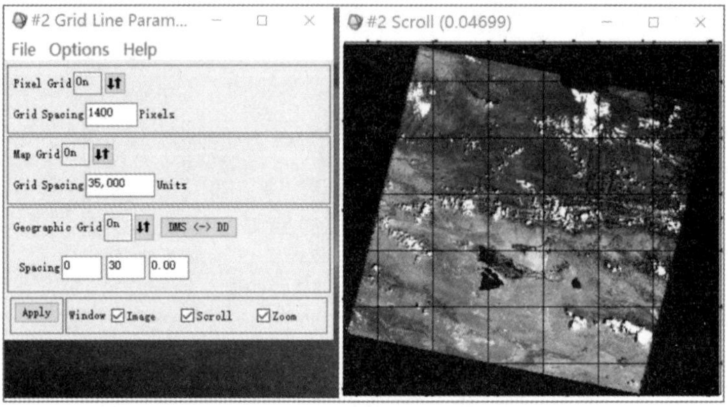

图 0-14 网格线参数设置及添加网格效果

第二步，在【Edit Pixel Attributes】对话框中完成了属性设定后，点击【OK】按钮，可将所做的更改应用到影像中。

第三步，当完成公里网的添加后，点击【Grid Line Parameters】对话框中的【Apply】按钮，即可在影像中添加公里网。

0.4.8 快速制图

ENVI 的地图制图功能能够方便地、快捷地、可交互式地将一幅图像绘制成地图，操作步骤如下：

第一步，打开目标图像，从主图像窗口的菜单中选择【File】→【Quick Map】→【New Quick Map】，出现快速制图默认参数对话框(图 0-15)，设置好参数，点击【OK】按钮，在打开的制图图像对话框中拖动红色方框选择图像区域。

第二步，点击【OK】按钮后，在打开的对话框中进一步设置参数，如图 0-16 所示，在【Main Title】文本框中输入地图标题；在【Lower Left Text】文本框中鼠标右键点击加载地图投影信息，可手动修改为中文并设置字体和尺寸；在【Grid Lines】的【Font】中设置字体为“Roman 1”，可消除经纬度中的乱码。点击【Apply】按钮后即可弹出显示快速制图结果的新图像窗口。

0.4.9 保存和输出影像

操作命令：主影像窗口的菜单命令【File】→【Save Image As】→【Image File】。

第一步，利用上述命令，在【Output Display to Image File】对话框中选择 24 比特彩色或

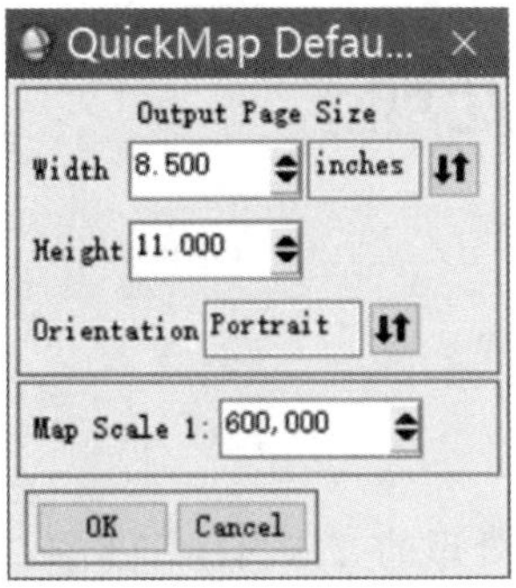

图 0-15 快速制图默认参数对话框

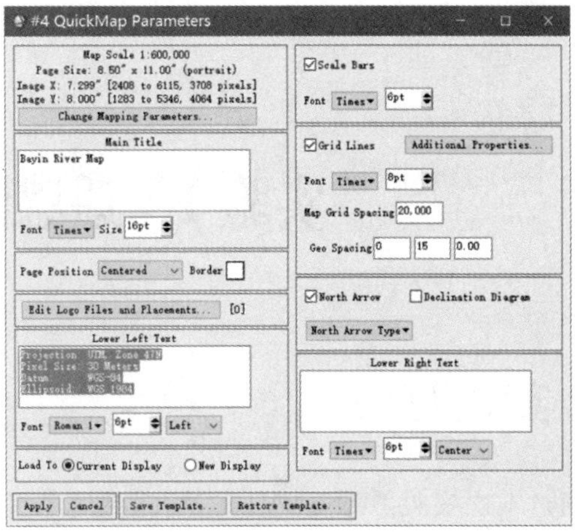

图 0-16 快速制图参数设置对话框

8 比特的灰阶输出，然后选择其他图形选型(包括注记和公里网)以及边框设置。

第二步，如图 0-17 所示，使用所需的单选按钮，将影像结果输出到【Memory】或者【File】中。如果选择的输出为【File】，则需要输入一个预定义的文件名。

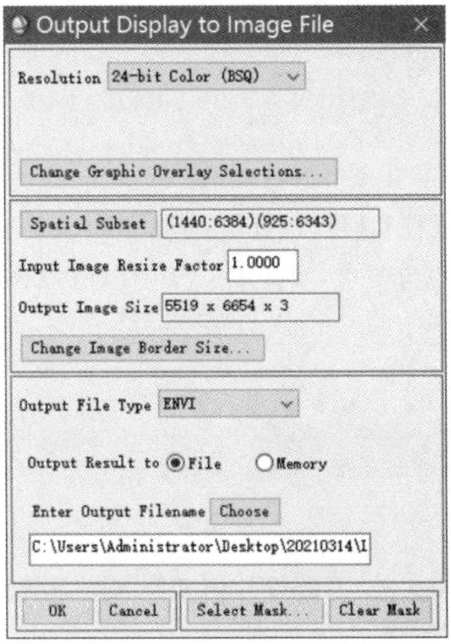

图 0-17 输出影像窗口

第三步，点击【OK】按钮，保存影像。

注意：该操作保存的是当前影像中的显示值，而不是真实的数据值。

实验1　遥感图像预处理

1.1　实验目的

通过本次实验熟悉 ENVI 的操作，熟练掌握遥感图像预处理的方法与操作步骤。

1.2　实验内容

(1) 图像几何校正。

(2) 图像融合。

(3) 图像镶嵌。

(4) 图像裁剪。

1.3　实验要求

(1) 熟悉 ENVI 提供的五种几何校正方法，掌握五种几何校正方法的操作技巧。

(2) 明确图像融合的目的与要求，掌握 ENVI 中图像融合、图像镶嵌、图像裁剪的操作方法。

1.4　实验步骤

1.4.1　图像几何校正

图像几何变形一般分为两大类：系统性几何变形和非系统性几何变形。

(1) 系统性几何变形

系统性几何变形一般是传感器本身引起的，可以用传感器模型校正，该工作一般在卫星地面接收站中完成。

(2) 非系统性几何变形

非系统性几何变形可以由传感器本身的高度、姿态等不稳定造成，其变形原因也可以是地球曲率及空气折射的变化以及地形的变化等。

通常所说的几何校正，指利用地面控制点和几何校正数学模型来校正非系统因素产生的误差。

1.4.1.1　几何校正方法

ENVI 提供了 5 种几何校正方法。

(1) 利用卫星自带的地理定位文件进行几何校正

对于重返周期短、空间分辨率低的卫星数据，如 AVHRR、MODIS 等，地面控制点的选择有一定的难度。此时，可以利用卫星传感器自带的地理定位文件进行几何校正，其校正精度主要受地理定位文件的影响。

命令:【ToolBox】→【Geometric Correction】→【Georeference by Sensor】→【传感器类型】。

(2) Image to Image 几何校正

该方法以一幅未经过几何校正的栅格文件或者已经过几何校正的栅格文件作为基准图，从两幅图像中选择同名点(或相同控制点)来配准另一幅栅格图像，使相同地物出现在校正后图像的相同位置。

该操作需要在 ENVI Classic 中完成。

命令:【主菜单】→【Map】→【Registration】→【Select GCPs: Image to Image】。

(3) Image to Map 几何校正

该方法指通过控制点对遥感图像几何进行平面化的过程，控制点坐标可以由键盘输入、从矢量文件中获取或者从栅格文件中获取。地形图校正一般采用该方法。

命令:【ToolBox】→【Geometric Correction】→【Registration】→【Registration:Image to Map】。

(4) Image to Image 自动图像配准

该方法指根据像元灰度值或者地物特征自动寻找两幅图像上的同名点，根据同名点完成两幅图像的配置过程。

命令:【ToolBox】→【Geometric Correction】→【Registration】→【Registration:Image to Image】。

(5) Image Registration Workflow 流程化工具

该方法指将具有不同坐标系、不同地理位置的图像配准到同一坐标系下，使图像中相同地理位置包含相同的地物。可以自动定位和匹配基准图像及待配准图像的同名点，使用可用空间参考信息和各种自动匹配技术来提高精度。

命令:【ToolBox】→【Geometric Correction】→【Registration】→【Image Registration Workflow】。

1.4.1.2　自带定位信息的几何校正

样例数据:实验 1/自带定位信息的几何校正/MODIS.hdf。

操作步骤:

第一步，打开数据文件。

在 ENVI 主界面中选择【File】→【Open As】→【EOS】→【MODIS】，选择打开 1 km 分辨率的 MODIS 数据文件“MODIS1KM.hdf”。

ENVI 自动提取头文件信息(包括地理参考信息和传感器定标参数等信息)，并将图像波段加载到 Data Manager 中。ENVI 会自动将 MODIS1KM 数据定标为 3 个部分数据:反射率(Reflectance)、辐射率(Radiance)和发射率(Emissive)。

第二步,选择校正模型。

在 ToolBox 工具箱中[图 1-1(a)],双击【Geometric Correction】→【Georeference by Sensor】→【Georeference MODIS】工具,在【Input MODIS File】对话框中单击文件名[图 1-1(b)],可以在右边列表中查看文件信息。选择需要校正的文件,单击【OK】按钮,进入下一步【Georeference MODIS Parameters】对话框,见图 1-2。

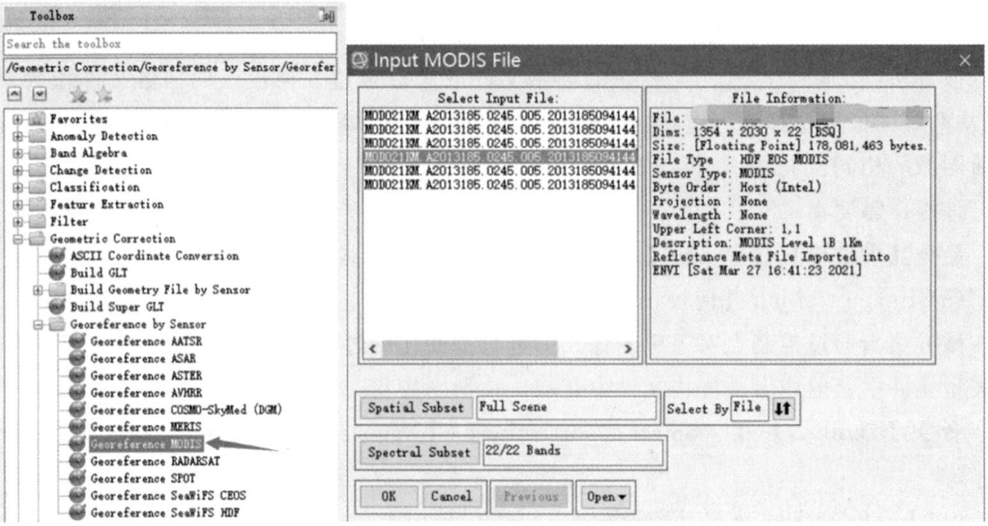

(a) (b)

图 1-1 选择校正模型

第三步,设置输出参数。

(1) 在图 1-2 所示的对话框中,设置输出坐标系。

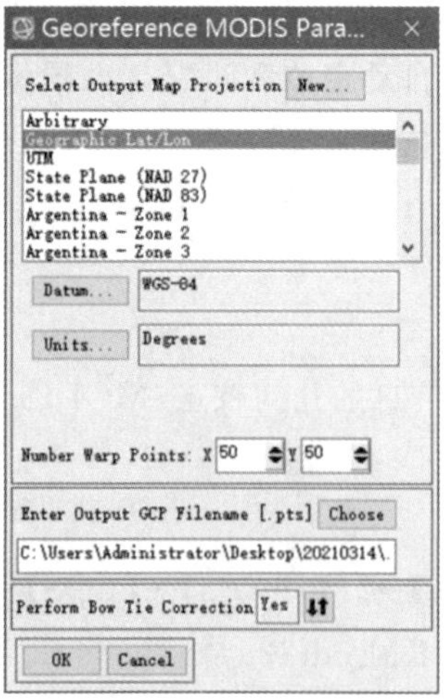

图 1-2 【Georeference MODIS Parameters】对话框

（2）在【Number Warp Points：X and Y fields】选项中，设置 X、Y 方向校正点的数量。X 方向的校正点数量应该小于或等于 51 个，Y 方向的校正点数量应该小于或等于行数。

（3）可以将校正点导出成控制点文件（.pts），在【Enter Output GCP Filename】选项中单击【Choose】按钮，选择输出路径及文件名。

（4）【Perform Bow Tie Correction】选项是用来消除 MODIS 的"蝴蝶效应"的，默认值为"Yes"。

蝴蝶效应（Butterfly Effect）：由美国气象学家洛伦兹于 1963 年提出，是指事物发展的结果，对初始条件具有极为敏感的依赖性，初始条件的极小偏差可能引起结果的极大差异。

（5）单击【OK】按钮，进入【Registration Parameters】对话框（图 1-3）。

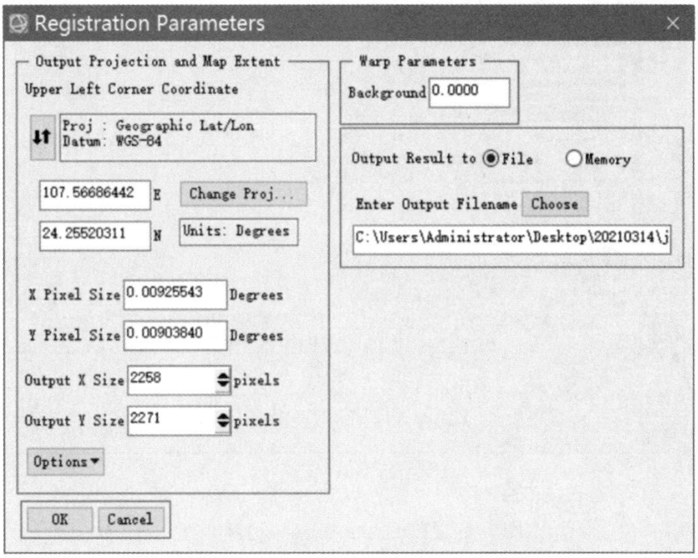

图 1-3　【Registration Parameters】对话框

（6）在【Registration Parameters】对话框中，系统会自动计算起始点的坐标值、像元大小、图像行列数据，且可以根据要求更改。将 Background 的值设置为 0，选择路径和文件名输出。

（7）单击【OK】按钮，完成设置。

1.4.1.3　基于 GLT 的几何校正

GLT 几何校正法指利用输入的几何文件生成一个地理位置查找表文件"geographic lookup table，GLT"，从该文件中可以了解到某个初始像元在最终输出结果中的实际地理位置。

样例数据：实验 1/基于 GLT 的几何校正/FY-3.H5。

操作步骤：

第一步，打开文件。

（1）在主界面中，选择【File】→【Open As】→【Gerneric Formats】→【HDF5】，选择“FY-3.H5”。

注意：风云三号数据文件后缀为“.hdf”，为了更好地被 ENVI 识别，须手动修改为“.h5”或“.he5”等 HDF5 文件后缀。

（2）在【Datasets Browser】对话框左侧，见图 1-4，选择图像数据“EV_RefSB”选项，单击中间的加载箭头“➔”，将所选数据加载到右边列表中。

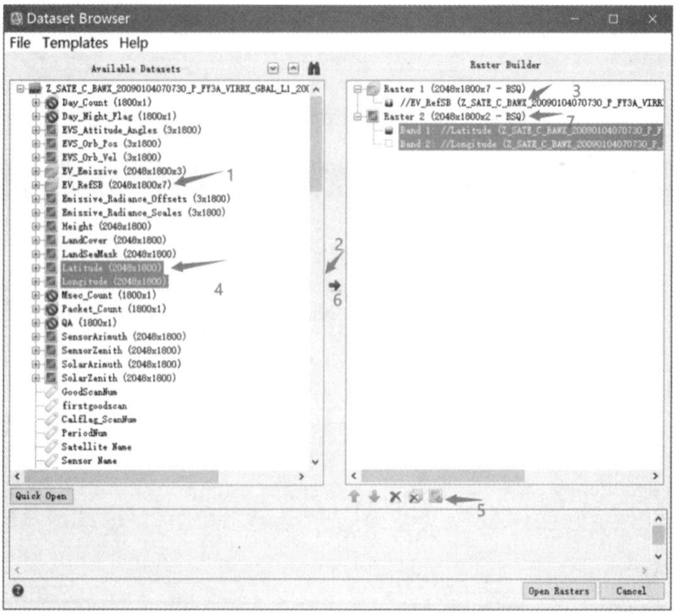

图 1-4 【Datasets Browser】对话框

（3）在【Datasets Browser】对话框左侧，按住 Ctrl 键，同时使用鼠标左键选中【Latitude】和【Longitude】选项，单击对话框右侧下方的按钮“ ”可以新建 Raster 类别，然后单击中间的箭头“➔”，即可将【Latitude】和【Longitude】加载到新建的 Raster 类别中。

（4）单击【Open Rasters】按钮，将所选数据加载到 ENVI 中，见图 1-5。

第二步，生成 GLT 文件。

（1）在【Toolbox】中，双击【Geometric Correction】→【Build GLT】工具。

（2）在【Input X Geometry Band】对话框中，选择经度 Longitude 作为 X 波段，如图 1-6 所示。

注意：X 波段左侧边缘为 0 值，因此有必要对边缘进行掩膜处理。选择【Spatial Subset】按钮，在【Select Spatial Subset】对话框中，设置 Samples 为 3，去掉开始的 3 个像素。

（3）在【Input Y Geometry Band】对话框中，选择纬度 Latitude 作为 Y 波段。

（4）在【Geometry Projection Information】对话框中，填写输出投影参数，这里选择【Geographic Lat】→【Lon】类型。

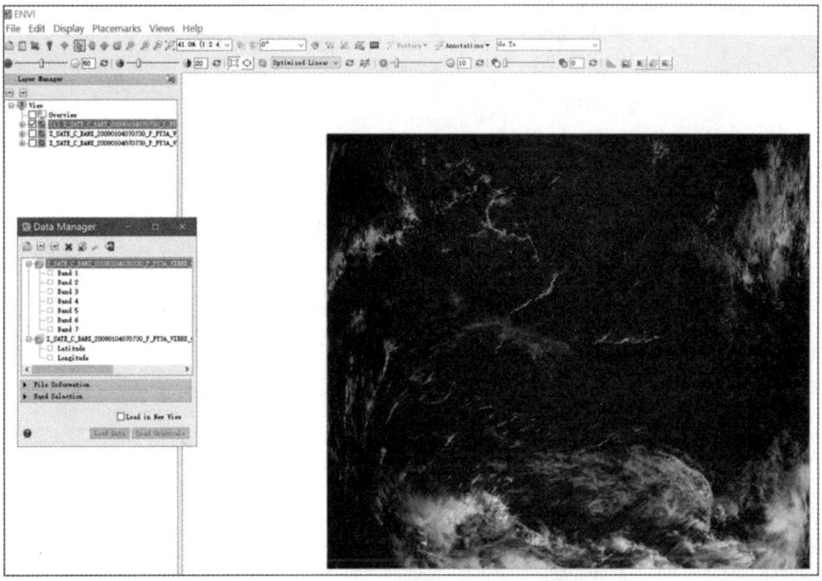

图 1-5　【Data Manager】和数据加载界面

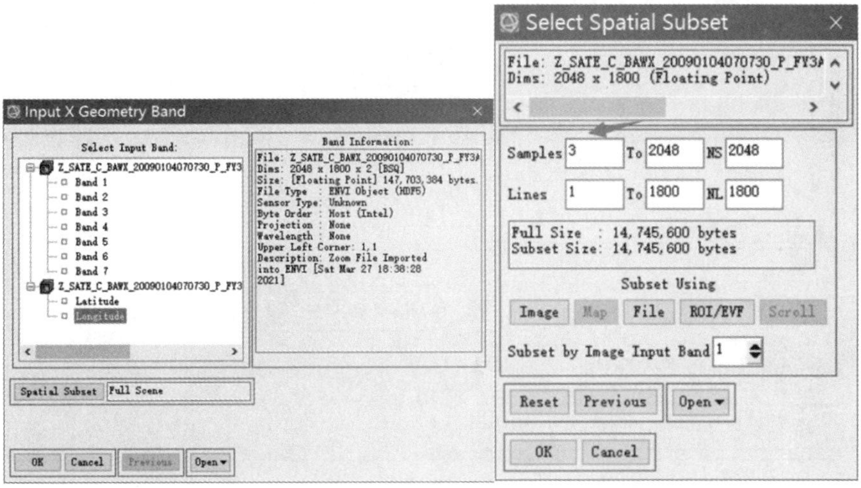

图 1-6　【Input X Geometry Band】对话框

(5) 在【Build Geometry Lookup File】对话框中(见图 1-7),填写输出像元大小(保持默认值),旋转角度(Rotation)为 0(正上方为北),选择保存路径和文件名输出。

第三步,利用 GLT 文件几何校正图像。

(1) 在【ToolBox】中,双击【Geometric Correction】→【Georeference from GLT】工具,在【Input Geometry Lookup File】对话框中选择 GLT 文件,在【Input Data File】对话框中选择待校正文件(见图 1-8)。

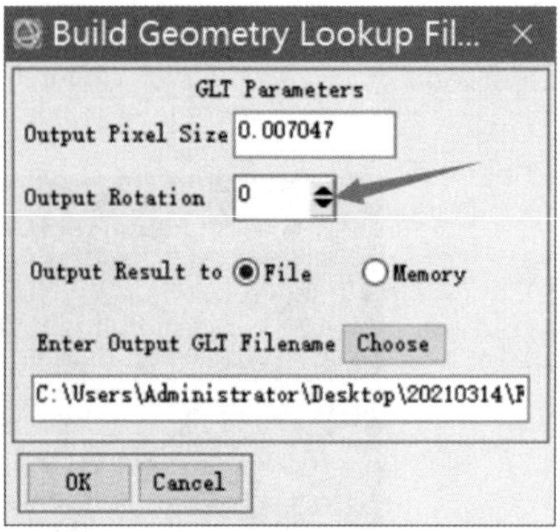

图 1-7 输出 GLT 文件

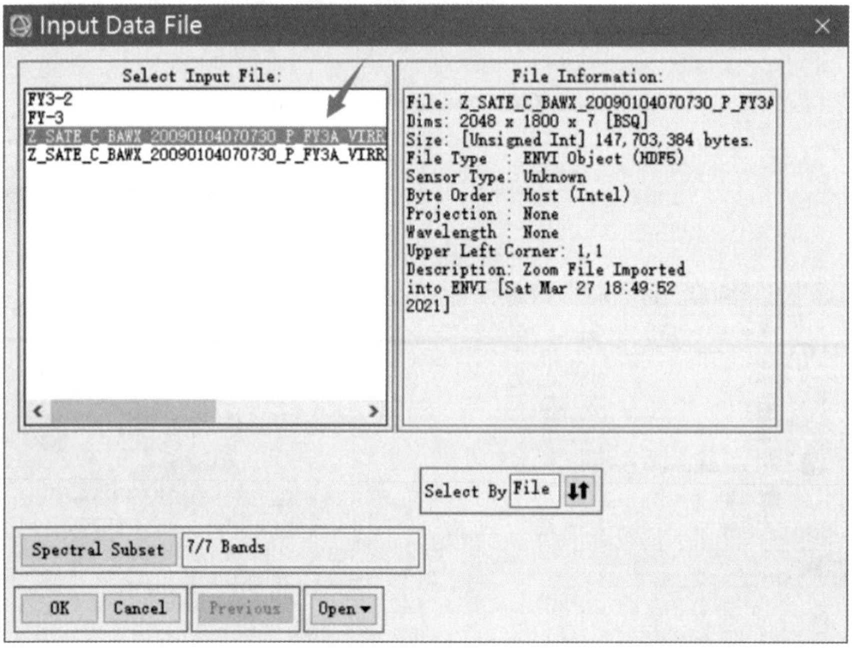

图 1-8 选择待校正文件

(2) 在输出对话框中选择输出路径和文件名(见图 1-9),单击【OK】按钮输出。

(3) 输出结果会自动加载到【Data Manager】里,即已经生成 Map Info 信息,选择相应的波段并显示在视窗中,见图 1-10。

1.4.1.4 Image to Image 几何校正

该几何校正的一般流程如下:

显示图像文件→采集地面控制点→计算误差→选择几何模型→重采样输出→检验校正结果→结束。

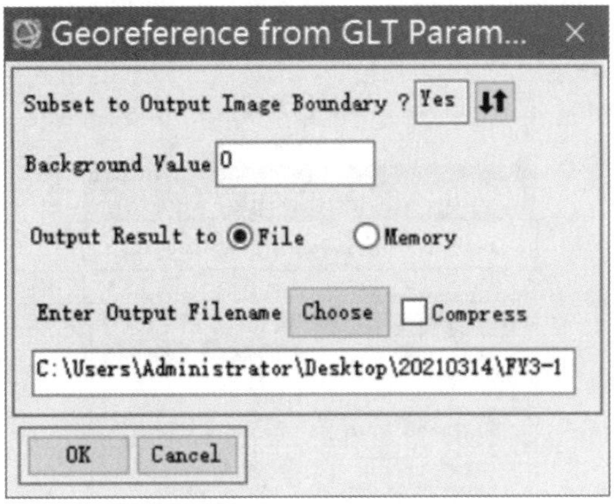

图 1-9　选择输出路径和文件名

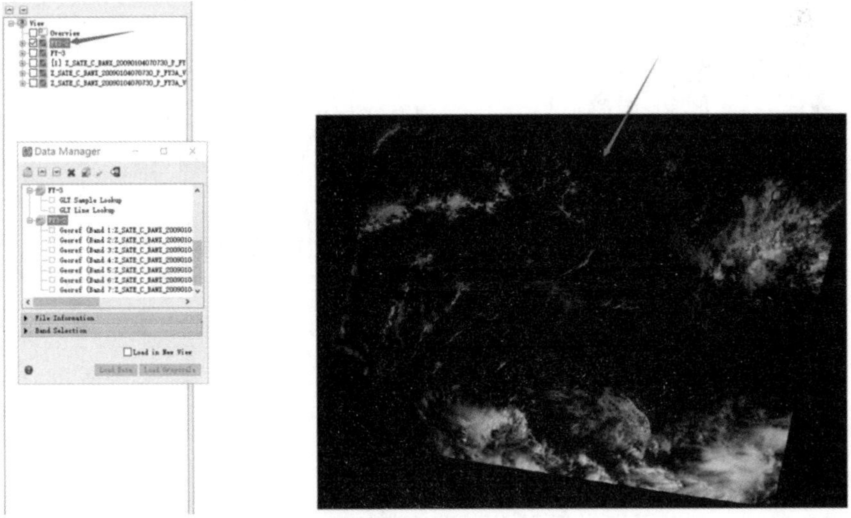

图 1-10　校正结果显示

注意:Image to Image 几何校正在 ENVI Classic 软件下完成。

样例数据:实验 1/Imagc to Imagc 几何校正/bldr_sp.img(Spot 影像)和 bldr_tm.img(TM 影像)。

操作步骤:

首先打开 ENVI Classic 软件。

第一步,打开并显示图像文件。

选择【File】→【Open Image File】,打开“bldr_sp.img”“bldr_tm.img”两个文件,并分别显示在【Display】窗口中。

第二步,启动几何校正模块。

(1) 选择【Map】→【Registration】→【Select GCPs: Image to Image】,打开几何校正

模块。

(2) 选择显示 SPOT 文件的【Display】为基准图像(Base Image),显示 TM 文件的【Display】为待校正图像(Warp Image),见图 1-11。单击【OK】按钮,进入地面控制点采集步骤。

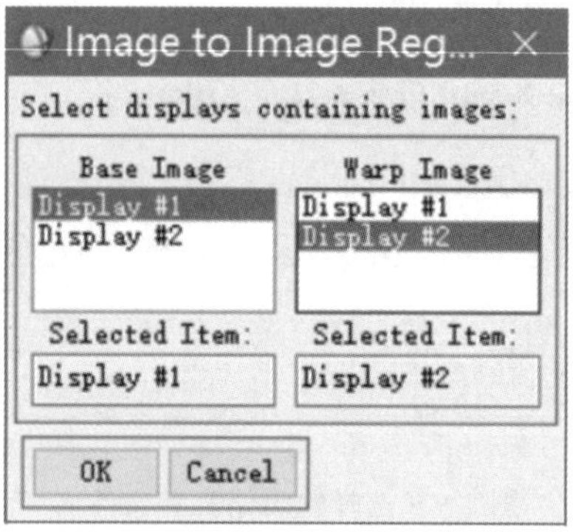

图 1-11　选择基准图像与待校正图像

第三步,采集地面控制点。

(1) 在【Ground Control Points Selection】对话框中(见图 1-12),选择【Options】→【Set Point Colors】,修改 GCP(地面控制点)在可用和不可用状态下的颜色。

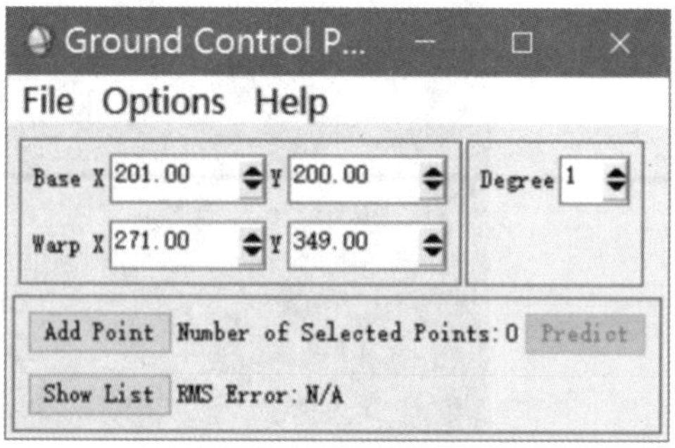

图 1-12　地面控制点选择的对话框

(2) 在两个【Display】中移动方框位置,寻找明显的地物特征点作为输入 GCP,同名点选择见图 1-13。

(3) 在【Zoom】窗口中,单击左下角第三个按钮,打开定位十字光标,将十字光标定位到相同点上。

(4) 在【Ground Control Points Selection】对话框中,单击【Add Point】按钮,添加一个控制点。

(5) 利用同样的方法继续采集控制点,当选择的控制点的数量达到 3 个时,RMS(均方根误差,下同)被自动计算。【Ground Control Points Selection】对话框中的【Predict】按钮可用,这时在基准图像上定位一个特征点,单击【Predict】按钮,待校正图像窗口会自动定位预测区域,并交互式调整其位置使之与基准图像的特征点位置一致,单击【Add Point】按钮,添

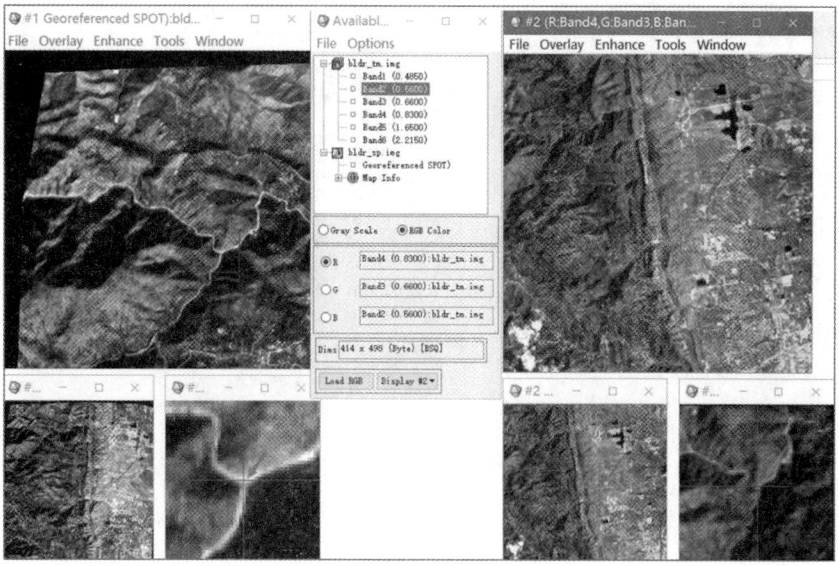

图 1-13　同名点选择

加一个新的控制点。

(6) 选择【Options】→【Auto Predict】,打开自动预测功能,此时,在基准图像显示窗口上定位一个特征点,待校正图像窗口会自动定位对应的点位。

(7) 在【Ground Control Points Selection】对话框中,选择【Options】→【Automatically Generate Points】,选择一个匹配波段,见图 1-14,单击【OK】按钮。

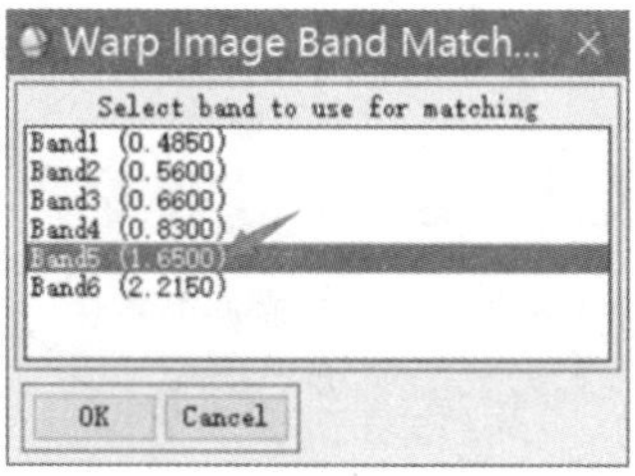

图 1-14　选择匹配波段

(8) 在【Automatic Tic Point Method Parameter】对话框中,将 Tie 点的数量(Number of Tie Points)设置为 60,其他选择默认参数,单击【OK】按钮,见图 1-15。

(9) 在【Ground Control Points Selection】对话框中,单击【Show List】按钮,可以看到被选择的所有控制点列表,见图 1-16。

(10) 选择【Image to Image GCP List】上的【Options】→【Order Points by Error】,按照 RMS 由高到低排序。将 RMS 过高的控制点直接删除(选中当前行,单击【Delete】按钮),或者在两个图像的【Zoom】窗口上对十字光标重新定位,单击【Update】按钮更新控制点。

(11) 当 RMS 小于 1 个像素时,点的数量足够且分布均匀,完成控制点的选择。

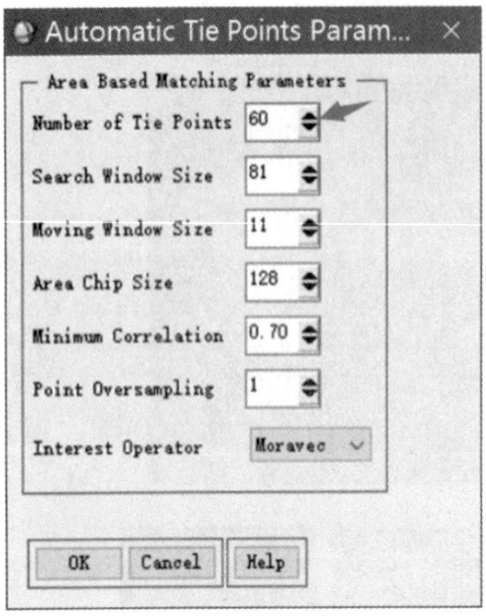

图 1-15 Tie 点选择参数设置

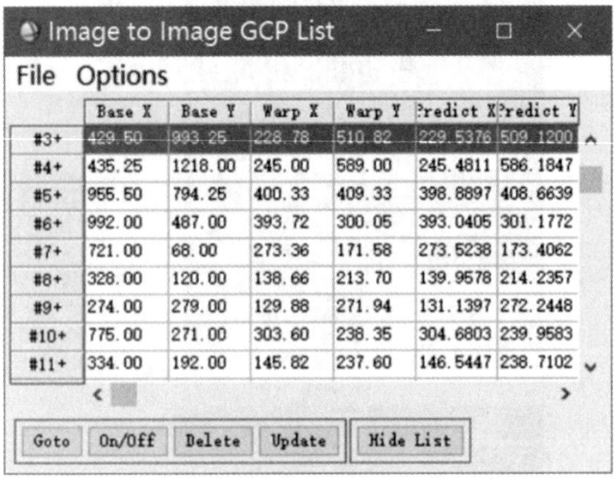

图 1-16 控制点列表

（12）在【Ground Control Points Selection】对话框中，选择【File】→【Save GCPs to ASCII】，保存控制点。

第四步，选择校正参数输出结果。

校正输出方式包括“Warp File”和“Warp File(as Image Map)”两种。

方式一：Warp File

该方式输出的校正文件，其尺寸大小、投影参数和像元大小均与基准图像的一致。

（1）在【Ground Control Points Selection】对话框中，选择【Options】→【Warp File】，选择校正文件(TM 文件)。

（2）在【Registration Parameters】对话框中，校正方法选择多项式(2 次)，见图 1-17。

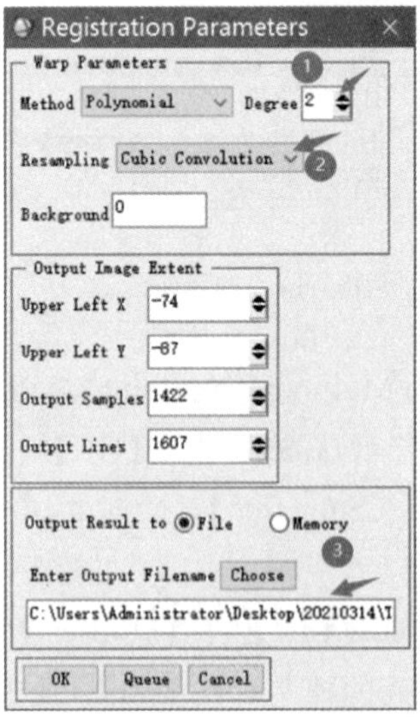

图 1-17 Warp File 校正参数设置

（3）重采样（Resampling）：选择【Cubic Convolution】，将背景值（BackGround）设置为"0"。

（4）输出图像范围（Output Image Extent）：默认值根据基准图像大小计算，但可适当调整。

（5）选择输出路径和文件名后单击【OK】按钮，完成校正文件输出操作。

方式二：Warp File（as Image Map）

该方式输出的文件尺寸、投影参数和像元大小均与待校正图像一致。

（1）在【Ground Control Points Selection】对话框中，选择【Options】→【Warp File（as Image to Map）】，选择校正文件（TM 文件）。

（2）在【Registration Parameters】对话框中，按照图中所示设置校正参数，见图 1-18。

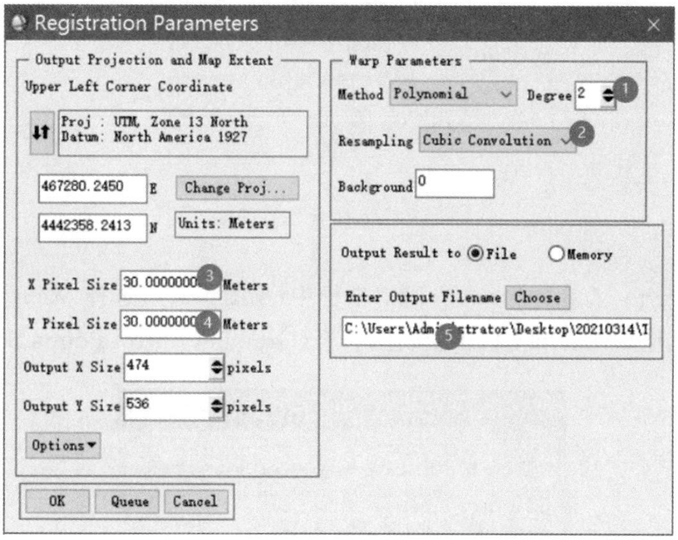

图 1-18　Warp File(as Image to Map)校正参数设置

（3）输出的图像范围采用默认值。

（4）选择输出路径和文件名后单击【OK】按钮，完成校正文件输出操作。

第五步，检验校正结果。

检验校正结果的方法是：同时在两个窗口中打开图像，其中一幅是校正后的图像，另一幅是基准图像。在显示校正后结果的 Image 窗口中，从鼠标右键快捷菜单中选择【Geographic Link】菜单，选择需要链接的两个窗口，打开十字光标进行查看，对比分析校正结果是否准确。

1.4.1.5　Image to Map 几何校正

所需数据：实验 1/Image to Map 几何校正/DX.jpg。

操作步骤：

第一步，打开图像。

在主界面中，选择【File】→【Open】，打开"DX.jpg"地形图文件。

第二步，启动校正模块。

(1) 在【ToolBox】中，双击【Geometric Correction】→【Registration】→【Registration: Image to Map】工具，在打开的【Select Image Display Bands Input】对话框中(见图 1-19)选择 R、G、B 对应的波段，单击【OK】按钮打开几何校正模块。

图 1-19 波段选择对话框

(2) 在【Image to Map Registration】对话框中(见图 1-20)，选择"Xian_1980_3_Degree_GK_Zone_33"，其他默认后单击【OK】按钮，打开【Ground Control Points Selection】对话框。

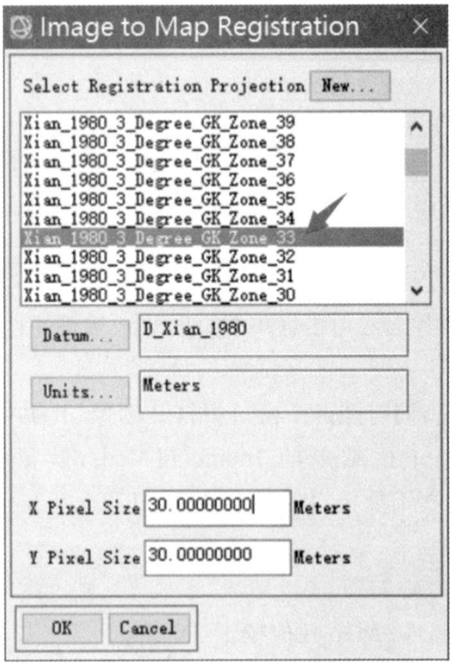

图 1-20 选择校正投影参数

第三步，采集地面控制点。

(1) 在校正图像【Display】中移动方框位置，定位到左上角第一个公里网交汇处，从图上读取“X：33626000，Y：2794000”，填入【Image to Map Registration】对话框的E和N中，单击【Add Point】按钮，增加第一控制点，见图1-21。

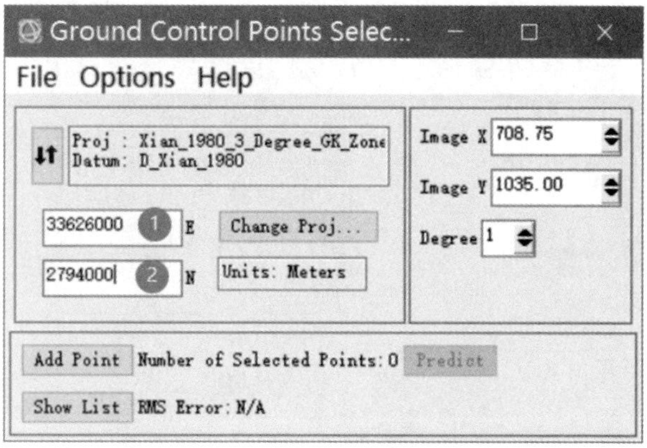

图1-21　读取控制点坐标并手动输入

(2) 在【Display】视图中，移动方框位置，依次选择公里网的交汇点，读取坐标X、Y，并输到E和N中，之后单击【Add Point】按钮，增加控制点。

(3) 当选择第三个控制点时，【Predict】按钮被激活，可以在E和N中输入坐标，单击【Pretict】按钮自动在图上大致定位，或者选择【Options】→【Auto Pretict】，可以自动根据坐标值在图上定位。

(4) 重复上述方法，在图中一次添加均匀分布在图像中的多个控制点。

(5) 在【Ground Control Points Selection】对话框中查看RMS值是否符合要求，单击【Show List】按钮，可以看到被选择的所有控制点列表。如果RMS值符合精度要求，点的数量足够且分布均匀，则在【Ground Control Points Selection】对话框中选择【File】→【Save GCPs to ASCII】，将控制点保存，从而完成控制点采集工作。

第四步，选择校正参数输出结果。

在【Ground Control Points Selection】对话框中，选择【Options】→【Warp File】，选择校正文件“TM文件”。输出参数设置与“1.4.1.4中的Warp File(as Image Map)”类似，这里不再重复叙述。

第五步，检验校正结果。

1.4.1.6　Image to Image图像自动配准

该功能提供图像自动配准工具，能够自动产生匹配点，实现图像快速配准。

所需数据：实验1/Image to Image图像自动配准/01-b.img、02-b.img。

操作步骤：

第一步，打开图像，启动自动配准功能。

(1) 打开【File】→【Open】，分别打开“01-b.img”“02-b.img”文件。

(2) 双击【ToolBox】→【Geometric Correction】→【Registration】→【Registration:Image to Image】工具,在【Select Input Band from Base Image】对话框中选择“01-b.img”作为基准图像(Base Image),并指定其中的一个波段作为基准字段,一般选择噪声较少的波段,如红色、近红外等波段,见图 1-22,单击【OK】按钮。

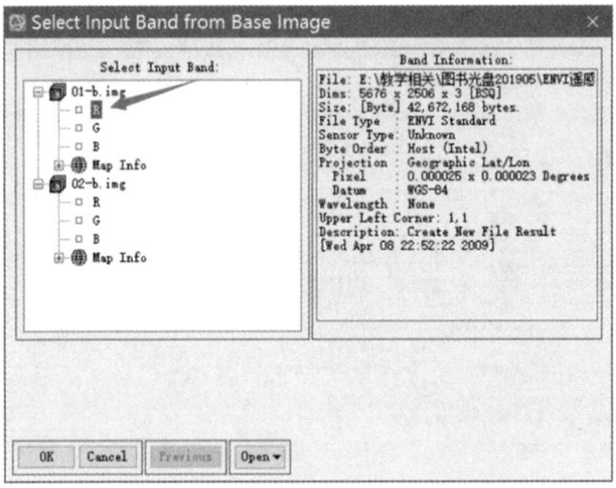

图 1-22　选择基准图像及其波段

(3) 在【Select Input Warp File】对话框中,选择“02-b.img”作为待校正图像,见图 1-23,单击【OK】按钮。

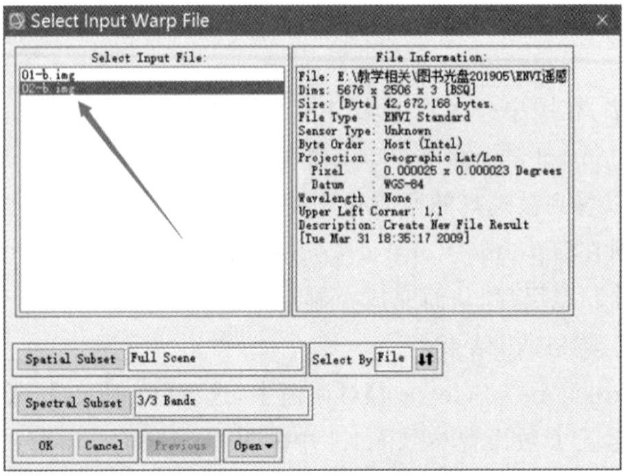

图 1-23　选择待校正图像

(4) 在【Warp Band Matching Choice】对话框中(当校正图像是多波段时)选择匹配波段,建议选择与基准图像相同的波段(见图 1-24),单击【OK】按钮。

(5) 当弹出对话框询问是否选择已经存在的匹配点文件(图 1-25)时,选择“是”,则弹出匹配点文件选择对话框;如果选择“否”,直接进入下一步。这里选择“否”,直接打开基于区域的自动匹配参数配置对话框,见图 1-26。

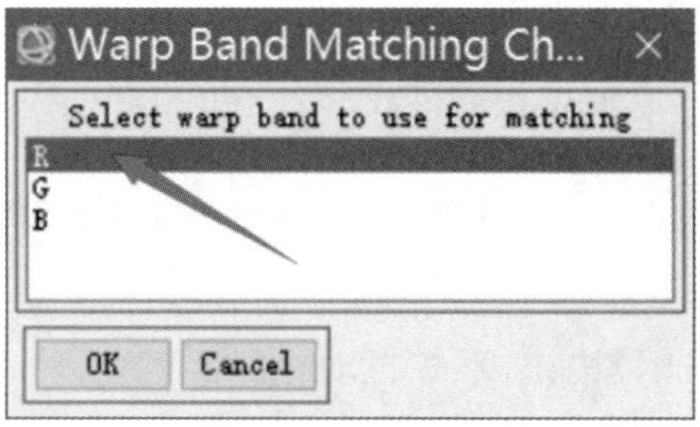

图 1-24　选择匹配波段

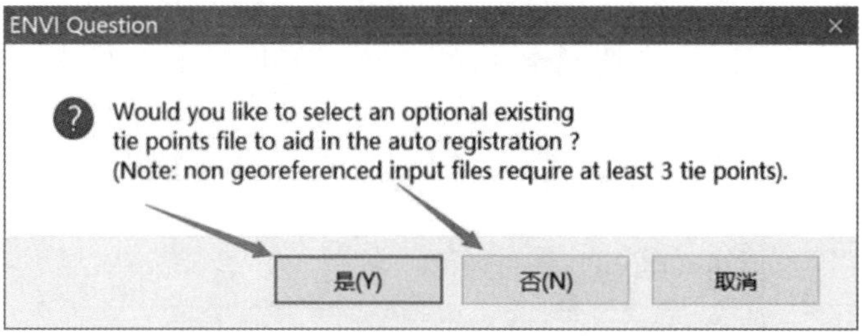

图 1-25　选择已经存在的匹配点文件

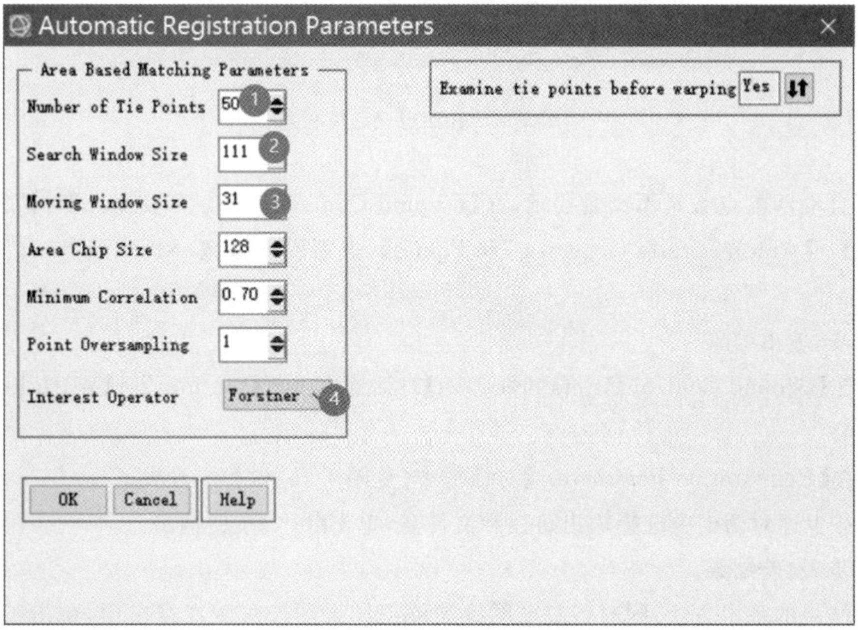

图 1-26　基于区域的自动匹配参数对话框

第二步，生成匹配点(同名点)。

基于区域的自动匹配参数选项见图 1-26，这里对图 1-26 所示的 4 个参数进行修改，其他默认。

Number of Tie Points：50；

Search Window Size：111；

Moving Window Size：31；

Interest Operator：Forstner。

参数设置完成后，单击【OK】按钮，系统自动寻找匹配点。

第三步，检查匹配点。

寻找的匹配点自动显示在控制点列表中，在【Image to Image GCP List】对话框中，选择【Options】→【Order Points by Error】，即按照误差从大到小排序，删除误差较大的匹配点；或者在【Zoom】窗口中将十字光标重新定位，单击【Image to Image GCP List】对话框中的【Update】按钮进行微调，一直调整到总的 RMS 值小于 1 个像素且点的分布均匀，见图 1-27。

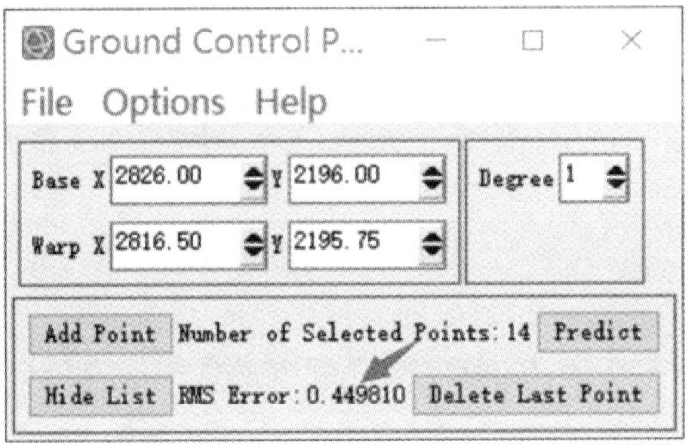

图 1-27　控制点误差控制

如果自动匹配点数量不满足要求，在【Ground Control Points Selection】对话框中选择【Options】→【Automatically Generate Tie Points】，重新设置参数寻找匹配点，直到满足要求为止。

第四步，输出结果。

(1) 在【Ground Control Points Selection】对话框中选择【Options】→【Warp File】，选择待校正文件。

(2) 在【Registration Parameters】对话框中(见图 1-28)做相应设置。

(3) 在上述对话框中选择输出路径和文件名，单击【OK】按钮输出。

第五步，检验结果。

检验结果的基本方法：同时将基准图像和校正结果图像显示在视窗中，单击工具图标，打开透视窗口，用鼠标移动透视窗口检验图像的校正效果。

1.4.1.7　Image Registration Workflow 工具

自动配准流程化(Image Registration Workflow)工具以流程化的工作方式提供图像配准功能，将繁杂的参数设置步骤集成到统一的对话框中，在少量或者无须人工干预的情况下

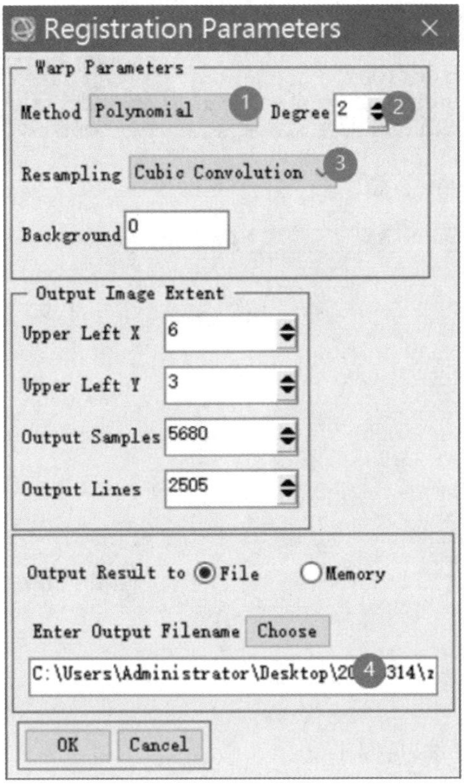

图 1-28　配准参数设置界面

自动定位和匹配同名点，从而将具有不同坐标系、不同地理位置的图像配准到统一坐标系下，使图像中相同地理位置包含相同的地物。

自动配准工具需要基准和待配准两幅图像，其中基准图像必须包括标准的地图坐标或者 RPC(Rational Polynomial Coefficient，有理多项式系数)信息，不能是像素坐标或有坐标没有投影信息或伪坐标。

所需数据：实验 1/Image Registration Workflow 自动配准/ikonos_4.0m.dat、quickbird_2.4m.dat。

操作步骤：

第一步，选择图像配准的文件。

(1) 打开"ikonos_4.0m.dat"和"quickbird_2.4m.dat"两幅图像，浏览两幅图像，可以看到两幅图像有明显的错动现象。

(2) 双击【Geometric Correction】→【Registration】→【Image Registration Workflow】工具，启动图像自动配准流程化工具。

(3) 在【File Selection】步骤中，单击【Base Image File】右侧的【Browse】按钮，选择"quickbird_2.4m.dat"作为基准图像；选择"ikonos_4.0m.dat"作为待配准图像，单击【Next】按钮，进入【Tie Points Generation】步骤，见图 1-29。

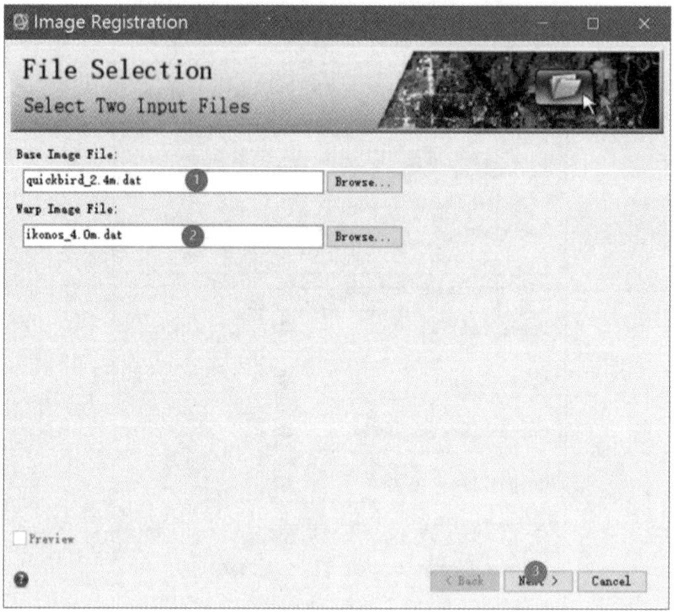

图 1-29　File Selection 操作界面

第二步，自动生成匹配点，见图 1-30。

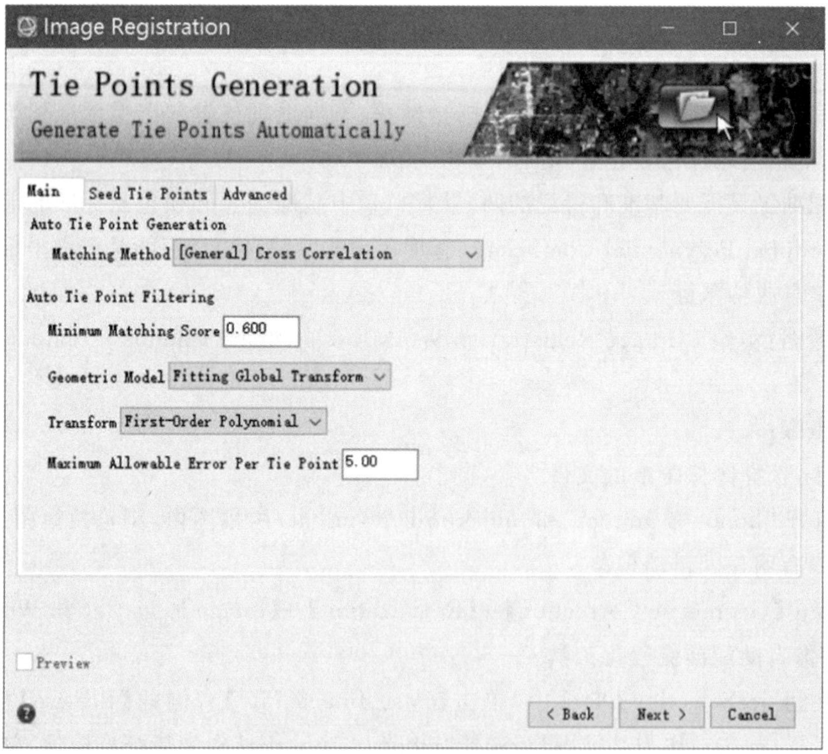

图 1-30　自动生成匹配点操作界面

这一步采用默认参数，单击【Next】按钮，进入【Review and Warp】步骤。

第三步，检查匹配点和预览结果。

如图 1-31 所示，切换到【Warping】选项卡，修改重采样方法【Resampling】为【Cubic Convolution】，将输出相关大小【Output Pixel Size From】设置为【Warp Image】。

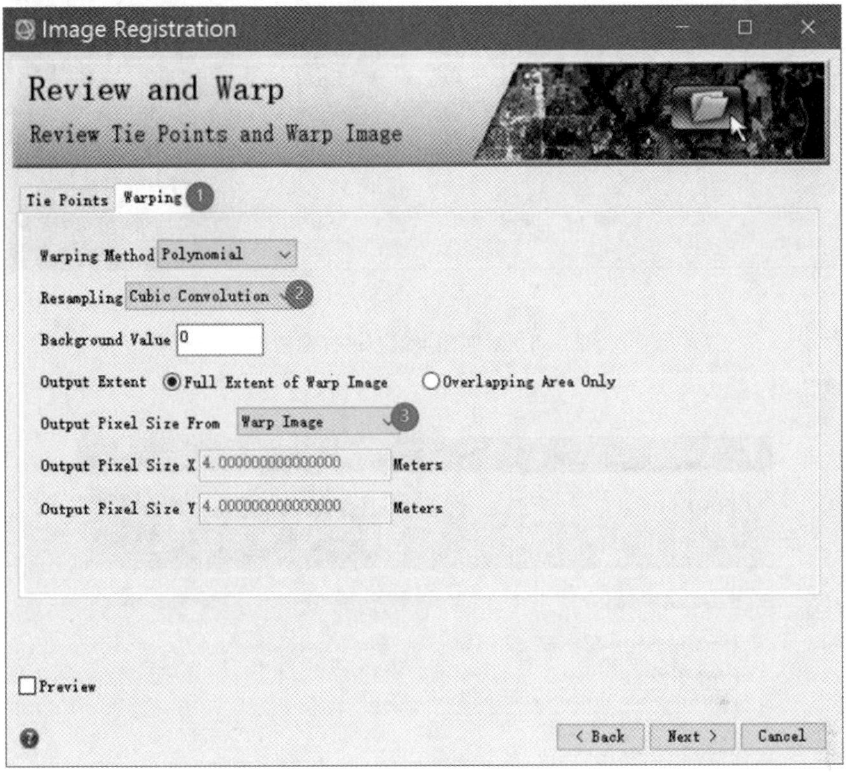

图 1-31　【Review and Warp】操作界面

切换到图 1-31 中的【Tie Points】选项，然后单击【Show Table】按钮，打开【Tie Points Attribute Table】界面（见图 1-32），在该界面中找到 ERROR 列，用鼠标右键单击，在弹出的菜单中选择【Sort By Selected Column Reverse】。

删除误差较大的点，检查 RMS Error 的大小，当 RMS Error 的值小于 1 个像素且控制点均匀分布在图面上时，则完成该步骤操作，单击【Next】按钮，进入输出结果设置界面。

第四步，输出结果。

结果输出界面见图 1-33，分别设置输出文件名和控制点文件名后，单击【Finish】完成该操作。

1.4.2　图像融合

图像融合指将低空间分辨率的多光谱图像或高光谱数据与高空间分辨率的单波段图像重采样生成一幅高分辨率多光谱图像的遥感图像处理技术，使得融合后的图像既有较高的

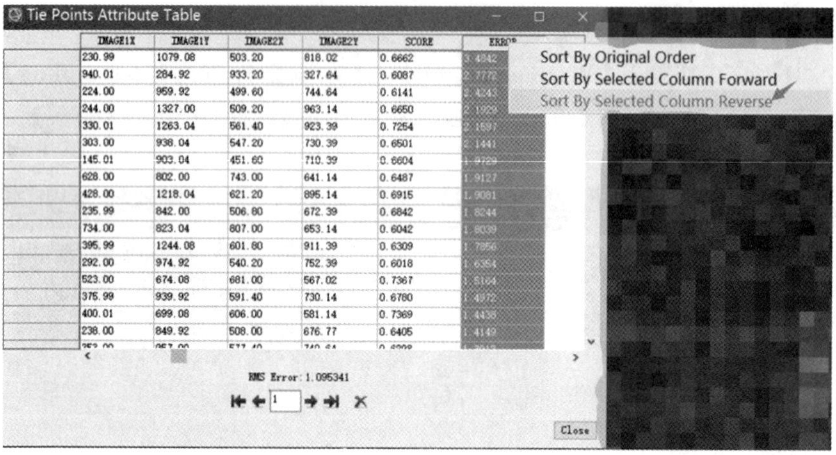

图 1-32　对匹配点误差进行倒排序

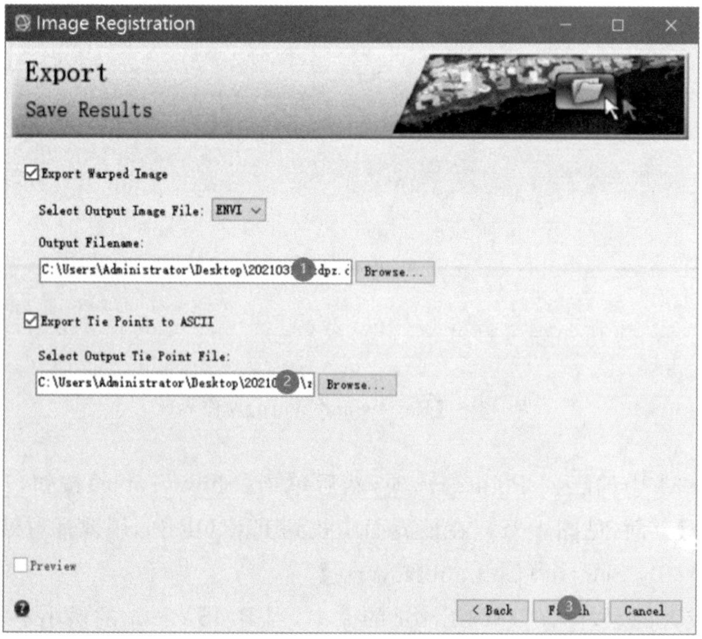

图 1-33　结果输出界面

空间分辨率，又有多光谱特征。

图像融合的关键是融合前后两幅图像的精确配准以及处理过程中融合方法的选择。只有将两幅待融合图像进行精确配准，才能得到满意的结果。融合方法的选择取决于被融合图像的特征以及融合的目的。融合方法及其适用范围见表 1-1。

表 1-1　融合方法及其适用范围

融合方法	适用范围
HSV 变换	纹理改善,空间保持较好。光谱信息损失较大,受波段限制
Brovey 变换	光谱信息保持较好,受波段限制
乘积运算(CN)	对大的地貌类型效果好,同时可用于多光谱与高光谱图像的融合
主成分(PC)变换	无波段限制,光谱保持好。第一主成分信息高度集中,色调发生较大变化
Gram-Schmidt Pan Sharpening(GS)	改进了 PCA 中信息过分集中的问题,不受波段限制,较好地保持空间纹理信息,尤其能高保真保持光谱特征。专为最新高空间分辨率图像设计,能较好地保持图像的纹理和光谱信息

所需数据:实验 1/图像融合/多光谱影像.dat(分辨率为 5.8 m)与全色图像.dat(分辨率为 2.1 m)。

操作步骤:

第一步,浏览数据。

(1) 在主界面中,选择【File】→【Open】,打开“多光谱影像.dat”和“全色图像.dat”。

(2) 在工具栏中,设置上面图层 50%透明显示,可以看到有严重的“双眼皮”现象,这种情况会影响图像融合的效果。

第二步,图像配准。

使用图像自动配准流程化工具【Image Registration Workflow】完成两幅图像的配准。

(1) 在【ToolBox】中,双击【Geometric Correction】→【Registration】→【Image Registration Workflow】工具,启动自动配准流程化工具。

(2) 在【File Selection】步骤中,单击【Base Image File】右侧的【Browse】按钮,选择“全色图像.dat”作为基准图像,选择“多光谱图像.dat”作为待配准图像,单击【Next】按钮,进入【Tie Points Generation】步骤。

(3) 选择默认参数设置,单击【Next】按钮,进入【Review and Warp】步骤。

(4) 自动生成的匹配点均匀分布在图像上,当 RMS Error 小于 1 时,则完成自动匹配点生成操作。

(5) 在【Review and Warp】步骤中,选择【Warping】选项卡,各个参数设置如下:

Warping Method(校正模型):Polynomial;

Resampling(重采样方法):Cubic Convolution;

Background Value(背景值):0;

Output Pixel Size From(输出像元大小):Warp Image。

(6) 单击【Next】按钮,在【Export】步骤中选择输出配准后的图像。

(7) 单击【Finish】按钮,输出结果。

第三步,图像融合。

(1) 在【Tool Box】中,双击【Image Sharpening】→【Gram-Schmidt Pan Sharpening】工具。

(2) 在【Select Low Spatial Resolution Multi Band Input File】对话框中选择配准结果,

在【Select High Spatial Resolution Pan Input Band】对话框中选择“全色图像.dat”。

（3）在打开的【Pan Sharpening Parameters】对话框中，设置参数如下：

选择传感器类型(Sensor)：Unknown；

选择重采样方法(Resampling)：Cubic Convolution。

（4）设置输出文件路径和文件名，单击【OK】按钮，输出结果。

（5）浏览融合结果。

1.4.3 图像镶嵌

图像镶嵌是在一定的数学方法基础上，把多景相邻遥感图像拼接成一个大范围无缝图像的过程。

ENVI 的镶嵌功能为用户提供了可透明处理、匀色、羽化等功能。

1.4.3.1 无缝镶嵌工具(Seamless Mosaic)

无缝镶嵌工具可以对图像的镶嵌做到精细控制，具有镶嵌匀色、连接边线和镶嵌预览等功能。

所需数据：实验 1/图像镶嵌/2002apr01.dat 与 2004apr13_warp.dat。

操作步骤：

第一步，启动无缝镶嵌工具，加载数据。

（1）打开镶嵌输入文件“2002apr01.dat”与“2004apr13_warp.dat”。

（2）在【ToolBox】中，双击【Mosaicking】→【Seamless Mosaic】工具，打开【Seamless Mosaic】对话框，见图 1-34。

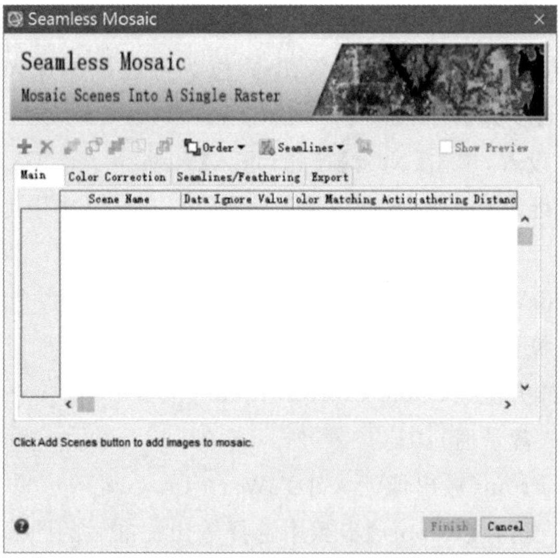

图 1-34 【Seamless Mosaic】操作界面

（3）单击图 1-34 左上角的“＋”按钮，在打开的【File Selection】对话框中同时选中两幅图像，单击【OK】按钮。

(4) 当图像重叠区存在背景值时，可设置忽略值以达到透明的效果。在【Data Ignore Value】列表中可设置每个图像的忽略值，或在【Data Ignore Value】列表上单击鼠标右键并选择【Change Selected Parameters】进行批量设置。

第二步，匀色处理。

(1) 首先选择一个图像作为基准。在【Color Matching Action】一列的表格中单击鼠标右键(见图 1-35)，可以将选中文件设置为待校正图像(Adjust)、基准图像(Reference)或不处理(None)。

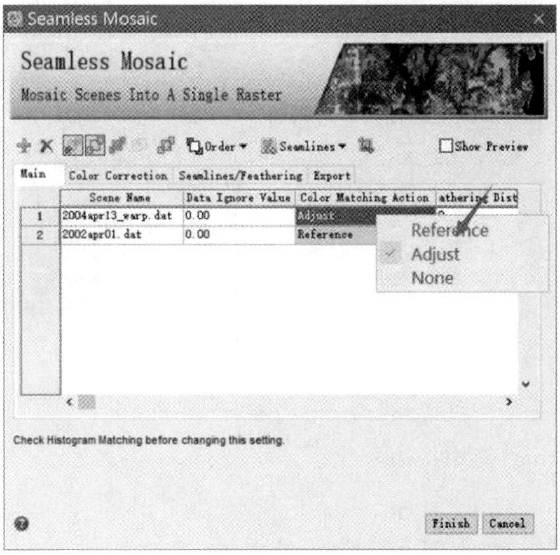

图 1-35　设置图像为基准或校正图像

(2) 单击【Color Correction】选项卡，勾选【Histogram Maching】选项，其下有两个选项：

Overlap Area Only：仅统计重叠区直方图并进行匹配。

Entire Scene：统计整幅图像直方图并进行匹配。

第三步，生成接边线。

(1) 选择【Seamlines】→【Auto Generate Seamlines】自动生成接边线(见图 1-36)。

(2) 如果对生成的接边线不满意，可以手动编辑。单击【Seamlines】→【Start Editing Seamless】，修改接边线时，单击鼠标左键开始，沿一条路径绘制多边形，双击则绘制结束，完成接边线编辑。

第四步，羽化设置。

(1) 单击【Main】选项卡，在【Feathering Distance(Pixels)】列表中可以设置每个图像的羽化距离(单位为像元)。或在【Feathering Distance(Pixels)】选项上单击鼠标右键选择【Change Selected Parameters】菜单进行批量设置。

(2) 单击【Seamlines】→【Feathering】选项卡，在【Feathering】选项下可以选择：

None：不使用羽化处理；

Edge Feathering：使用边缘羽化；

图 1-36　自动生成接边线

Seamlines Feathering：使用接边羽化。

第五步，输出结果。

单击【Export】选项卡，设置如下参数：

Output Format(输出格式)：ENVI。

Output Filename(输出文件名)：设置输出路径与文件名。

Display Result(是否显示结果)：勾选时会自动在 ENVI 中加载结果图像。

Output Background Value(输出背景值)：0。

Resampling Method(重采样方法)：Cubic Convolution。

Select Output Bands(选择输出波段)：默认。

单击【Finish】按钮，完成图像镶嵌操作。

1.4.3.2　基于像素的图像镶嵌

所需数据：实验 1/图像镶嵌/2002apr01.dat 与 2004apr13_warp.dat。

操作步骤：

第一步，启动图像镶嵌工具。

在【ToolBox】中，双击【Mosaicking】→【Pixel Based Mosaicking】工具，开始进行基于像素的镶嵌操作。

第二步，加载镶嵌图像。

(1) 在【Pixel Basic Mosaic】对话框中，选择【Import】→【Import Files】，选择相应的镶嵌文件并导入。

(2) 在【Select Mosaic Size】对话框中，指定镶嵌图像的大小。可以将所有镶嵌图像的行列数相加，得到一个大概的范围。

第三步，调整图像位置。

(1) 在【Mosaic】对话框的下方设置 X0 和 Y0 像素值，调整图像位置。也可以在图像窗口中单击并按住鼠标左键，拖拽所选图像到所需的位置，然后松开鼠标左键就可以放置该图像了。

(2) 如果镶嵌区域大小不合适，选择【Options】→【Change Mosaic Size】，可以重新设置镶嵌区域的大小。

第四步，图像重叠设置。

(1) 选择文件列表中的一个文件，单击鼠标右键选择【Edit Entry】。

(2) 在【Entry】对话框中，将 Data Value to Ignore 设置为 0。

(3) 将 Feathering Distance 设置为 10，即羽化半径为 10 个像素，见图 1-37。

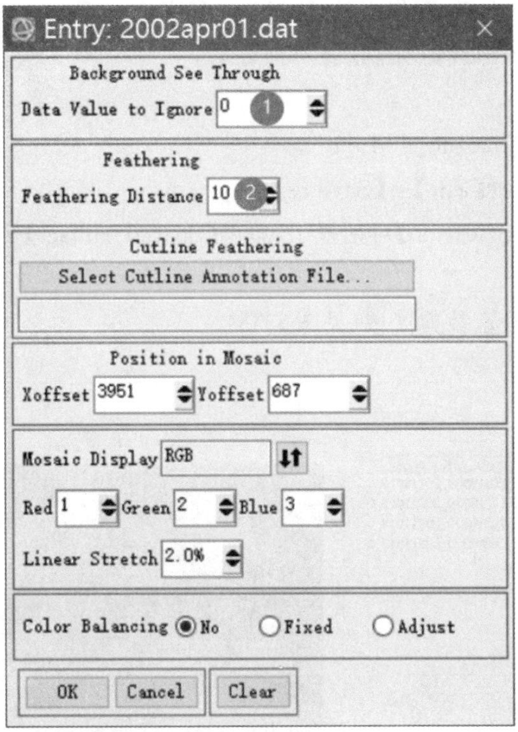

图 1-37　Entry 参数设置对话框

第五步，颜色平衡设置。

(1) 首先选择一个图像作为基准，在文件列表中选择这个图像，单击鼠标右键选择【Edit Entry】，打开【Entry】对话框。

(2) 将 Mosaic Display 设置为 RGB，并选择波段以合成 RGB 图像显示。

(3) 将 Corlor Balancing 参数设置为 Fixed，作为基准图像。

(4) 用同样的方法对其他图像文件进行设置，将 Color Balancing 参数选择为“Adjust”。

第六步，输出结果。

(1) 在【Mosaic】对话框中，选择【File】→【Apply】，在【Mosaic Parameters】对话框中，设置输出像元大小、重采样方式、文件路径及文件名、背景值等参数。其中，【Color Balance Using】选项应默认为统计重叠区的直方图；可以单击箭头切换按钮，切换到统计整个基准图像的直方图，以用于颜色平衡。

(2) 整个镶嵌过程已经完成，显示镶嵌结果以查看效果。

1.4.4 图像裁剪

图像裁剪的目的是将研究之外的区域取出。常用的方法是按照行政区划边界或自然区划边界进行图像裁剪。在基础数据生产中，还要经常进行标准分幅裁剪。

1.4.4.1 规则分幅裁剪

在规则分幅裁剪中，裁剪图像的边界范围是一个矩形，这个矩形范围获取途径包括行列号、左上角和右下角两点坐标、图像文件、ROI→矢量文件。

所需数据：实验 1/图像裁剪/Jiaozuo_TM.dat。

操作步骤：

(1) 打开裁剪图像“Jiaozuo_TM.dat”。

(2) 在主界面中，选择【File】→【Save as】。

(3) 在打开的【File Selection】对话框中，单击【Spatial Subset】按钮，打开右侧裁剪功能对话框。

(4) 利用多种方法确定裁剪区域(见图 1-38)。

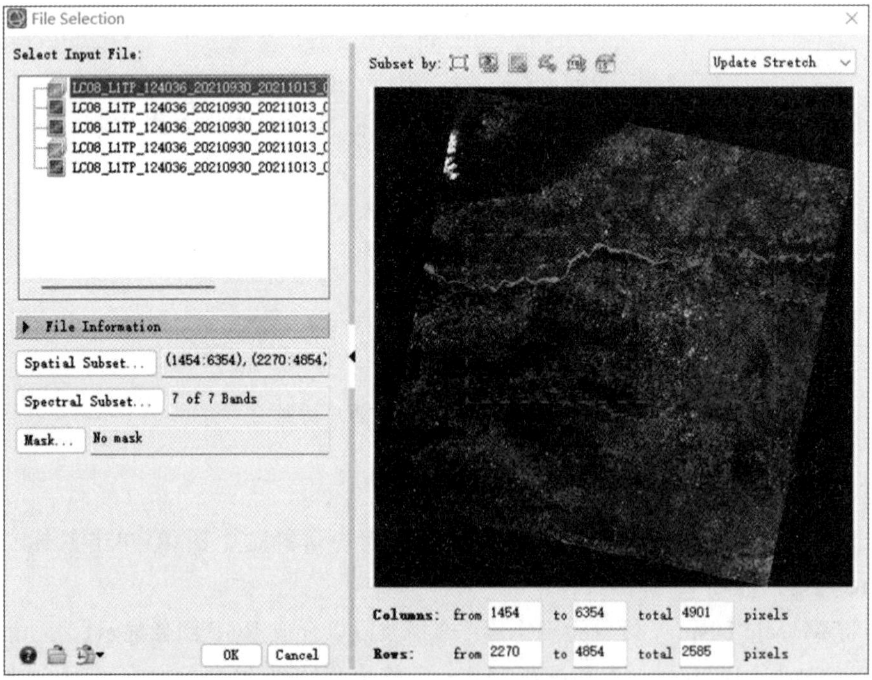

图 1-38 裁剪操作界面

在图中使用鼠标手动绘制矩形区域。相关参数说明如下：

【Columns】→【Rows】标签：通过手动输入起始行列号、终止行列号和区域大小确定裁剪范围。

Use View Extent：使用单位 ENVI 视窗所显示的范围。

Use Full Extent：使用整幅图像范围。

Subset by File：可以根据矢量或栅格等外部文件的范围确定裁剪范围。在打开的【File Selection】对话框中单击打开文件图标，可以打开外部文件。须保证裁剪文件和外部文件均具有地理坐标信息。

(5) 单击【OK】按钮，选择输出路径及文件名，完成规则分幅裁剪过程。

1.4.4.2　不规则分幅裁剪

不规则分幅裁剪指裁剪图像的外边界是一个任意多边形。任意多边形可以是事先生成的一个完整的闭合多边形，可以是一个手工绘制的 ROI 多边形，也可以是 ENVI 支持的矢量文件。针对不同的情况应采用不同裁剪过程。

所需数据：实验 1/图像裁剪/Jiaozuo_TM.dat 及 Shape 文件。

操作步骤：

1. 手动绘制裁剪范围

(1) 打开图像"Jiaozuo_TM.dat"并显示在视窗中。

(2) 在主界面中，选择【File】→【New】→【Vector Layer】，在打开的【Create New Vector Layer】中设置如下参数：

Layer Name(矢量图层名称)：Subset Vector；

Record Type(矢量记录类型)：Polygon；

Source Data(数据源)：Jiaozuo_TM.dat。

(3) 单击【OK】按钮，ENVI 自动选中工具栏的 Vector Create 图标，此时可以使用鼠标在视窗中绘制多边形。结合以下操作绘制多边形：

① 在绘制过程中单击鼠标右键，选择"Clear"可以取消绘制；

② 可以使用键盘中的"Backspace"键删除最后一个顶点；

③ 当绘制结束时，选择鼠标右键菜单 Accept 闭合多边形。

(4) 在主菜单中，选择【File】→【Save As】，在打开的【File Selection】对话框中选择矢量层(Subset Vector)，单击【OK】按钮，选择输出路径和文件名，将矢量文件保存在本地。

(5) 在【ToolBox】中，双击【Regions of Interest】→【Subset Data from ROIs】工具，在打开的【Select Input File to Subset via ROI】对话框中选择"Jiaozuo_TM.dat"，单击【OK】按钮。

(6) 在【Spatial Subset via ROI Parameters】对话框中(见图 1-39)设置以下参数：

① Select Input ROIs(在 ROI 列表中)：选择绘制的矢量文件。

② Mask pixels output of ROI ? (是否掩膜多边形外的像元)：本例中选择"Yes"。提示：若默认为"No"，则得到的结果是矢量的最大外边框的裁剪结果，即矩形区域。

③ Mask Background Value(裁剪背景值)：0。

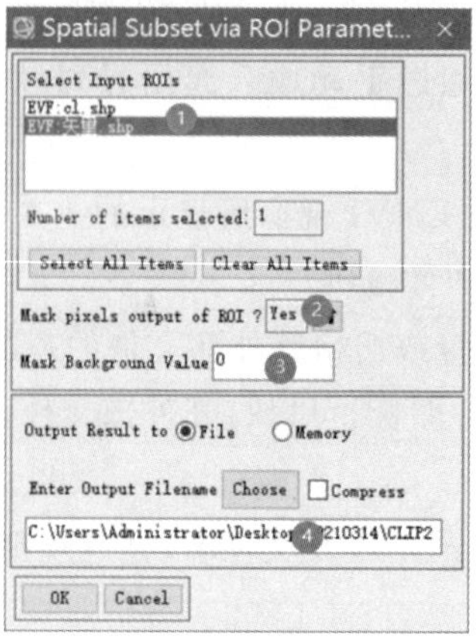

图 1-39 【Spatial Subset via ROI Parameters】对话框

(7) 选择输出路径及文件名，单击【OK】按钮，裁剪图像。

2. 外部矢量数据裁剪图像

(1) 打开图像文件“Jiaozuo_TM.dat”，在显示视图中选择【Linear 2%】拉伸显示。

(2) 打开矢量文件“矢量.shp”，在【Data Manager】中选择“矢量.shp”，单击【Load Data】按钮将矢量文件加载到视窗中，见图 1-40。

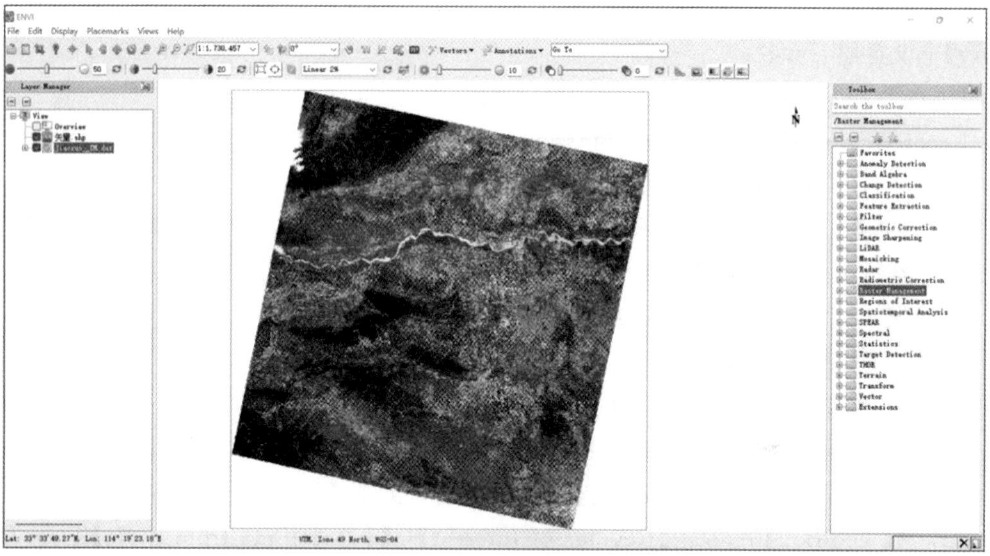

图 1-40 加载外部矢量文件

(3) 在【ToolBox】中，双击【Regions of Interest】→【Subset Data from ROIs】工具，在弹出的【Select Input File to Subset via ROI】对话框中选择“Jiaozuo_TM.dat”，单击【OK】按钮。

(4) 在【Spatial Subset via ROI Parameters】对话框中，设置以下参数：

Select Input ROIs(在 ROI 列表中)：选择矢量文件。

Mask pixels output of ROI ？(是否掩膜多边形外的像元)：选择“Yes”。

Mask Background Value(裁剪背景值)：0。

(5) 选择输出路径及文件名，单击【OK】按钮，裁剪图像。

1.5　实验成果提交

提交成果包括上机实习报告一份，上机实习的具体操作步骤(含中间结果)一份。实习操作步骤及中间结果用 Word 文档格式保存。

实习成果以“专业＋班级＋姓名＋‘_’＋实习序号＋.rar”命名，“.rar”为电子文档的扩展名。

实习成果命名示例：勘查 1901 王小明_实习 1.rar。

实验 2 遥感图像处理与分类

2.1 实验目的

通过本次实验进一步熟悉 ENVI 操作环境，熟悉遥感图像增强处理与分类的方法，熟练掌握遥感图像增强处理与分类的操作步骤。

2.2 实验内容

(1) 图像增强处理。
(2) 图像分类操作。

2.3 实验要求

(1) 明确空间域增强处理的目的，掌握卷积滤波的操作方法。
(2) 明确光谱增强的目的与要求，掌握光谱增强操作方法与技巧。
(3) 明确傅里叶变换的目的，熟练掌握傅里叶变换的操作步骤。
(4) 明确波段组合图像增强的目的，熟练掌握波段组合图像增强的操作步骤。
(5) 熟练掌握图像彩色增强的操作方法。
(6) 熟悉图像分类方法，掌握监督分类与非监督分类的操作方法与步骤。

2.4 实验步骤

2.4.1 空间域增强处理

空间域增强处理通过直接改变图像中的单个像元及相邻像元的灰度值来增强图像。

卷积(Convolutions)滤波通过消除特定的空间频率来达到图像增强的目的。卷积滤波根据不同增强类型(低频、中频和高频)可分为低通滤波、带通滤波和高通滤波。此外还有可以增强图像某些方向特征的方向滤波等。它们的核心是卷积核。ENVI 提供多种卷积核，包括高通滤波(High Pass)、低通滤波(Low Pass)、拉普拉斯算子(Laplacian)、方向滤波(Directional)、高斯高通滤波(Gaussian High Pass)、高斯低通滤波(Gaussian Low Pass)、中值滤波(Median)、Sobel 和 Roberts 等，此外还允许自定义卷积核。

所需数据：实验 2 遥感图像处理与分类\遥感图像处理\can_tmr.img。

操作步骤：

(1) 打开图像文件"an_tmr.img"。

(2) 在【ToolBox】工具箱中，双击【Filter】→【Convolutions and Morphology Tool】工具。

(3) 在【Convolutions and Morphology Tool】对话框中，选择【Convolutions】→滤波类型，见图 2-1。不同的滤波类型对应不同的参数，主要包括 3 项参数：

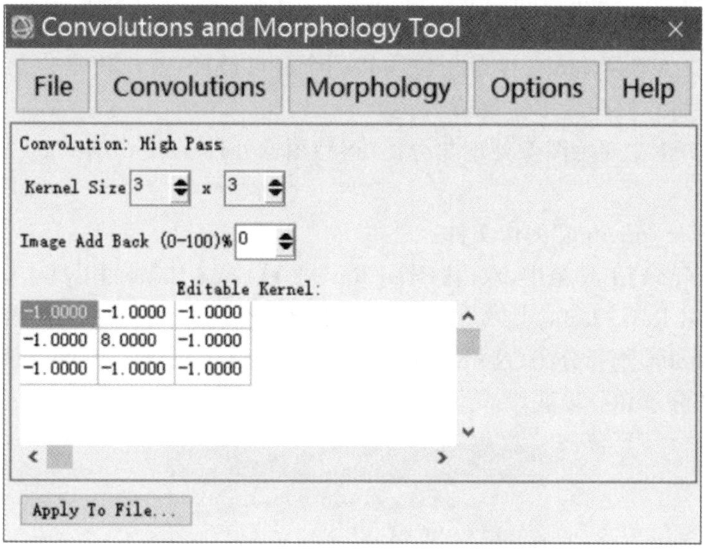

图 2-1　【Convolutions and Morphology Tool】对话框

① Kernel Size(卷积核大小)：用奇数表示，如 3×3 等，有些卷积核不能改变大小，如 Sobel 和 Roberts 等。默认卷积核为正方形，如果需要使用非正方形，选择【Options】→【Square Kernel】。

② Image Add Back：输入一个加回值。将原始图像中的一部分加回到卷积滤波结果图像上，有助于保持图像的空间连续性。该方法经常用于图像锐化。加回值是原始图像在结果输出图像中所占的百分比。

③ Editable Kernel：编辑卷积核中各项的值。在文本框中双击鼠标左键(以下简称"双击")可以进行编辑，选择【File】→【Save Kernel】或者【Restore Kernel】，可以把卷积核保存为文件(.ker)或者打开一个卷积核文件。

(4) 卷积增强图像中的各个波段。

① 选择【Convolutions】→【High Pass】，其他项按照默认设置，单击【Apply To File】按钮，在弹出的【Convolution Input File】对话框中选择输入文件，单击【OK】按钮。

② 在【Convolution Parameters】中设置输出文件路径，单击【OK】按钮，执行图像增强。

(5) 卷积增强图像文件。

① 单击【Apply To File】按钮，在【Convolution Input File】对话框中选择图像文件。

② 选择输出路径及文件名。

2.4.2 光谱增强处理

光谱增强指基于多光谱数据对波段进行变换实现图像增强，光谱增强变换方式包括主成分变换、独立主成分变换、色彩空间变换和色彩拉伸等。

2.4.2.1 波段比的计算

计算波段的比值可以增强波段之间的波谱差异，减少地形的影响。ENVI 以浮点型数据格式(默认)或字节型数据格式输出波段比值图像。可以将三个比值合成一幅彩色比值合成图像(color-ratio-composite，CRC)，用于判定每个像元波谱曲线的大致形状。

要计算波段比，必须输入一个分子波段和一个分母波段，波段比是分子与分母的比值，在一个文件中可将它们作为多波段输出。

所需数据：实验 2 遥感图像处理与分类\遥感图像处理\can_tmr.img。

操作步骤：

(1) 打开"can_tmr.img"图像文件。

(2) 在【Toolbox】工具箱中，双击【Band Ratio】→【Band Ratios】工具。

(3) 在【Band Ratio Input Bands】对话框中(见图 2-2)，从可用波段列表中(Select from the Available Bands)选择分子(Numerator)和分母(Denominator)波段。单击【Clear】按钮可以清除选择的分子和分母波段。

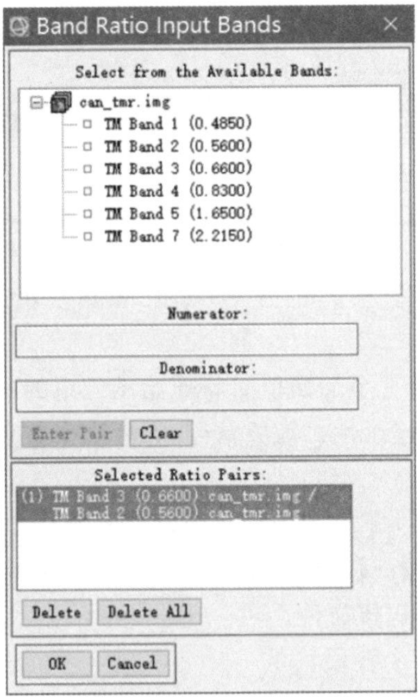

图 2-2 【Band Ratio Input Bands】对话框

(4) 单击【Enter Pair】按钮，将比值波段添加到【Selected Ratio Pairs】中。

(5) 可以通过键入另外的波段比建立所需的多比值合成。在【Selected Ratio Pairs】列表中的所有比值都将在一个独立文件中作为多波段文件输出。单击【OK】按钮，显示【Band Ratios Parameters】对话框。

（6）在【Band Ratio Parameters】对话框中，选择输出数据类型（Output Data Type），默认的是浮点型（Floating Point）。如果选择【Byte】，ENVI 将按照在 Min 和 Max 文本框中键入的数值对比值进行拉伸。

（7）选择输出文件路径及文件名，单击【OK】按钮。

2.4.2.2　主成分分析

多光谱图像的各波段之间经常是高度相关的，它们的 DN 值以及显示出来的视觉效果相似。主成分分析（principal component aanalysis，PCA）是一种去除波段之间的多余信息，将多波段的图像信息压缩为比原波段更有效的少数几个转换波段的方法。一般情况下，第一主成分（PC1）包含所有波段中 80％的方差信息，前三个主成分包含所有波段中 95％以上的信息量。由于各波段之间的不相关性，主成分波段可以生成颜色更多、饱和度更好的彩色合成图像。ENVI 中提供主成分正变换和主成分逆变换。

所需数据：实验 2 遥感图像处理与分类\遥感图像处理\can_tmr.img。

操作步骤：

（1）打开“can_tmr.img”图像文件。

（2）在【Toolbox】工具箱中，双击【Transform】→【PCA Rotation】→【Forward PCA Rotation New Statistics and Rotate】工具。在【Principal Components Input File】对话框中，选择图像文件。

（3）在【Forward PC Parameters】对话框中（见图 2-3），在【Stats X Resize Factor】→【Stats Y Resize Factor】文本框中键入小于或等于 1 的调整系数，用于计算统计值时的数据二次采样。键入一个小于 1 的调整系数，将会提高统计计算速度。

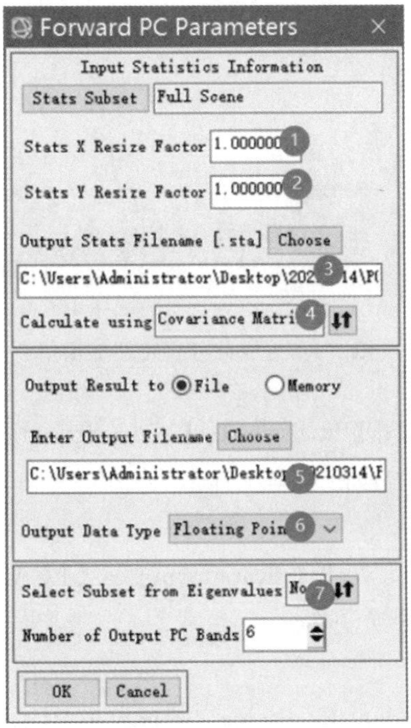

图 2-3　主成分分析对话框

(4) 键入一个输出统计路径及文件名。使用箭头切换按钮选择 Covariance Matrix(协方差矩阵)或 Correlation Matrix(相关系数矩阵)计算主成分波段。一般来说,计算主成分时选择协方差矩阵。当波段之间数据范围差异较大时,应选择相关系数矩阵。

(5) 选择输出路径及文件名,输出数据类型为 Floating Point。

(6) 单击【Select Subset from Eigenvalues】标签右侧的箭头切换按钮,选择"YES",则统计信息将被计算,并出现【Select Output PC Bands】对话框,列出每个波段及其特征值,同时可列出每个主成分波段中包含的数据方差的累计百分比。如果选择"NO",则系统会计算特征值并显示供选择输出波段数。

(7) 输出波段数(Number of Output PC Bands)选择默认值(输入文件的波段数)。

(8) 单击【OK】按钮。

ENVI 处理完成后,将出现【PC Eigenvalues】绘图窗口(见图 2-4)。可以看到,第一、第二、第三分量具有很大的特征值。主成分波段将被导入可用波段列表中,选择 PC1、PC2、PC3 合成 RGB 显示,色彩非常饱和;选择 PC4、PC5、PC6 合成 RGB 显示,可以看到很多噪声。

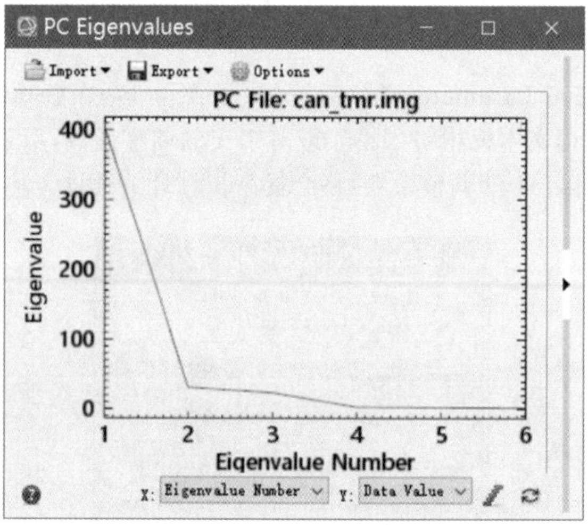

图 2-4 主成分分析特征值窗口

在【Toolbox】工具箱中,双击【Statistics】→【View Statistics File】工具,打开主成分分析中的统计文件,可以得到各个波段的基本统计值、协方差矩阵、相关系数矩阵和特征向量矩阵,见图 2-5。

在【Toolbox】工具箱中,双击【Transform】→【PCA Rotation】→【Inverse PCA Rotation】工具可以执行主成分逆变换。

2.4.2.3 独立主成分分析

独立主成分分析(Independent Component Analysis,ICA)把多光谱或者高光谱数据转换成相互独立的部分(去相关),可以用于发现和分离图像中隐藏的噪声、降维、异常检测、降噪、分类和波谱端元提取以及数据融合,它把一组混合信号转化为相互独立的成分,在感兴

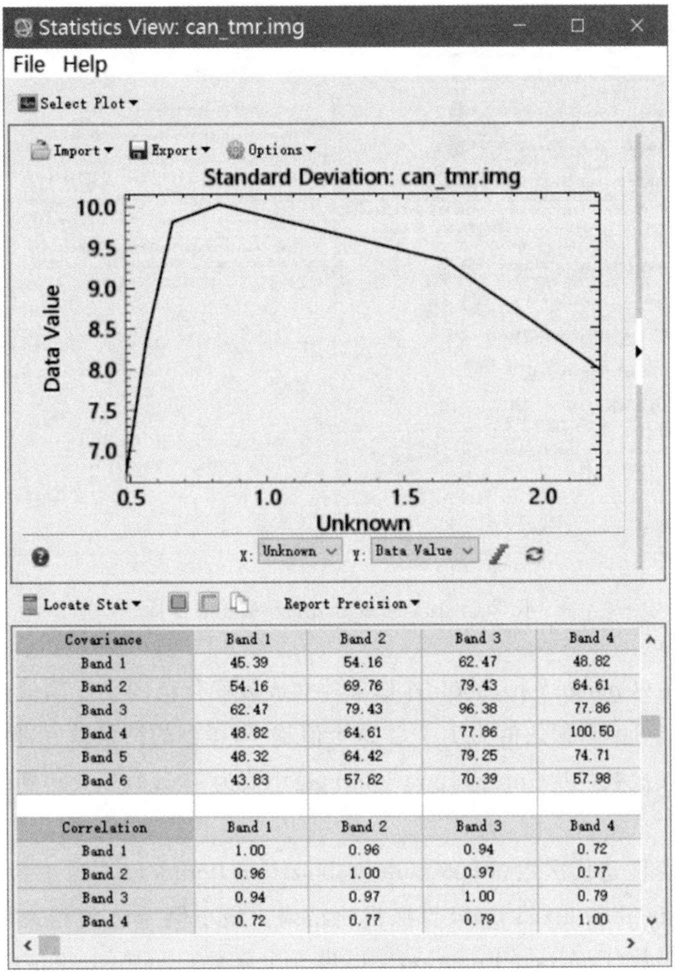

图 2-5　主成分分析得到的各波段统计值

趣信号与其他信号较弱的情况下，这种变换要比主成分分析得到的结果更加有效。ENVI 中提供独立主成分正变换和独立主成分逆变换。

所需数据：实验 2 遥感图像处理与分类\遥感图像处理\can_tmr.img。

操作步骤：

(1) 打开“can_tmr.img”图像文件。

(2) 在【Toolbox】工具箱中，双击【Transform】→【ICA Rotation】→【Forward ICA Rotation New Statistics and Rotate】工具。在【Independent Components Input File】对话框中，选择图像文件。

(3) 在【Forward IC Parameters】对话框中(见图 2-6)，在【Sample X Resize Factor】→【Sample Y Resize Factor】文本框中键入小于或等于 1 的调整系数，用于计算统计值时的数据二次采样。键入一个小于 1 的调整系数，将会提高统计计算速度。

(4) 键入一个输出统计路径及文件名。

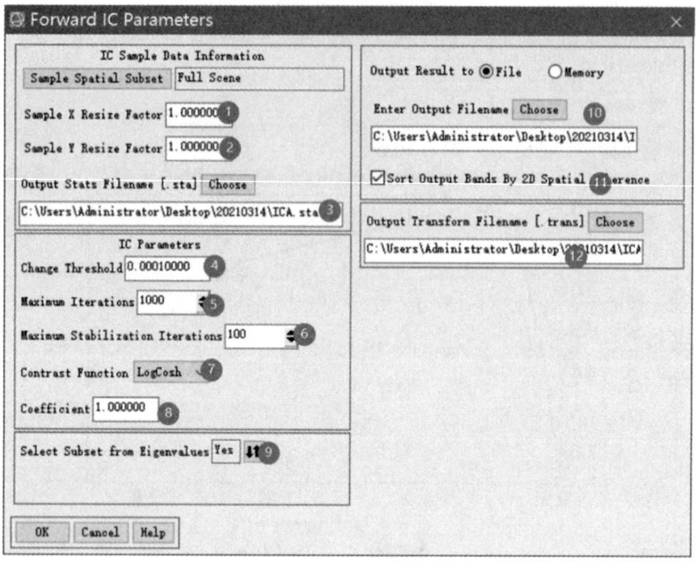

图 2-6　独立主成分分析参数设置界面

(5) 变化阈值(Change Threshold),如果独立成分变化范围小于阈值,就退出迭代。阈值的范围为 10^{-8}～10^{-2},默认值为 10^{-4}。这个值越小,得到的结果越好,但计算量会增加。

(6) 最大迭代次数(Maximum Iterations),最小值为 100,值越大得到的结果越好,计算量越大。

(7) 最大稳定性迭代次数(Maximum Stabilization Iterations),当达到最大迭代次数还不收敛时,运行 stabilized fixed-point 算法优化结果。最小值为 0,值越大得到的结果越好。

(8) 对比度函数(Contrast Function),提供 3 个函数:LogCosh、Kurtosis 和 Gaussian,默认函数为 LogCosh。选择一个函数需要设置一个系数(Coefficient),范围为 1.0～2.0。

(9) 单击【Select Subset from Eigenvalues】标签右侧的箭头切换按钮,选择"YES",统计信息将被计算,并出现【Select Output PC Bands】对话框,列出每个波段及其特征值,同时可列出每个主成分波段中包含的数据方差的累计百分比。如果选择"NO",则系统会统计特征值并显示供选择输出波段数。

(10) 选择结果输出路径及文件名。若需要输出转换特征,则在【Output Transform Filename】中输入路径和文件名".trans"。这种文件可以用在类似图像中。

(11) 单击图 2-6 中的【OK】按钮,在弹出的输出波段数【Number of Output PC Bands】界面中选择默认值。

2.4.2.4　色彩空间变换

ENVI 可将三波段红、绿、蓝(RGB)图像变换到一个特定的彩色空间,并且能从所选彩色空间变换回 RGB。两次变换之间,通过对比拉伸,可以生成一个色彩增强的彩色合成图像。ENVI 支持的彩色空间包括"色度、饱和度、颜色亮度值(HSV)""色度、亮度、饱和度(HLS)""HSV(USGS Munsell)"三种。其中,色度代表像元的颜色,取值范围为 0～360;饱和度代表颜色的纯度，取值范围为 0～1；颜色亮度值代表颜色的亮度，取值范围为 0～1；亮度表示整个图形的明亮程度，取值范围为 0～1。

另外，HSV(USGS Munsell)彩色系统被土壤科学家和地质科学家用于描述土壤和岩石的颜色特征。这套彩色系统已经被美国地质勘测部门做了修订，以描绘数字图像的颜色。USGS Munsell 变换可将 RGB 坐标变换成色彩坐标(色度、饱和度和颜色亮度值)。色度变化范围为 0～360，这里 0 和 360 代表蓝，120 代表绿，240 代表红。饱和度的变化范围为 0～208，值越高代表颜色越纯。颜色亮度值的变化范围大致为 0～512，较高的值代表较亮的颜色。

以 RGB 变换到 HSV 为例介绍操作过程。

所需数据：实验 2 遥感图像处理与分类\遥感图像处理\can_tmr.img。

操作步骤：

(1) 打开“can_tmr.img”图像文件(至少包含 3 个波段)，显示 RGB 彩色图像。

(2) 在【Toolbox】工具箱中，双击【Transform】→【Color Transforms】→【RGB to HSV Color Transform】工具。在【RGB to HSV Input Bands】对话框中，可以从可用波段列表中选择 3 个波段进行变换。

(3) 在【RGB to HSV Parameters】对话框中，选择输出路径及文件名，单击【OK】按钮。

2.4.2.5　色彩拉伸

ENVI 色彩拉伸包括去相关拉伸、Photographic 拉伸和饱和度拉伸三种。

(1) 去相关拉伸

去相关拉伸处理可以消除多光谱数据中各波段间的高度相关性，从而生成一幅色彩亮丽的彩色合成图像。它首先对图像做主成分分析，并对主成分图像做对比度拉伸处理，然后进行主成分逆变换，将图像恢复到 RGB 彩色空间，从而达到图像增强的目的。

在【Toolbox】工具箱中，双击【Transform】→【Decorrelation Stretch】工具。在【Decorrelation Stretch Input Bands】对话框中，从可用波段列表中选择 3 个作为输入波段。在【Decorrelation Stretch Parameters】对话框中选择输出路径及文件名。

(2) Photographic 拉伸

Photographic 拉伸可以对一幅真彩色输入图像进行增强，从而生成一幅与目视效果吻合良好的 RGB 图像。其结果与现实彩色照片效果类似。这种拉伸方法对真彩色输入图像的波段进行非线性缩放，然后将它们叠加。

在【Toolbox】工具箱中，双击【Transform】→【Photographic Stretch】工具。在【RGB Photographic Stretch Input Bands】输入对话框中，从可用波段列表中选择 3 个作为输入波段。在【Photographic Stretch Parameters】对话框中选择输出路径及文件名。

(3) 饱和度拉伸

饱和度拉伸指对输入的三波段图像进行彩色增强，生成具有较高颜色饱和度的波段。即将输入的数据由红、绿、蓝(RGB)空间变换为色度、饱和度和颜色亮度值(HSV)空间，对饱和度波段进行高斯拉伸，使数据分布到整个饱和度范围，然后逆变换回到 RGB 空间，从而完成增强处理。

在【Toolbox】工具箱中，双击【Transform】→【Saturation Stretch】工具。在【Saturation Stretch Input Bands】对话框中，从可用波段列表中选择 3 个作为输入波段。在【Saturation Stretch Parameters】对话框中选择输出路径及文件名。

2.4.2.6 NDVI 计算

归一化植被指数(Normalized Difference Vegetation Index，NDVI)计算可以将多光谱数据变换成一个独立的图像波段，用于显示植被分布。较高的 NDVI 值预示着包含较多的绿色植被。ENVI 中 NDVI 的计算可使用如下标准算法：

$$\text{NDVI} = \frac{\text{NIR} - \text{RED}}{\text{NIR} + \text{RED}} \tag{2-1}$$

NDVI 的取值范围在 $-1 \sim 1$ 之间。ENVI 已经为 Landsat TM、Landsat MSS、Landsat OLI、AVHRR、SPOT 和 AVIRIS 数据提前设置了相应波段；对于其他数据类型，用户可以自己设定波段来计算 NDVI 值。

所需数据：实验 2 遥感图像处理与分类\遥感图像处理\0112024.img。

操作步骤：

(1) 打开“0112024.img”图像文件(至少包含 3 个波段)。

(2) 在【Toolbox】工具箱中，双击【Spectral】→【Vegetation】→【NDVI】工具。在【NDVI Calculation Input File】对话框中，选择 TM 图像，单击【OK】按钮(见图 2-7)。

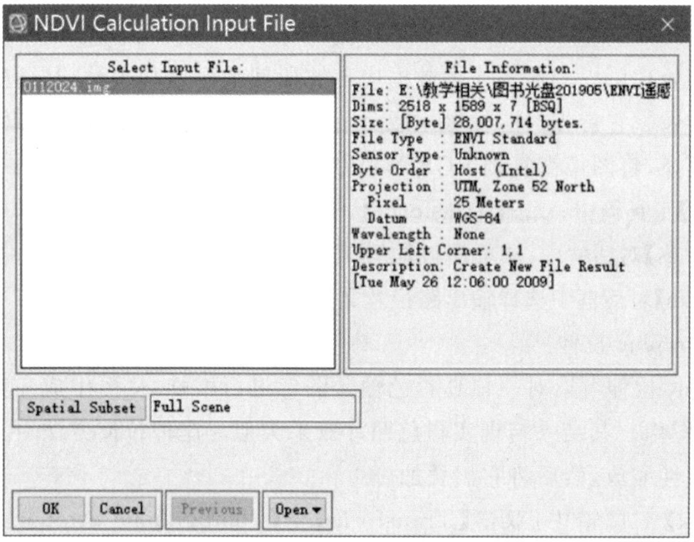

图 2-7 NDVI 输入文件选择对话框

(3) 在【NDVI Calculation Parameters】对话框中(见图 2-8)，单击【Input File Type】下拉菜单，选择“Landsat TM”。用于计算 NDVI 的波段将自动导入【Red】和【Near IR】文本框。如果下拉列表中没有列出输入文件的传感器类型，则可在【Red】和【Near IR】文本框中手动输入所需的波段数。

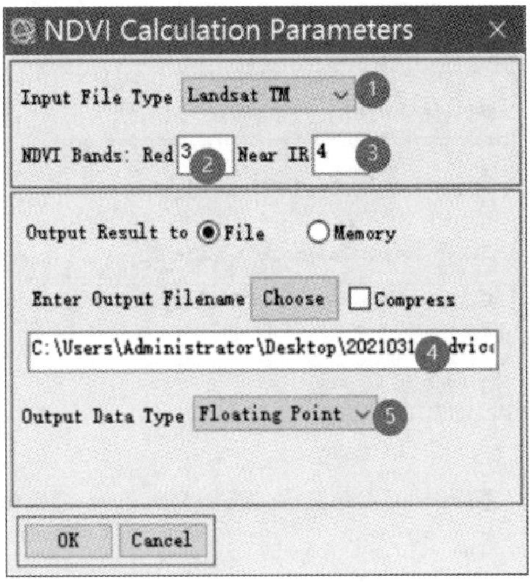

图 2-8　NDVI 计算对话框

(4) 在【Output Data Type】下拉列表中选择字节型(Byte)或浮点型(Floating Point)输出。如果选择字节型输出,键入最小 NDVI 值,该值将被拉伸为 0;键入最大 NDVI 值,该值将被拉伸为 255,获得的 NDVI 将被拉伸至 0～255 范围内。如果选择浮点型输出,NDVI 数值范围会保持为－1～1。

(5) 选择输出路径及文件名,单击【OK】按钮。

2.4.2.7　缨帽变换

使用缨帽(Tassled Cap)变换可以对 Landsat MSS、Landsat 5 TM 或 Landsat 7 ETM 数据进行变换。对于 Landsat MSS 数据,使用缨帽变换可对原始数据进行正交变换,把它们变换到一个思维空间中,包括土壤亮度指数 SBI、“绿度”植被指数 GVI、“黄度”(Yellow Stuff Index)指数 YVI 以及与大气影响密切相关的 non-such 指数 NSI(主要为噪声)。对于 Landsat 5 TM 数据,缨帽变换结果由 3 个因子组成——亮度、绿度与第三分量(Third)。其中,亮度、绿度相当于 Landsat MSS 数据缨帽中的 SBI 和 GVI;第三分量与土壤特征及湿度有关。对于 Landsat 7 ETM 数据,缨帽变换生成 6 个输出波段,包括亮度、绿度、湿度、第四分量(噪声)、第五分量和第六分量,这种类型的变换对定标后反射率数据的效果要比灰度值数据的效果更好。

所需数据:实验 2 遥感图像处理与分类\遥感图像处理\0112024.img。

操作步骤:

(1) 打开“0112024.img”图像文件(至少包含 3 个波段)。

(2) 在【Toolbox】工具箱中,双击【Transform】→【Tasseled Cap】工具。在【Tasseled Cap Transform Input File】对话框中,选择输入 Landsat 5 TM 数据,单击【OK】按钮。

(3) 在【Tasseled Cap Transform Parameters】对话框中(见图 2-9),选择【Input File Type】选项中的“Landsat 5 TM”。

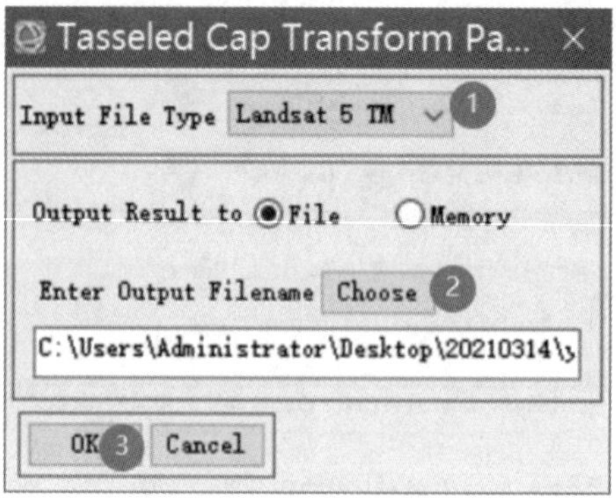

图 2-9 【Tasseled Cap Transform Parameters】操作界面

(4) 选择输出路径及文件名,单击【OK】按钮。

2.4.3 傅里叶变换

傅里叶变换的目的是将图像从空间域转换到频率域。首先,把图像波段转换成一系列不同频率的二维正弦傅里叶图像;其次,在频率域内对傅里叶图像进行滤波、掩膜等各种操作,减少或者消除部分高频或低频成分;最后,把频率域的傅里叶图像变换为空间域图像。傅里叶变换主要用于消除周期性噪声,还可以消除传感器异常引起的规律性错误。

2.4.3.1 快速傅里叶变换

快速傅里叶变换是把图像波段转换成一系列不同频率的二维正弦波傅里叶图像。

所需数据:实验 2 遥感图像处理与分类\遥感图像处理\can_tmr.img。

操作步骤:

(1) 打开 TM 图像"can_tmr.img"。

(2) 在【Toolbox】工具箱中,双击【Filter】→【FFT(Forward)】工具。在【Forward FFT Input File】对话框中,选择输入图像文件。

(3) 在【Forward FFT Parameters】对话框中,选择输出路径及文件名。

在 Data Manager 中,将一个 FFT 图像加载到视窗中,见图 2-10,从图上看,中间较亮的部分集中了图像的低频信息;外围较暗的部分集中了图像的高频信息;图中较明显的小白条是周期性条带噪声,其方向与空间域中图像垂直。

2.4.3.2 定义 FFT 滤波器

在快速傅里叶变换的基础上,可以定义一些滤波器进行频率域的增强处理,操作步骤如下:

(1) 在【Toolbox】工具箱中,双击【Filter】→【FFT Filter Definition】工具。

(2) 在【Filter Definition】对话框中(见图 2-11),在 Samples 和 Lines 文本框中键入滤波器的尺寸。选择【Filter_Type】→【滤波器类型】。当选择不同的滤波器类型时,需要设置的参数不一样,如果选择自定义滤波器(User Defined),则需要借助注记工具。

Circular Pass 和 Circular Cut:Circular Pass 为低通滤波器,Circular Cut 为高通滤波

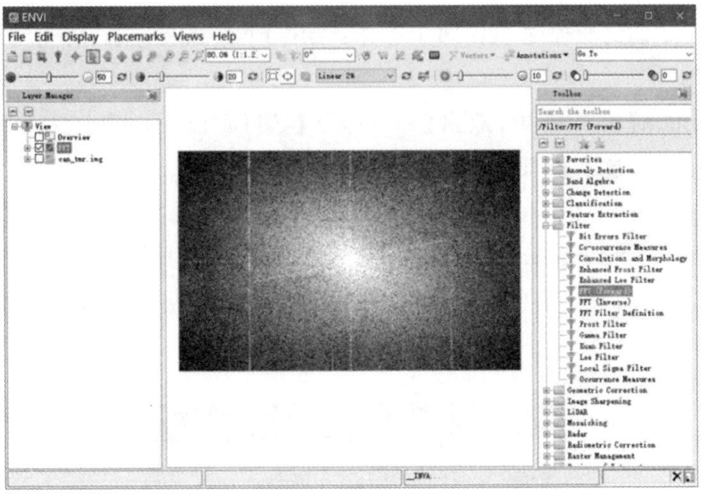

图 2-10 FFT 图像

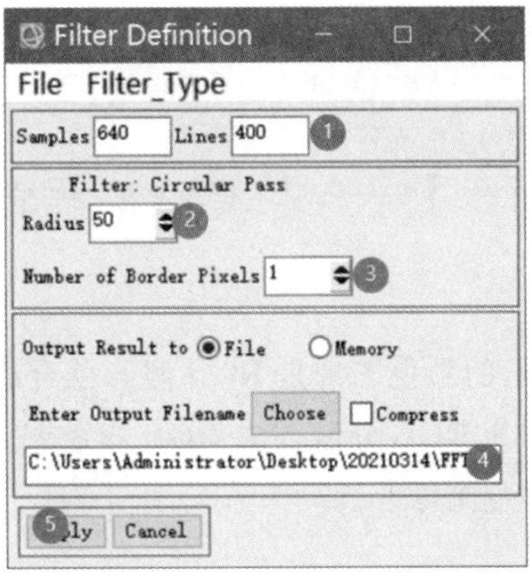

图 2-11 【Filter Definition】对话框

器。需要在 Radius 文本框中以像元为单位输入滤波半径。Number of Border Pixels 参数用于细化滤波器(平滑滤波器的边缘),0 值代表没有平滑。

Band Pass 和 Band Cut:对于 Band Pass 或 Band Cut 滤波器,在 Inner Radius 和 Outer Radius 文本框中以像元为单位键入所需值,构成一个圆环,Band Pass 滤波器保留圆环以外的能量谱(FFT 图像),Band Cut 保留圆环以内的能量谱。Number of Border Pixels 参数用于细化滤波器(平滑滤波器的边缘),0 值代表没有平滑。

User Defined Pass 和 Band Cut:可以将 ENVI 的形状注记导入滤波器。

(3) 选择输出滤波器文件的路径及文件名,单击【Apply】按钮。输出的滤波器为 0 和 1 的二值图。

2.4.3.3　反向 FFT 变换

ENVI 反向 FFT 变换程序包含两步操作：先用 FFT 滤波，然后将 FFT 图像数据反变换为空间域数据。

（1）在【Toolbox】工具箱中，双击【Filter】→【FFT（Inverse）】工具。在【Inverse FFT Input File】对话框中，选择 FFT 图像，单击【OK】按钮。

（2）在【Inverse FFT Filter File】对话框中，选择采用的滤波图像，单击【OK】按钮。

（3）在【Inverse FFT Parameters】窗口中（见图 2-12），选择输出文件路径和文件名。在【Output Data Type】的下拉菜单中选择输出数据的类型（如字节型、整型、浮点型等），单击【OK】按钮，处理图像。

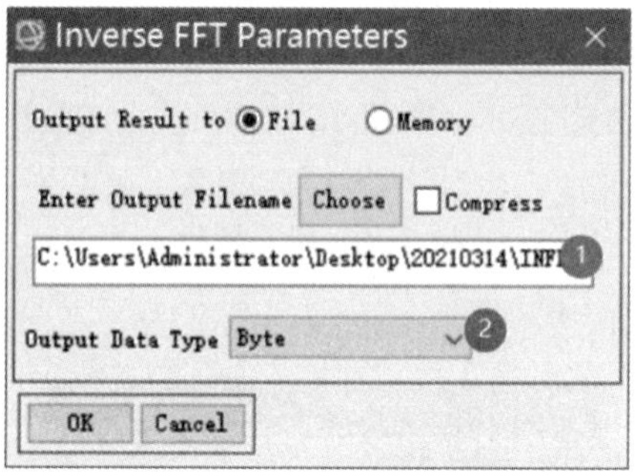

图 2-12　【Inverse FFT Parameters】对话框

2.4.4　波段组合图像增强

在通常情况下，视窗中显示的彩色图像是 RGB 假彩色合成的图像。可根据不同的用途选择不同波长范围内的波段作为 RGB 分量合成 RGB 彩色图像，如经常用到的自然彩色图像、标准假彩色图像、模拟真彩色图像等。

2.4.4.1　RGB 合成显示

ENVI 的合成 RGB 彩色图像显示过程是在 Data Manager 中完成的。

所需数据：实验 2 遥感图像处理与分类\遥感图像处理\can_tmr.img。

操作步骤：

（1）打开 TM 图像“can_tmr.img”。

（2）在【Data Manager】对话框中，将【Band Selection】展开，见图 2-13。

（3）分别为 RGB 分量选择波段。必须从相同图像文件中选择波段。

（4）单击【Load Data】按钮，即可在视窗中显示合成的 RGB 彩色图像。

当图像文件的各个波段具有中心波长（wavelength）时，ENVI 提供自然真彩色和标准假彩色显示方式，见图 2-13，即在列表中单击选中文件名并右键，选择【Load True Color】或【Load CIR】。

不同的波段合成可以增强不同地物显示，表 2-1 是基于前人实践及研究成果，总结得出的 Landsat TM 不同波段合成对地物增强的效果。

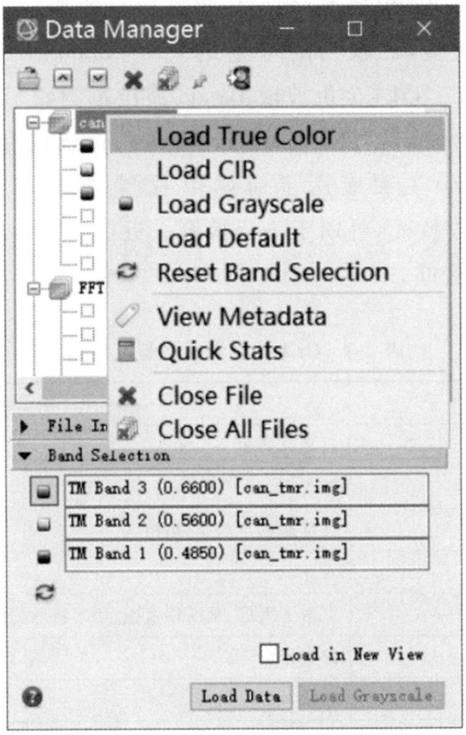

图 2-13　RGB 彩色合成显示

表 2-1　Landsat TM 波段合成类型及特点

RGB 组合	类　型	特　　点
321	真彩色图像	用于各种地物识别。图像平淡、色调灰暗、彩色不饱和、信息量相对较少
432	标准假彩色图像	地物图像丰富、色彩鲜明、层次好，用于植被分类、水体识别，植被显示为红色
743	模拟真彩色图像	用于居民地、水体识别
754	非标准假彩色图像	画面偏蓝色，用于特殊的地质构造调查
541	非标准假彩色图像	植物类型较丰富，用于研究植物分类
453	非标准假彩色图像	① 利用了一个红波段、两个红外波段，因此凡是与水体有关的地物在图像中都会比较清晰；② 强调水体显示，特别当水体边界很清晰时，有利于区分河渠与道路；③ 由于采用的都是红波段或红外波段，对其他地物的清晰显示不够，但对海岸及其滩涂的调查比较适合；④ 具备标准假彩色图像的某些特点，但色彩不会很饱和，图像看上去不够明亮；⑤ 容易区分水浇地与旱地，居民地的外围边界虽不是很清晰，但内部的街区结构特征清楚；⑥ 植物会有较好的显示，但是植物类型的细分有困难
345	非标准接近真色的假彩色图像	对水系、居民点、市容街道、公园水体及林地的图像判读比较有利

Landsat 8 的陆地成像仪（Operational Land Imager，OLI）包括 9 个波段，可以组合出更

多 RGB 方案(见表 2-2)。OLI 包括 ETM+传感器所有的波段,为了避免大气吸收特征,OLI 对波段进行了重新调整,比较大的调整是 OLI Band5(0.845~0.885 μm),排除了 0.825 μm 处水汽吸收特征。OLI 全色波段 Band8 波段范围较窄,这种方式可以在全色图像上更好地区分植被和无植被特征。此外,新增了蓝波段和短波红外波段,蓝波段(Band1:0.433~0.453 μm)主要应用于海岸带观测;短波红外波段(Band9:1.360~1.390 μm)包括水汽强吸收特征,可用于去云检测。近红外 Band5 和短波红外波段 Band9 均与 MODIS 对应的波段接近。

表 2-2 OLI 波段合成类型及用途

RGB组合	主 要 用 途
4(Red)、3(Green)、2(Blue)	自然真彩色
7(SWIR2)、6(SWIR1)、4(Red)	城市
5(NIR) 、4(Red)、3(Green)	标准假彩色图像,植被
6(SWIR1)、5(NIR)、2(Blue)	农业
7(Red)、6(SWIR1)、5(NIR)	穿透大气层,画面偏蓝色,用于特殊的地质构造调查
5(NIR)、6(SWIR1)、2(Blue)	健康植被
5(NIR)、6(SWIR1)、4(Red)	陆地,水
7(SWIR2)、5(NIR)、3(Green)	移除大气影像的自然表面
7(SWIR2)、5(NIR)、4(Red)	短波红外
6(SWIR1)、5(NIR)、4(Red)	植被分析

2.4.4.2 基于波段组合的假彩色合成

RGB 彩色图像中的 RGB 不仅可以是原始波段,有时为了让特定地物与背景形成反差,可以加入其他信息作为 RGB 中的分量,如植被指数等。

所需数据:实验 2 遥感图像处理与分类\遥感图像处理\0112024.img。

操作步骤:

第一步,生成波段及组建多波段数据文件。

(1) 打开一幅经过几何校正的 TM 图像"0112024.img"。

(2) 在【Toolbox】工具箱中,双击【Transform】→【PCA Rotation】→【Forward PCA Rotation New Statistics and Rotate】工具,对 TM 图像进行主成分分析。

(3) 在【Toolbox】工具箱中,双击【Spectral】→【Vegetation】→【NDVI】工具,计算 TM 图像的 NDVI,输入浮点型结果。

(4) 在【Toolbox】工具箱中,双击【Raster Management】→【Layer Stacking】工具。

(5) 在【Layer Stacking Parameters】对话框中,见图 2-14,单击【Import File】按钮,在【Layer Stacking Input File】选择框中选择 TM 图像文件。

(6) 单击【Import File】按钮,在【Layer Stacking Input File】选择框中选中主成分分析结果,单击【Spectral Subset】按钮,只选择第一主成分分量(Band1)。

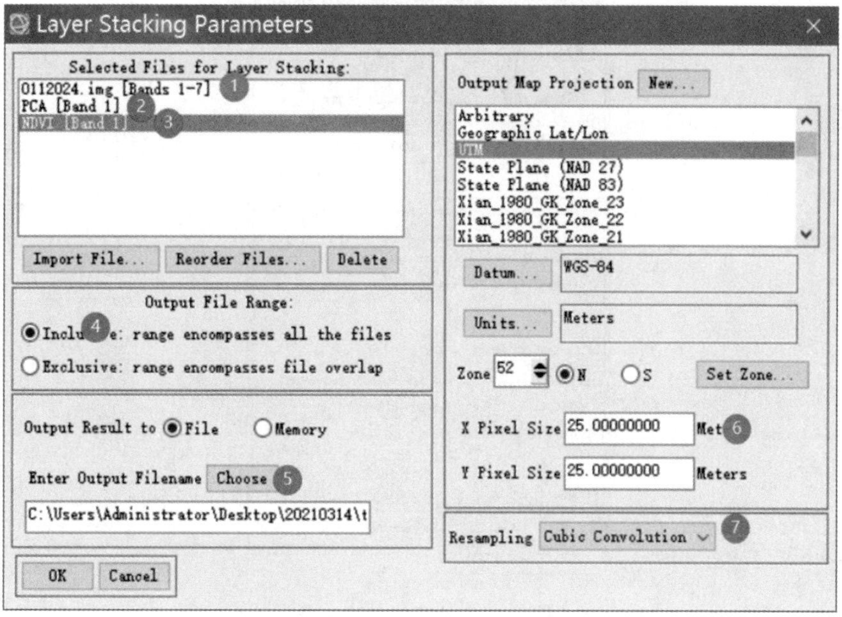

图 2-14　【Layer Stacking Parameters】对话框

(7) 单击【Import File】按钮，在【Layer Stacking Input File】选择框中选中 NDVI 数据。

(8) 选择【Inclusive】(并集)。Exclusive 选项是各个波段间的交集。

(9) 选择输出路径及文件名，像元大小和地图投影参数可按照默认值从输入图像中读取。

(10) Resampling(重采样)方法：选择【Cubic Convolution】，单击【OK】按钮，输出结果。

第二步，选择 RGB 组成波段。

通常，评价合成图像质量的途径有两种：一是采用信息论及数学方法，如信息熵、均方梯度(可反映光谱信息的偏差、相关系数)等客观判断准则；二是通过彩色合成及视觉感官判断的主观判断准则，如目视解译、RGB 彩色合成原理等。本次操作的目标是增强植被覆盖信息，使得植被信息和背景信息间的高反差凸显。下面采用波段组合相关系数和 RGB 彩色合成原理及视觉感官判断等方式进行操作。

以信息量来判断最佳组合波段，以组合的三波段标准差之和最大及组合波段间相关系数之和最小为依据。本例将 PCA 得到的第一分量 PC1 作为 R(红)波段，NDVI 值作为 G(绿)波段，从原始图像中选择某一个波段作为 B(蓝)波段进行假彩色合成。对 PC1、NDVI、TM1～TM7(7 个波段)进行波段间相关性分析。

(1) 在【Toolbox】工具箱中，双击【Statistics】→【Compute Statistics】工具，选择在第一部中合成多波段文件作为统计文件。

(2) 在【Compute Statistics Parameters】对话框中，见图 2-15，选择【Covariance】(协方差)，选择【Out to Screen】，单击【OK】按钮，直接在窗口中显示统计结果。

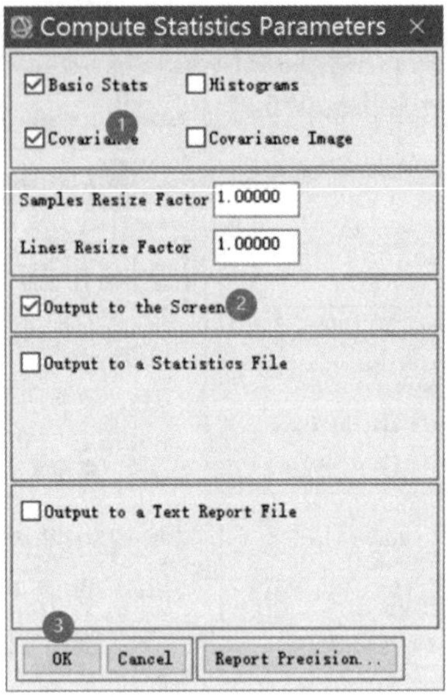

图 2-15　计算统计表文件

(3) 在显示统计结果的窗口中,找到相关系数项(Correlation),见图 2-16。

Correlation	Band 1	Band 2	Band 3	Band 4	Band 5	Band 6	Band 7	Band 8	Band 9
Band 1	1.00	0.93	0.92	-0.22	0.78	0.67	0.82	-0.85	-0.66
Band 2	0.93	1.00	0.93	-0.14	0.82	0.60	0.84	-0.87	-0.64
Band 3	0.92	0.93	1.00	-0.36	0.83	0.52	0.90	-0.90	-0.81
Band 4	-0.22	-0.14	-0.36	1.00	-0.07	-0.03	-0.29	0.21	0.79
Band 5	0.78	0.82	0.83	-0.07	1.00	0.64	0.94	-0.98	-0.52
Band 6	0.67	0.60	0.52	-0.03	0.64	1.00	0.59	-0.65	-0.25
Band 7	0.82	0.84	0.90	-0.29	0.94	0.59	1.00	-0.98	-0.69
Band 8	-0.85	-0.87	-0.90	0.21	-0.98	-0.65	-0.98	1.00	0.64
Band 9	-0.66	-0.64	-0.81	0.79	-0.52	-0.25	-0.69	0.64	1.00

图 2-16　统计结果

(4) 由统计结果可以看出,TM1～TM3 波段具有很高的相关性,TM4 波段比较独立,TM5 波段和 TM7 波段相关性较高。因此,通过相关分析拟选择 TM1、TM4 和 TM7。

(5) 在波段列表中,分别选择 PC1、NDVI 和 TM1 合成 RGB,选择 PC1、NDVI 和 TM7 合成 RGB 彩色图像,查看结果。

第三步,应用合成结果。

经过假彩色合成,颜色反差拉大,易于选择样本或训练区。将该方法应用于植被分类中能提高精度。

2.4.5　图像真彩色增强

遥感图像自然真彩色合成方法可分以下几种:一是直接用多光谱图像的红、绿、蓝波段合成,一般用于高分辨率图像,如 QuickBird、Worldview-2 等;二是利用其他波段并做加权处理,重新生成红、绿、蓝波段,一般用于增强某种地物颜色层次,如植被、水体等,通常用于中高分辨率图像,如资源三号卫星等数据;三是利用其他波段信息重新生成某一波段,一般用于缺少波段的图像，如 SPOT5、ASTER、资源一号 02C 等缺少蓝波段的数据。

本次实验主要熟悉波段经加权处理重新生成红、绿、蓝波段和重新生成新波段两种图像真彩色增强的方法。

2.4.5.1　波段加权真彩色增强

常见的加权真彩色增强就是增强植被信息，可使用绿色和近红外波段加权运算，公式如下：

$$\mathrm{Band}_{new} = \alpha * \mathrm{Band}_{green} + (1-\alpha) * \mathrm{Band}_{nir} \tag{2-2}$$

式中，α 是权重值，取 0～1。α 值越小，植被显示越绿。

所需数据：实验 2 遥感图像处理与分类\遥感图像处理\多光谱图像.dat。

操作步骤：

(1) 打开“多光谱图像.dat”图像，该数据包括近红外(Band4)、红(Band3)、绿(Band2)、蓝(Band1)波段。

(2) 以 RGB(对应 Band3、Band2、Band1)显示，看到植被颜色发暗，水体为深蓝色。

(3) 在【Toolbox】工具箱中，双击【Band Algebra】→【Band Math】工具，在“Enter an expression”处输入表达式：uint(b2 * 0.8+b4 * 0.2)。

(4) 单击【OK】按钮，在【Variables to Bands Pairings】对话框中，见图 2-17，分别为 b2 和 b4 变量选择 Band2 和 Band4。

图 2-17　【Variables to Bands Pairings】对话框

(5) 选择输出路径和文件名。

(6) 在【Toolbox】工具箱中,双击【Raster Management】→【Layer Stacking】工具。

(7) 在【Layer Stacking Parameters】对话框中,单击【Import File】按钮,在【Layer Stacking Input File】选择框中选中"多光谱图像.dat"图像,单击【Spectral Subset】按钮,只选择 Band1。

(8) 单击【Import File】按钮,在【Layer Stacking Input File】选择框中选择前面合成的波段。

(9) 单击【Import File】按钮,在【Layer Stacking Input File】选择框中选中"多光谱图像.dat"图像,单击【Spectral Subset】按钮,只选择 Band3。

(10) 选择输出路径及文件名,像元大小和地图投影参数按照默认设置从输入图像中读取,重采样方法(Resampling)默认。

(11) 单击【OK】按钮,输出结果。

(12) 在数据管理(Data Manager)中,选择 Band3、Bandnew、Band1 合成 RGB 显示。可以看到,植被显示为亮绿色,其他地物显示也得到一定的增强。

(13) 对比增强前后的效果。

2.4.5.2 生成新波段真彩色增强

SPOT5、ASTER、资源一号 02C 等多光谱图像缺少蓝波段,可以通过其他波段加权计算生成蓝波段,主要有两种方法:

一是将原来的绿波段当作蓝波段,红波段仍采用原来的波段,绿波段用绿波段、近红外波段按 3∶1 的加权算数平均值来代替,即 R:Bandred;G:(Bandgreen×3+Bandnir)/4;B:Bandgreen。

二是原来的绿波段当作蓝波段(该波段靠近蓝波段的光谱范围),红波段仍采用原来的波段,绿波段用绿波段、红波段、近红外波段的算数平均值代替,即 R:Bandred;G:(Bandgreen+Bandred+Bandnir)/3;B:Bandgreen。

所需数据:实验 2 遥感图像处理与分类\遥感图像处理\资源一号 02C 多光谱.dat。

操作步骤:

(1) 打开"资源一号 02C 多光谱.dat"。

(2) 以 RGB(对应 Band3、Band2、Band1)显示,看到植被显示红色,属于标准假彩色显示方式。

(3) 在【Toolbox】工具箱中,双击【Band Algebra】→【Band Math】工具,在"Enter an expression"处输入表达式:byte((b1 * 3+b3)/4)。

(4) 单击【OK】按钮,在【Variables to Bands Pairings】对话框中,分别为 b1 和 b3 变量选择 Band1 和 Band3。

(5) 选择输出路径和文件名。

(6) 在【Toolbox】工具箱中,双击【Raster Management】→【Layer Stacking】工具。

(7) 在【Layer Stacking Parameters】对话框中,在【Layer Stacking Input File】选择框中选中"资源一号 02C 多光谱.dat"图像,单击【Spectral Subset】按钮,只选择 Band1。

(8) 单击【Import File】按钮,在【Layer Stacking Input File】选择框中选择前面合成的波段。

(9) 单击【Import File】按钮,在【Layer Stacking Input File】选择框中选中"资源一号 02C 多光谱.dat"图像,单击【Spectral Subset】按钮,只选择 Band2。

(10) 选择输出路径及文件名,像元大小和地图投影参数按照默认设置从输入图像中读取,采用方法(Resampling)为默认。

(11) 单击【OK】按钮,输出结果。

(12) 在数据管理(Data Manager)中,选择 Band3、Bandnew、Band1 合成 RGB 显示。

2.4.6 监督分类

监督分类总体上可分为 4 个过程:定义训练样本、执行监督分类、评价分类结果和分类后处理。

2.4.6.1 定义训练样本

所需数据:实验 2 遥感图像处理与分类\遥感图像分类\can_tmr.img。

操作步骤:

第一步,打开分类图像并分析图像。

(1) 打开图像"can_tmr.img",用 Band5、Band4、Band3 合成 RGB 显示。

(2) 在显示的 RGB 图像中,色彩饱和,通过目视可以解译出 6 类地物。

(3) 通过分析图像,定义 6 类地物样本:林地、草地、耕地、裸地、沙地和水体。

第二步,应用 ROI Tool 创建感兴趣区。

(1) 在主界面中的图层管理器(Layer Manager)中,在文件"can_tmr.img"上右键选择【New Region of Interest】菜单,打开【ROI Tool】对话框。

(2) 在【ROI Tool】对话框中(见图 2-18),以林地为例介绍整个操作步骤,设置以下参数:

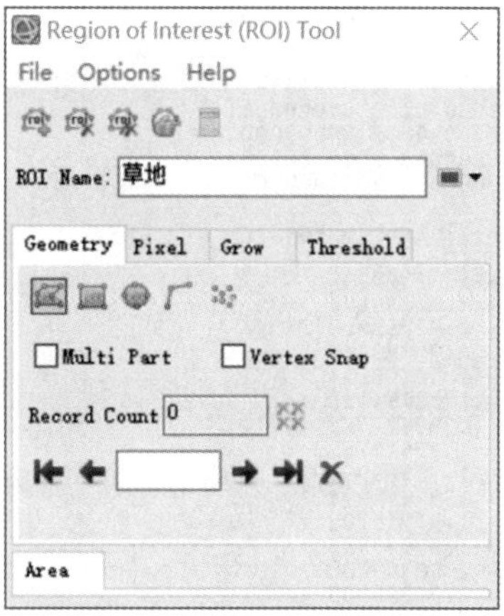

图 2-18 【ROI Tool】对话框

① ROI Name(样本名称):林地,回车确认样本名称。

② ROI Color(样本颜色):右键单击选择一种颜色,如绿色。

(3) 在 Geometry 选项中,选择多边形类型按钮" ",在图像窗口中目视确定林地区域,单击鼠标左键绘制感兴趣区,双击鼠标左键完成一个感兴趣的区域绘制,或者单击鼠标右键选择菜单完成操作:

① Complete and Accept Polygon:结束一个多边形的绘制,类似双击鼠标左键。

② Complete Polygon:确认感兴趣区绘制,还可以用鼠标移动位置或者编辑节点。

③ Clear Polygon:放弃当前绘制的多边形。

(4) 在图上分别绘制几个感兴趣的区,数量根据图像大小确定。

(5) 在【ROI Tool】对话框中,单击训练样本按钮,新建一个训练样本种类,重复以上(2)(3)(4)步骤,所有绘制的感兴趣区都将显示在图层管理器中。

第三步,评价训练样本。

ENVI 使用计算 ROI 可分离性(Compute ROI Separability)工具来计算任意类别间的统计距离,这个距离可用于确定两个类别间的差异性程度。类别间的统计距离指基于下列方法计算的 Jeffries-Matusita 距离和转换分离度(Transformed Divergence),来衡量训练样本(或 ROI)的可分离性。

(1) 在【ROI Tool】对话框中,选择【Options】→【Compute ROI Separability】。

(2) 在文件选择对话框中,选择输入 TM 图像文件,单击【OK】按钮。

(3) 在【ROI Separability Calculation】对话框中,单击【Select All Items】按钮,将所有 ROI 用于可分离性计算,单击【OK】按钮,可分离性将被计算并在窗口中显示结果(见图 2-19)。

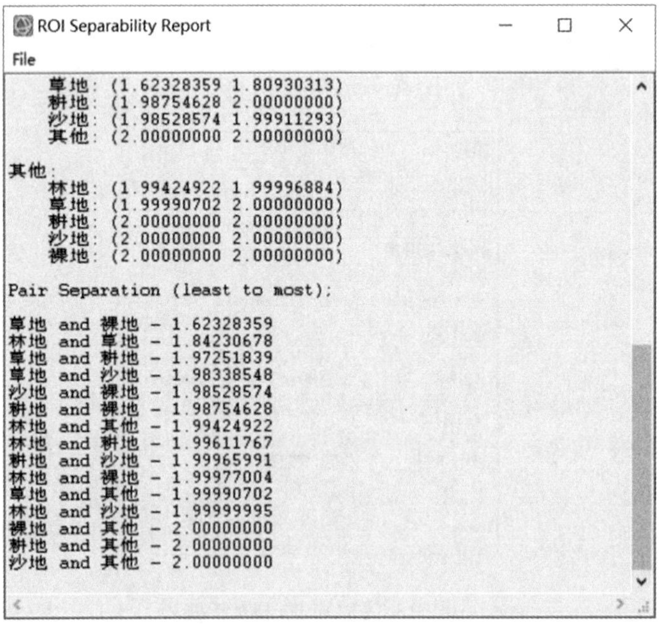

图 2-19　训练样本可分离性计算报表

(4) 本实验中，林地和草地可分离度约为 1.66，草地和裸地可分离度约为 1.79，这三类样本需要修改。

提示：ENVI 为每一个感兴趣区组合都计算了 Jeffries-Matusita 距离和转换分离度。在对话框底部，根据可分离性值的大小，从小到大列出感兴趣区组合。这两个参数的值为 0～2.0，大于 1.9 说明样本之间可分离性好，属于合格样本；小于 1.8 则需要重新选择样本(在【ROI Tool】对话框中，选择【Options】→【Merge(Union/Intersection)ROIs】)。

(5) 在【ROI Tool】对话框中，选择按钮【File】→【Save As】，将所有训练样本保存为外部文件(.xml)。

2.4.6.2　执行监督分类

根据分类的复杂度和精度需求等选择一种分类器。在【Toolbox】工具箱中，选择【Classification】→【Supervised Classification】→【分类器类型】，主要包括平行六面体(Parallelpiped)、最小距离(Minimum Distance)、马氏距离(Mahalanobis Distance)、最大似然(Likelihood Classification)、神经网络(Neural Net Classification)、支持向量机(Support Vector Machine Classification)；此外，还有用于光谱数据的自适应一致估计(Adaptive Coherence Estimator)、二进制编码(Binary Encoding Classification)、最小能量约束(Constrained Energy Minimization)、正交子空间投影(Orthogonal Subspace Projection)、波普角(Spectral Angle Mapper Classification)和光谱信息散度(Spectral Information Divergence Classification)等分类方法。

1. 平行六面体

(1) 在【Toolbox】工具箱中，双击【Classification】→【Supervised Classification】→【Parallelepiped Classification】工具，在文件输入对话框中选择 TM 图像，单击【OK】按钮，打开 Parallelpiped 设置对话框(见图 2-20)。

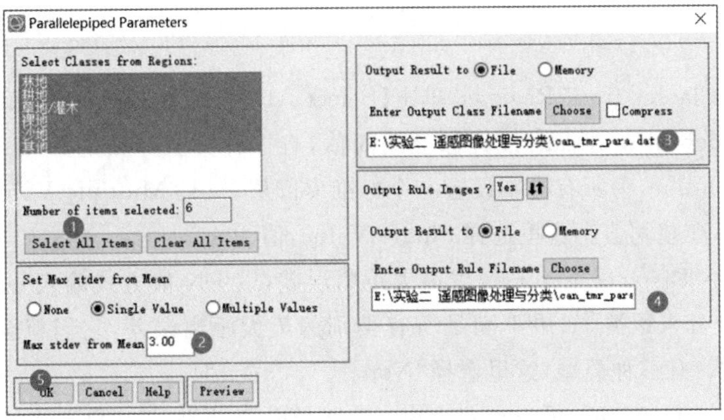

图 2-20　平行六面体分类器参数设置界面

(2) Select Classes from Regions：单击【Select All Items】按钮，选择全部训练样本。

(3) Set Max stdev from Mean：设置标准差阈值，有三种类型。一是 None，不设置标准阈值；二是 Single Value，为所有类别设置一个标准差阈值；三是 Multiple Values，分别为每个类别设置一个标准差阈值。这里选择【Single Value】,值为 3。

(4) 单击【Preview】选项,可以在右边窗口中预览分类结果,单击【Change View】按钮,可以改变预览区域。

(5) 选择分类结果的输出路径及文件名。

(6) 将 Output Rule Images 设置为"Yes",选择规则图像输出路径及文件名。

(7) 单击【OK】按钮,执行分类。

2. 最小距离

(1) 在【Toolbox】工具箱中,双击【Classification】→【Supervised Classification】→【Minimum Distance Classification】工具,在文件输入对话框中选择 TM 图像,单击【OK】按钮,打开 Minimum Distance 参数设置界面,见图 2-21。

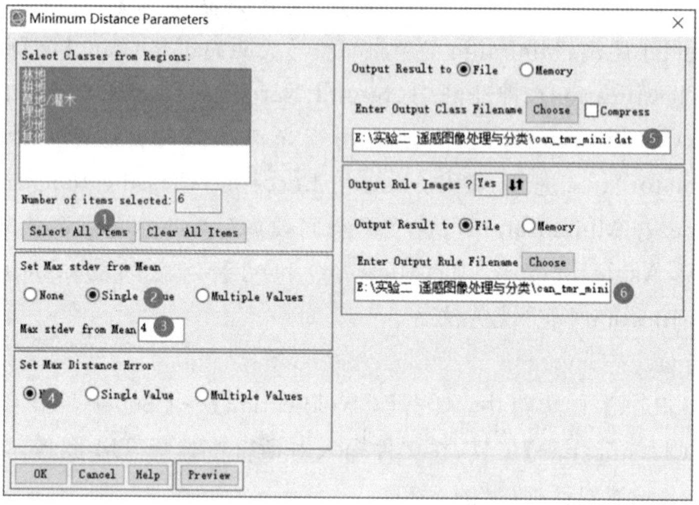

图 2-21 最小距离分类器参数设置界面

(2) Select Classes from Regions:单击【Select All Items】按钮,选择全部训练样本。

(3) Set Stdev from Mean:设置标准差阈值,有三种类型。一是 None,不设置标准阈值;二是 Single Value,为所有类别设置一个标准差阈值;三是 Multiple Values,分别为每个类别设置一个标准差阈值。这里选择 Single Value,值为 4。

(4) Set Max Distance Error:设置最大距离误差,以 DN 值方式输入一个值,距离大于该值的像元不被分入该类[如果不满足所有类别的最大距离误差,它们就会被归为未分类(Unclassified)]。有三种类型,这里选择"None"。

(5) 单击 Preview 选项,可以在右边窗口中预览分类结果,单击【Change View】按钮,可以改变预览区域。

(6) 选择分类结果的输出路径及文件名。

(7) 将 Output Rule Images 选项设置为"Yes",选择规则图像输出路径及文件名。

(8) 单击【OK】按钮,执行分类。

3. 马氏距离

（1）在【Toolbox】工具箱中，双击【Classification】→【Supervised Classification】→【Mahalanobis Distance Classification】工具，在文件输入对话框中选择 TM 图像，单击【OK】按钮，打开 Mahalanobis Distance 参数设置界面，见图 2-22。

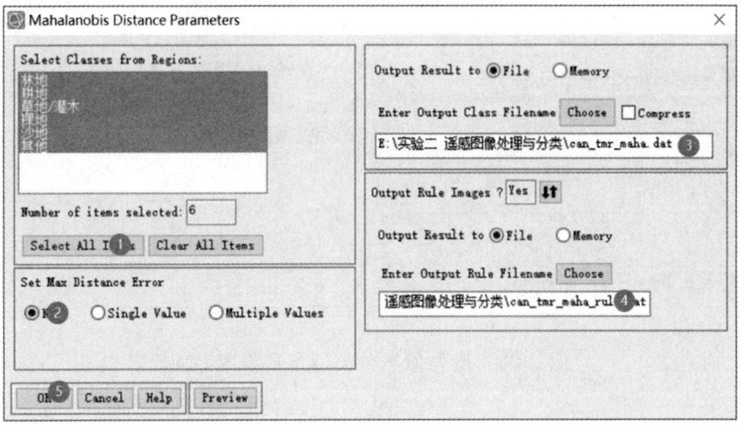

图 2-22　马氏距离分类器参数设置界面

（2）Select Classes from Regions：单击【Select All Items】按钮，选择全部训练样本。

（3）Set Max Distance Error 选项：设置最大距离误差，以 DN 值方式输入一个值，距离大于该值的像元不被分入该类[如果不满足所有类别的最大距离误差，它们就会被归为未分类(unclassified)]。有三种类型，这里选择“None”。

（4）单击【Preview】按钮，可以在右边窗口中预览分类结果，单击【Change View】按钮，可以改变预览区域。

（5）选择分类结果的输出路径及文件名。

（6）将 Output Rule Images 选项设置为“Yes”，选择规则图像输出路径及文件名。

（7）单击【OK】按钮，执行分类。

4. 最大似然

（1）在【Toolbox】工具箱中，双击【Classification】→【Supervised Classification】→【Maximum Likelihood Classification】工具，在文件输入对话框中选择 TM 图像。单击【OK】按钮，打开【Maximum Likelihood】参数设置界面，见图 2-23。

（2）Select Classes from Regions：单击【Select All Items】按钮，选择全部训练样本。

（3）Set Probability Threshold：设置似然度的阈值。如果选择“Single Value”，则在【Probability Threshold】文本框中输入一个 0～1 之间的值，似然度小于该阈值则不被分入该类。本次实验选择“None”。

（4）Data Scale Factor：输入一个数据比例系数，该比例系数用于将整型反射率或辐射率数据转化为浮点型数据。

（5）单击【Preview】按钮，可以在右边窗口中预览分类结果，单击【Change View】按钮，

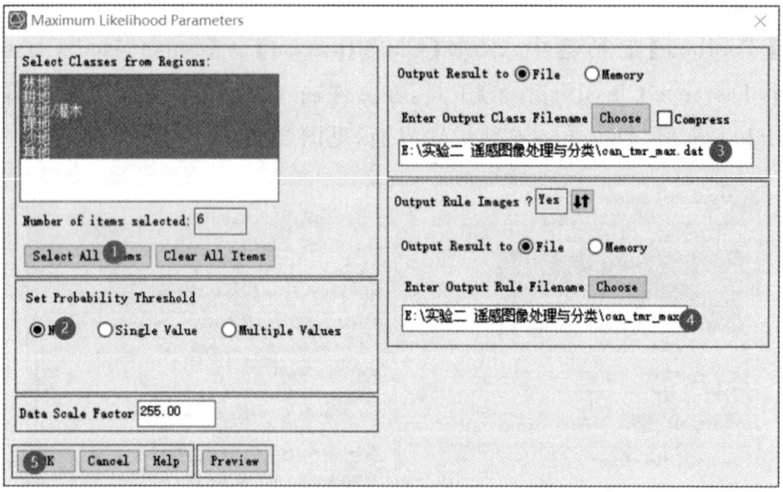

图 2-23　最大似然分类器参数设置界面

可以改变预览区域。

(6) 选择分类结果的输出路径及文件名。

(7) 将 Output Rule Images 选项设置为“Yes”,选择规则图像输出路径及文件名。

(8) 单击【OK】按钮,执行分类。

5. 神经网络

(1) 在【Toolbox】工具箱中,双击【Classification】→【Supervised Classification】→【Neural Net Classification】工具,在文件输入对话框中选择 TM 图像,单击【OK】按钮,打开【Neural Net Classification】参数设置对话框,见图 2-24。

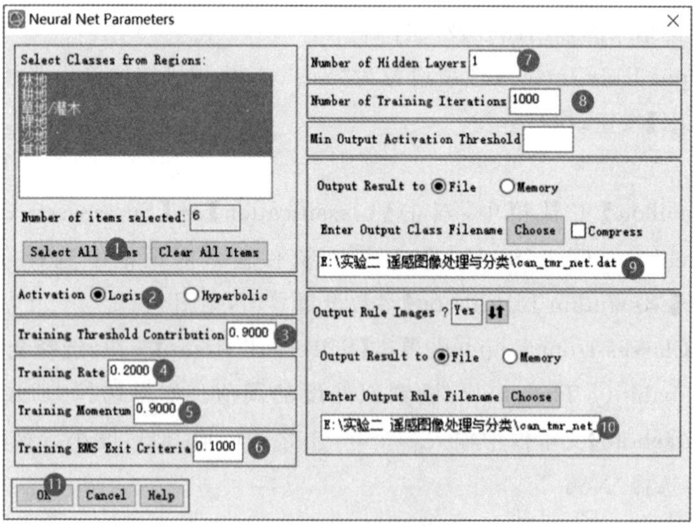

图 2-24　神经网络分类器参数设置界面

(2) Select Classes from Regions:单击【Select All Items】按钮,选择全部训练样本。

(3) Activation:选择激活函数。有对数(Logistic)和双曲线(Hyperbolic)两种。

(4) Training Threshold Contribution:输入训练贡献阈值(0～1)。该参数决定了与活化节点级别相关的内部权重的贡献量。它用于调节节点内部权重的变化。训练算法交互式地调整节点间的权重和节点阈值,从而使输出层和响应误差达到最小。将该参数设置为0不会调整节点的内部权重。适当调整节点的内部权重可以生成一幅较好的分类图像,但是如果设置的权重太大,对分类结果会产生不良影响。

(5) Training Rate:设置权重调节速度(0～1)。参数值越大则训练速度越快,但增加摆动或者使训练结果不收敛。

(6) Training Momentum:输入一个0～1的值。该值大于0时,在【Training Rate】文本框中输入较大值不会引起摆动。该值越大,训练的步幅越大。该参数的作用是促使权重沿当前方向改变。

(7) Training RMS Exit Criteria:将RMS误差设置为何值时训练应该停止。RMS误差值在训练过程中将显示在图标中,当该值小于输入值时,即使还没有达到迭代次数,训练也会停止,然后开始进行分类。

(8) Number of Hidden Layers:键入所用隐藏层的数量。要进行线性分类,键入值为0,没有隐藏层,不同的输入区域必须与一个单独的超平面线分离。要进行非线性分类,输入值应该大于或等于1,当输入的区域并非线性分离或需要两个超平面才能区分类别时,必须至少拥有一个隐藏层才能解决这个问题。两个隐藏层用于区分输入空间,空间中的不同要素不邻近也不相连。

(9) Number of Training Iterations:输入用于训练的迭代次数。

(10) Min Output Activation Threshold:输入一个最小输出活化阈值。如果被分类像元的活化值小于该阈值,在输出的分类中该像元将被归入未分类(unclassified)。

(11) 选择分类结果的输出路径及文件名。

(12) 将Output Rule Image选项设置为"Yes",选择规则图像输出路径及文件名。

(13) 单击【OK】按钮,执行分类。

6. 支持向量机

(1) 在【Toolbox】工具箱中,双击【Classification】→【Supervised Classification】→【Support Vector Machine Classification】工具,在文件输入对话框中选择TM图像,单击【OK】按钮,打开Support Vector Machine Classification参数设置对话框,见图2-25。

(2) Kernel Type下拉列表里的选项有Linear、Polynomial、Radial Basis Function和Sigmoid。如果选择Polynomial,设置一个核心多项式的次数(用于SVM),最小值是1,最大值是6。如果选择Polynomial或Sigmoid,使用向量机规则,需要为Kernel指定"the Bias",默认值是1。如果选择Polynomial、Radial Basis Function、Sigmoid,需要设置"Gamma in Kernel Function"参数,这个值是一个大于零的浮点型数据,其默认值是输入图像波段数的倒数。

(3) Penalty Parameter:这个值是一个大于0的浮点型数据。这个参数控制了样本错

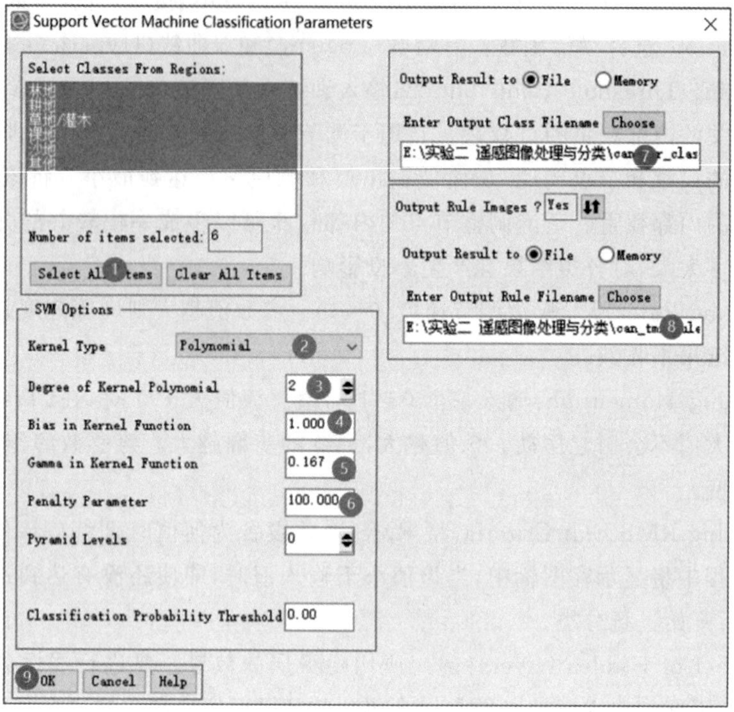

图 2-25　支持向量机分类器参数设置界面

误与分类刚性延伸之间的平衡，默认值是 100。

(4) Pyramid Levels：设置分级处理等级，用于 SVM 训练和分类处理过程。如果这个值为 0，将以原始分辨率处理，最大值随着图像的大小而改变。

(5) Pyramid Reclassification Threshold(0～1)：当 Pyramid Levels 值大于 0 时，需要设置这个重分类阈值。

(6) Classification Probability Threshold：分类设置概率域值。如果根据一个像素计算得到所有的规则概率小于该值，则该像素将不被分类，范围是 0～1，默认值是 0。

(7) 选择分类结果的输出路径和文件名。

(8) 将 Output Rule Image 选项设置为“Yes”，选择规则图像输出路径及文件名。

(9) 单击【OK】按钮，执行分类。

2.4.6.3　评价分类结果

执行完监督分类后，需要对分类结果进行评价。ENVI 提供了多种评价方法，包括分类结果叠加、混淆矩阵(Confusion Matrices)和 ROC 曲线(ROC Curves)。

1. 分类结果叠加

(1) 在视窗中显示 TM 图像和分类结果。

(2) 在图层管理器(Layer Manager)中，每个分类类别前面都有一个选择框，可以显示或隐藏该类。

(3) 通过在图像上叠加分类结果，目视判断分类的精度。

2. 混淆矩阵

使用 Confusion Matrix 工具可以将分类结果的精度显示在一个混淆矩阵中(用于比较分类结果和地表真实信息)。ENVI 可以使用一幅地表真实图像或地表真实感兴趣区来计算混淆矩阵。

(1) 使用地表真实图像计算混淆矩阵

当使用地表真实图像时,可以为每个分类计算误差掩膜图像,用于显示被错误归类的像元。计算之前先打开一个真实的分类图,格式为 ENVI 分类图像格式。

① 在【Toolbox】工具箱中,单击【Classification】→【Post Classification】→【Confusion Matrix Using Ground Truth Image】工具。

② 在【Classification Input File】对话框中,选择分类结果。

③ 在【Ground Truth Input File】对话框中,选择地表真实分类图像。

④ 在【Match Classes Parameters】对话框中,见图 2-26,在两个列表中选所要匹配的名称,再单击【Add Combination】按钮,使地表真实类别与最终分类结果相匹配。类别之间的匹配将显示在对话框底部的列表中。如果地表真实图像中的类别与分类图像中的类别名称相同,它们将自动匹配。单击【OK】按钮,输出混淆矩阵。

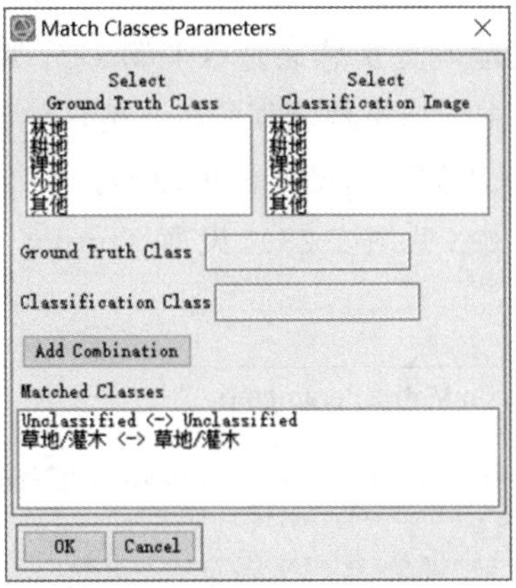

图 2-26　分类匹配设置窗口

⑤ 在混淆矩阵输出窗口中,见图 2-27,设置 Output Confusion Matrix 选项:选择像素(Pixels)和百分比(Percent)。

⑥ 选择误差图像输出路径及文件名。

⑦ 单击【OK】按钮,输出混淆矩阵。

(2) 使用地表真实感兴趣区计算混淆矩阵

使用地表真实感兴趣区之前,需要准备可反映地表真实地物信息的 ROI 文件。可以在高分辨率图像上通过目视解译获取各个分类的地表真实感兴趣区,也可以通过野外实地调查,根据调查数据生成地表真实感兴趣区,制作方法与分类样本的方法一样。

① 在主界面中,选择【File】→【Open】,打开验证感兴趣文件“can_tmr-验证.xml”,在【Select Base ROI Visualization LA…】对话框中,选择分类结果文件。

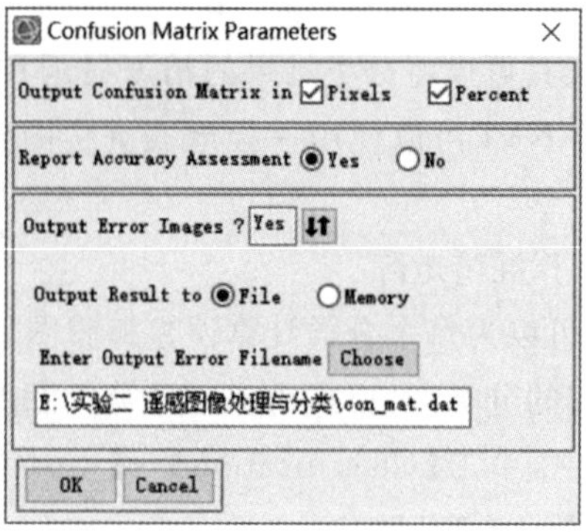

图 2-27　混淆矩阵输出对话框

② 在【Toolbox】工具箱中，双击【Classification】→【Post Classification】→【Confusion Matrix Using Ground Truth ROIs】工具。

③ 在【Classification Input File】对话框中，选择分类结果图像，地表真实感兴趣区将自动被加载到【Match Classes Parameters】对话框中。

④ 在【Match Classes Parameters】对话框中，在两个列表中选择所有匹配的名称，再单击【Add Combination】按钮，把地表真实感兴趣区与最终分类结果相匹配。类别之间的匹配将显示在对话框底部的列表中。如果地表真实感兴趣区的类别与分类图像中的类别名称相同，它们将自动匹配。单击【OK】按钮，输出混淆矩阵。

⑤ 在混淆矩阵输出窗口中(见图 2-28)，设置 Output Confusion Matrix：选择像素(Pixels)和百分比(Percent)。

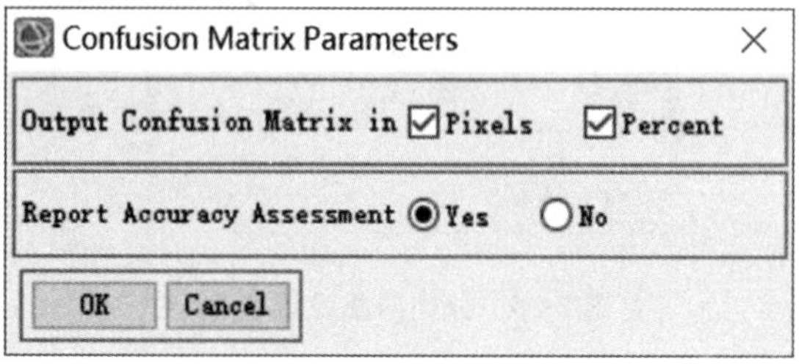

图 2-28　混淆矩阵输出窗口

⑥ 单击【OK】按钮，输出混淆矩阵。

在输出的混淆矩阵报表中(见图 2-29)，包含的要素有：总体分类精度、Kappa 系数、错分误差、漏分误差、制图精度以及用户精度。

总体分类精度：等于被正确分类的像元总数除以总像元数。被正确分类的像元数目沿着混淆矩阵的对角线分布，总像元数等于所有真实参考源的像元总数。

Kappa(KC)系数：Kappa 系数表示了检测结果的内部一致性，其中既包含了被正确分类的像素，又包含了混淆矩阵主对角线上各种漏分和错分错误，更全面地反映了分类器的性能。Kappa 系数公式中 $\boldsymbol{M}$ 代表混淆矩阵，M_{ij} 代表类别 j 被分为 i 的样本数量；T 是样本的

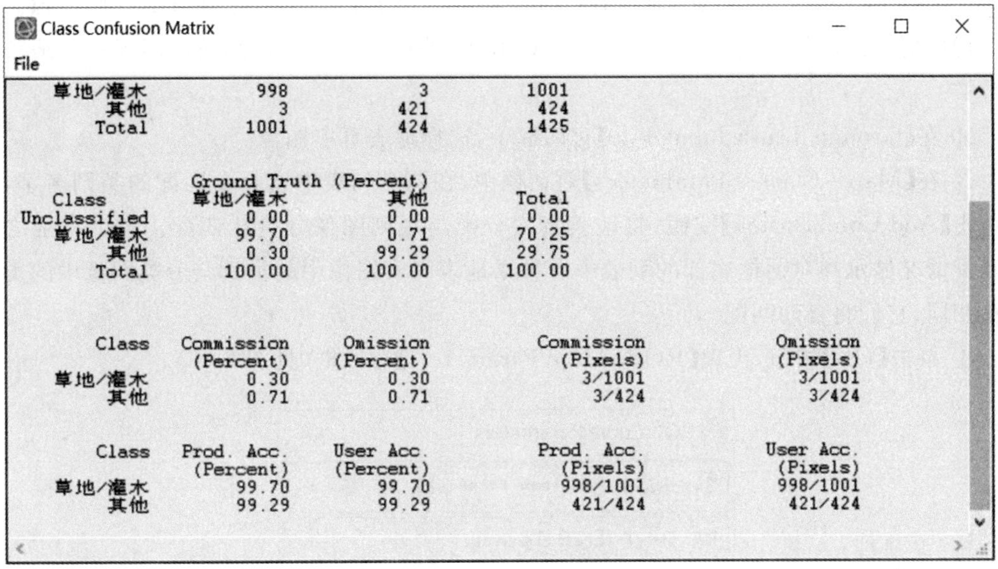
Class Confusion Matrix

File

Class	草地/灌木	其他	Total
草地/灌木	998	3	1001
其他	3	421	424
Total	1001	424	1425

Class	Ground Truth (Percent) 草地/灌木	其他	Total
Unclassified	0.00	0.00	0.00
草地/灌木	99.70	0.71	70.25
其他	0.30	99.29	29.75
Total	100.00	100.00	100.00

Class	Commission (Percent)	Omission (Percent)	Commission (Pixels)	Omission (Pixels)
草地/灌木	0.30	0.30	3/1001	3/1001
其他	0.71	0.71	3/424	3/424

Class	Prod. Acc. (Percent)	User Acc. (Percent)	Prod. Acc. (Pixels)	User Acc. (Pixels)
草地/灌木	99.70	99.70	998/1001	998/1001
其他	99.29	99.29	421/424	421/424

图 2-29　混淆矩阵报表

类别数；n 代表总的样本数。该公式如下：

$$\mathrm{KC}=\left[n\left(\sum_{i=1}^{T}M_{ij}\right)-\sum_{i=1}^{T}\left(\sum_{j=1}^{T}M_{ij}\sum_{j=1}^{T}M_{ji}\right)\right]\Big/\left[n^2-\sum_{i=1}^{T}\left(\sum_{j=1}^{T}M_{ij}\sum_{j=1}^{T}M_{ji}\right)\right]$$

错分误差(Commission)：指被分为某一类，而实际属于另一类的像元，它显示在混淆矩阵中。

漏分误差(Omission)：指本身属于地表真实分类，但没有被分类器分到相应类别中的像元数。

制图精度(Prod. Acc)：指分类器将整个图像的像元正确分为某类的像元数(对角线值)与该类真实参考总数(混淆矩阵中某类别的综合)比值。

用户精度(User Acc)：指正确分到某类的像元总数(对角线值)与分类器将整个图像的像元分为该类的像元总数(混淆矩阵中各类行的总和)比率。

3. ROC 曲线

通过 ROC(Receiver Operating Characteristic，接受者操作特征)曲线来检测分类器的精度，从而选择合适的判定阈值。ROC 曲线将一系列不同阈值的规则图像分类结果与地表真实信息进行比较。ENVI 通过地表真实图像或地表真实感兴趣区来计算一条 ROC 曲线。对于每种所选类别(规则波段)，都将记录该类别的“探测”概率(P_{d})相对“false alarm”(被错误分类)概率(P_{fa})的曲线和 P_{d} 相对阈值的曲线。

(1) 使用地表真实图像

在执行监督分类时要保存规则图像并打开一个真实的分类图。需要用地表真实图像显示一条 ROC 曲线。

① 在【Toolbox】工具箱中，双击【Classification】→【Post Classification】→【ROC Curves

Using Ground Truth Image】工具。在【Rule Input File】对话框中，选择分类规则图像。规则图像中所选择的每个波段可用于生成一条 ROC 曲线。每一个规则波段匹配一种地表真实分类。

② 在【Ground Truth Input File】对话框中，选择地表真实图像。

③ 在【Match Classes Parameters】对话框中，在两个列表中选择要匹配的类别名字，然后单击【Add Combination】按钮，将地表真实分类与规则图像分类相匹配。各个类别之间的匹配情况显示在对话框底部的列表中。如果地表真实图像中的类别与分类图像中的类别名称相同，它们将自动匹配。

④ 单击【OK】按钮，出现【ROC Curve Parameters】对话框（见图 2-30）。

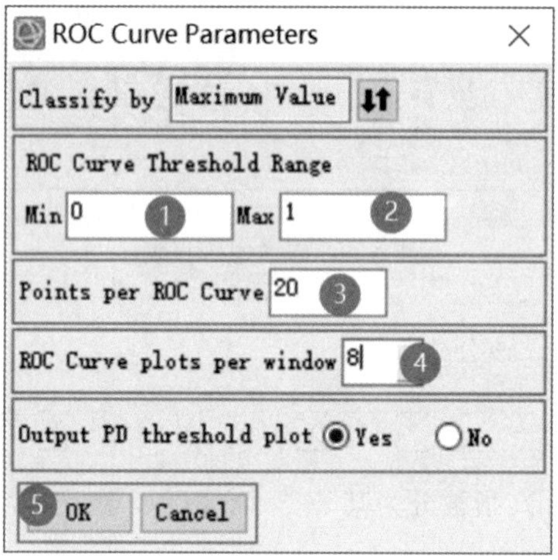

图 2-30　ROC 曲线参数设置界面

⑤ Classify by：单击上下箭头按钮，选择用最大值或最小值对规则图像进行分类。如果规则图像来自最小距离或波谱角分类器，选用最小值进行分类。如果规则图像来自最大似然分类器，选用最大值进行分类。

⑥ 在 Min 和 Max 参数文本框中，为 ROC 曲线阈值范围键入最小值和最大值，规则图像将按照最小值和最大值之间（包括端点）的 N 等分阈值（由 Points per ROC Curve 文本框设定）进行分类。这些分类中的每一个类别都与地表真实类别相比较，成为 ROC 曲线上的一个点。

⑦ Points per ROC Curve：键入 ROC 曲线上的点数。

⑧ ROC Curve plots per window：键入每一个窗口中图表的数量。

⑨ Output PD threshold plot：选择 Yes 或 No 单选框，确定是否输出探测相对阈值的曲线。

⑩ 单击【OK】按钮，即可在图标窗口中绘制出 ROC 曲线和探测曲线。

(2) 使用地表真实感兴趣区

地表真实感兴趣区必须提前打开，且与选择的规则图像大小相同，否则需要重新匹配地表真实感兴趣区。

① 在【Toolbox】工具箱中，双击【Classification】→【Post Classification】→【ROC Curves Using Ground Truth ROIs】工具。

② 在【Rule Input File】对话框中，选择分类规则图像，规则图像中所选择的每个波段将用于生成一条 ROC 曲线。

③ 在【Match Classes Parameters】对话框中，在两个列表中选择要匹配的类别名字，然后单击【Add Combination】按钮，将地表真实感兴趣区与规则图像分类相匹配。各个类别之间的匹配情况显示在对话框底部的列表中。如果地表真实感兴趣区中的类别与分类图像中的类别名称相同，它们将自动匹配。当所有需要的类合成以后，单击【OK】按钮。

④【ROC Curve Parameters】对话框中的参数设置与前面的“使用地表真实图像”参数设置一样。

⑤ 单击【OK】按钮，在图标窗口中绘制出 ROC 曲线和探测曲线。

2.4.7　非监督分类

ENVI 中包括 ISODATA 和 K-Means 两种非监督分类方法。

ISODATA(Iterative Self-Orgnizing Data Analysize Technique)是一种重复自组织数据分析技术，先计算数据空间中均匀分布的类均值，然后用最小距离技术对剩余像元进行迭代聚合，每次迭代都重新计算均值，且根据所得的新均值，对像元进行再分类。

K-Means 使用聚类分析方法，随机地查找聚类簇的聚类相似度，即中心位置，是利用各聚类中对象的均值而获得一个“中心对象”(引力中心)来进行计算的，然后迭代地重新配置它们，完成分类过程。

非监督分类一般包括 4 个过程：执行非监督分类、类别定义、子类合并和评价分类结果，以下主要介绍前 3 个过程。

2.4.7.1　执行非监督分类

1. ISODATA 分类方法

在【Toolbox】工具箱中，双击【Classification】→【Unsupervised Classification】→【ISODATA Classification】工具，在【Classification Input File】对话框中，选择分类的 TM 图像文件，单击【OK】按钮，打开【ISODATA Parameters】对话框，见图 2-31。

(1) 类别数量范围(Number of Classes：Min，Max)：一般输入的最小数量不能小于最终分类数量，最大数量为最终分类数量的 2～3 倍。Min 为 5，Max 为 10。

(2) 最大迭代次数(Maximum Iterations)：15。迭代次数越大，得到的结果越精确，运算时间越长。

(3) 变换阈值(Change Threshold)：5%。当每一类的变化像元数小于阈值时，结束迭代过程。这个值越小，得到的结果越精确，运算量越大。

(4) Minimum # Pixel in Class：1。键入形成一类所需要的最少像元数。如果某一类中的像元数小于最少像元数，则该类将被删除，其中像元会被归并到距离最近的类中。

(5) 最大分类标准差(Maximum Class Stdv)：1。以像素值为单位，如果某一类的标准

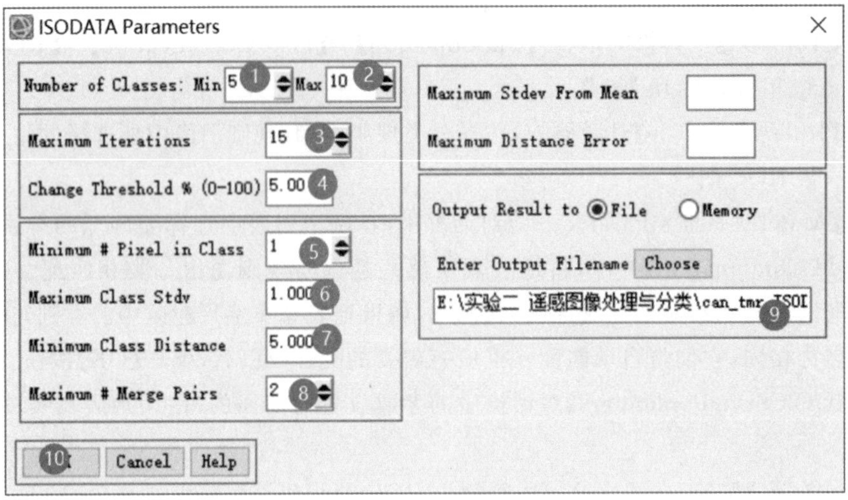

图 2-31 ISODATA 分类器设置界面

差比该阈值大，则该类将被拆分成两类。

(6) 类别均值之间的最小距离(Minimum Class Distance):5。以像素值为单位，如果类均值之间的距离小于输入的最小值，则类别将被合并。

(7) 合并类别最大值(Maximum # Merge Pairs):2。

(8) 距离类别均值的最大标准差(Maximum Stdev From Mean):为可选项。筛选小于这个标准差的像元参与分类。

(9) 允许的最大距离误差(Maximum Distance Error):为可选项。筛选小于这个最大距离误差的像元参与分类。

(10) 选择输出路径及文件名，单击【OK】按钮，执行非监督分类。

2. K-Means

在【Toolbox】工具箱中，双击【Classification】→【Unsupervised Classification】→【K-Means Classification】工具，在【Classification Input File】对话框中，选择分类的 TM 图像文件，单击【OK】按钮，打开【K-Means Parameters】对话框(见图 2-32)，设置【K-Means Parameters】对话框中的参数。

(1) 分类数量(Number of Classes):15。一般为最终分类数量的 2～3 倍。

(2) 最大迭代次数(Maximum Iterations):1。迭代次数越多，得到的结果越精确，运算时间越长。

(3) 距离类别均值的最大标准差(Maximum Stdev From Mean):为可选项。筛选小于这个标准差的像元参与分类。

(4) 允许的最大距离误差(Maximum Distance Error):为可选项。筛选小于这个最大距离误差的像元参与分类。

(5) 选择输出路径及文件名，单击【OK】按钮，执行非监督分类。

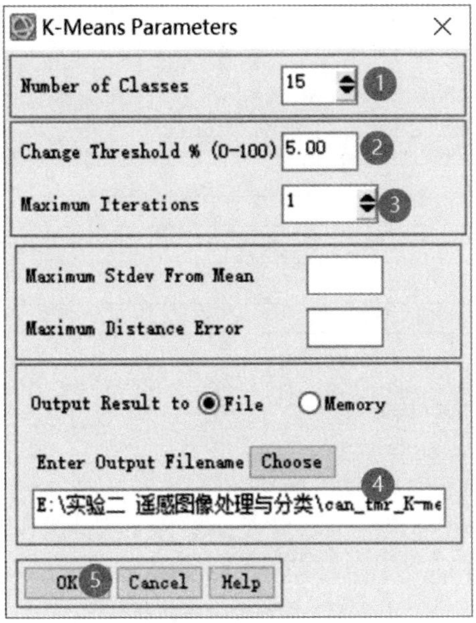

图 2-32　K-Means 分类器参数设置界面

2.4.7.2　类别定义与子类合并

执行非监督分类之后，获得了一个初步的分类结果，需要进行类别定义和子类合并的操作。

第一步，类别定义。

类别定义的根据可以从更高分辨率图像中目视解译获得，也可以基于野外实地调查数据。

(1) 打开目视解译底图并在视图中显示(如果有)。

(2) 打开 TM 非监督分类结果图像，并在视窗中显示。

(3) 在图层管理器(Layer Manager)中，在 Classes 上右键选择 Hide All Classes 菜单，之后勾选 Class1，只显示一个分类类别，通过目视判别该类的名称。

(4) 在【Toolbox】工具箱中双击【Raster Management】→【Edit ENVI Header】工具，在【Data Selection】对话框中选择 TM 非监督分类结果，单击【OK】按钮，见图 2-33。

(5) 在图 2-33 所示的对话框中，在【Class Name】中选择对应的类别，在下侧【Edit】中输入重新定义的类别名称；在【Class Colors】中双击对应的类别，修改显示颜色。

(6) 重复步骤(3)～(5)，定义其他类别。

第二步，子类合并。

当选择非监督分类类别数量时，通常选择值为最终类别数量的 2～3 倍，因此在定义类别之后，需要将相同类别合并。

(1) 在【Toolbox】工具箱中，双击【Classification】→【Post Classification】→【Combine Classes】工具。在【Combine Classes Input File】对话框中，选择定义好的分类结果，单击

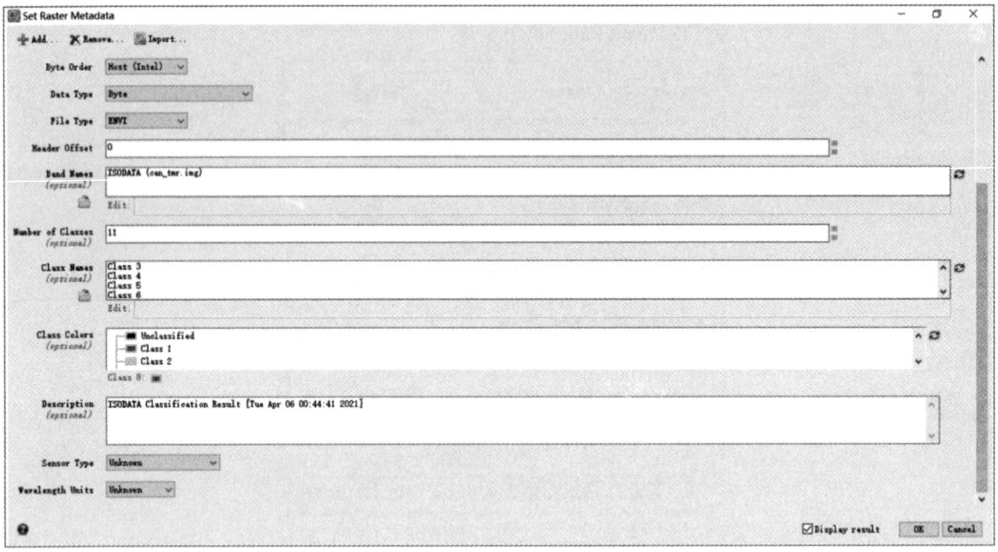

图 2-33　编辑分类名称和颜色

【OK】按钮，打开【Combine Classes Parameters】对话框。

(2) 在【Combine Class Parameters】对话框中(见图 2-34)，从【Select Input Class】中选择须被合并的类别，从【Select Out Class】中选择要并入的类别，单击【Add Combination】按钮添加到合并方案中。合并方案显示在 Combined Classes 列表中，在 Combined Classes 列表中单击其中一项，可以从方案中移除。

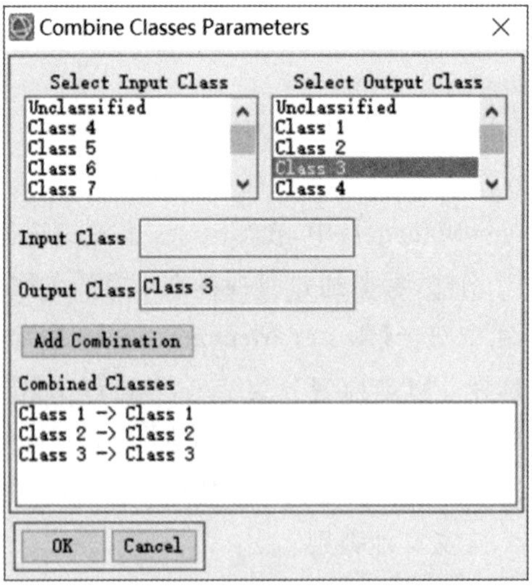

图 2-34　分类类别的合并对话框

(3) 合并方案确定之后，单击【OK】按钮，打开【Combine Classes Output】对话框，在【Remove Empty Classes】项中选择“Yes”，将空白类移除。

(4) 选择输出合并结果路径及文件名，单击【OK】按钮，执行合并命令。

2.5 实验成果提交

上机实习报告一份，上机实习的具体操作步骤(含中间结果)一份，实习操作步骤及中间结果用 Word 文档格式保存。

实习成果以"专业＋班级＋姓名＋'_'＋实习序号＋.rar"形式命名，".rar"为电子文档的扩展名。

实习成果命名示例：地科 1801 王小孟_实习 2.rar。

实验3　地貌解译

3.1　实验目的

（1）熟悉一些常见地貌的影像特征。

（2）进一步学习掌握影像解译标志的相关内容。

3.2　实验内容

（1）开展水系解译与分析。

（2）开展地貌解译与分析。

3.3　实验要求

（1）利用目视解译与计算机辅助解译相结合的方法，完成焦作市地表水体信息提取。

（2）采用综合判读法，依据图像纹理、色调及地物形态等指标，完成焦作市地貌单元分区。

3.4　实验步骤

3.4.1　实验区简介

实验区为河南省焦作市，面积为 4 071 km^2，地理位置为 35°10′～35°21′N、113°4′～113°26′E，位于河南省西北部，与山西省晋城市接壤，北依太行山、南邻黄河。地貌分为山区和平原两大部分，地势总体北高南低，高程由西北向东南呈阶梯式递减，天然形成的平均坡度为 2‰，由南部平原到北部山区，高程在 80～1 200 m 之间，起伏较大。焦作市辖沁阳市、孟州市两市，修武县、武陟县、温县、博爱县四县以及焦作市区。沁阳市、博爱县、焦作市区、修武县北部均为高山，生态环境质量较好，其中修武县经过治理，部分村庄成为集旅游、休闲于一体的模范村庄；黄河流域横穿孟州市、温县、武陟县南部，生态环境质量逐渐好转；中部区域受人为因素影响最大，生态环境质量较差。

为了便于数据分析，将焦作市及南部部分地区作为实验区，见图 3-1。

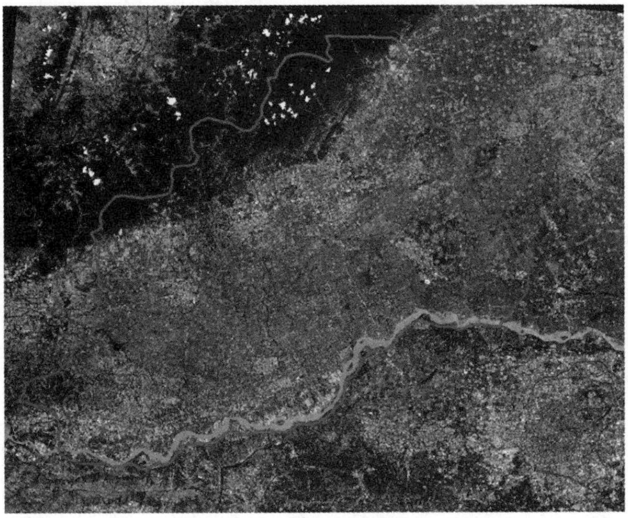

图 3-1 实验区示意图

3.4.2 实验原理与实验数据

3.4.2.1 实验原理

(1) 水系解译与分析

水系是在一定集水区内,由大小河流构成的脉络相通的系统,可体现出区域地形的基本框架。一个区域的水系特征,是与该地区的地质构造和地貌形态密切相关的。因此,水系特征在地质、地貌判读中有重要作用。进行水系解译时要充分考虑自然环境、地质环境和自然界水动力状况等,综合地貌成因识别地貌形态与地质体的关系。

水系分为树枝状水系、紊乱状水系、角状-矩形状水系、格状水系、落水洞状水系、放射状-环状水系等多种类型,见图 3-2。

(2) 地貌解译与分析

首先,地貌解译应区分大的地貌单元,如山地和平原;其次,在同一地貌单元内应区分不同的地貌形态,注意它们之间的相互关系;最后,在单个地貌单元形态上,分析地貌形态的成因类型,如梯状地形、断层等。

地貌解译包括如下内容:

地貌形态解译(包括山地、丘陵、盆地的解译以及平原、高原的解译),河流地貌解译,洪积扇地貌解译,岩溶地貌解译,沙丘地貌解译,黄土地貌解译,海岸地貌解译,滑坡地貌解译,泥石流地貌解译,冰川地貌解译,火山及熔岩地貌判读(包括火山地貌判读以及熔岩地貌判读)。

(3) 地貌形态的构造分析

在遥感影像上利用地貌形态特征分析构造是很直观的。能从区域上对比地貌形态与构造的关系,了解地面观察时不易发现的地质构造问题。

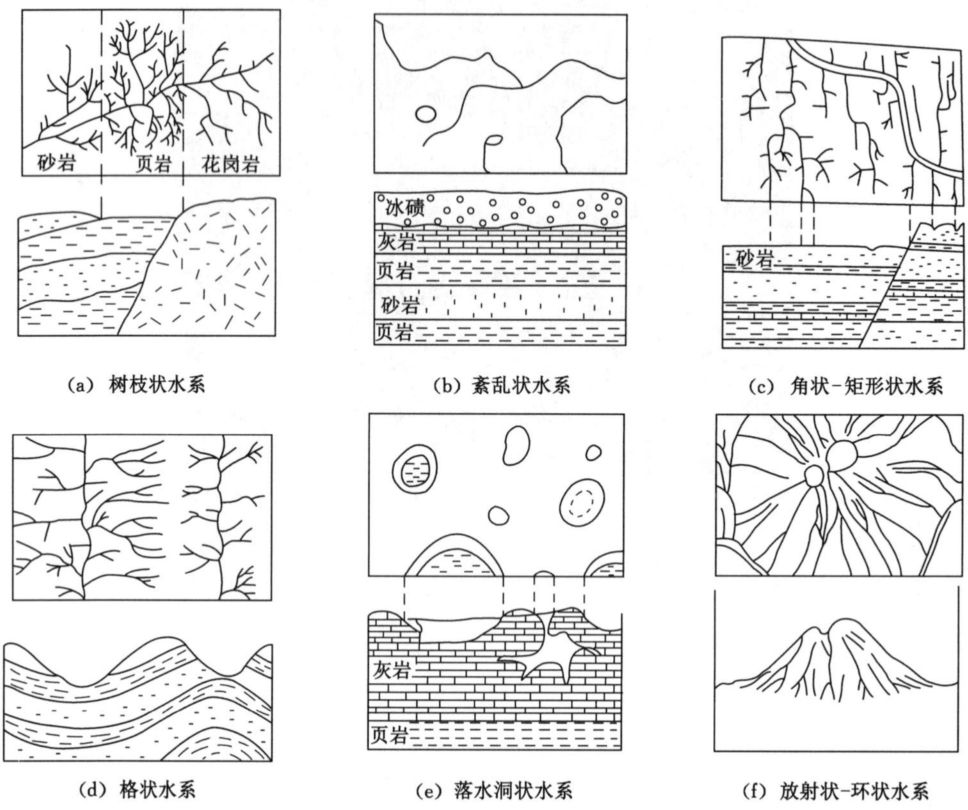

(a) 树枝状水系　(b) 紊乱状水系　(c) 角状-矩形状水系

(d) 格状水系　(e) 落水洞状水系　(f) 放射状-环状水系

图 3-2　几种典型水系图形及其剖面(据程三友等,2013)

3.4.2.2　实验数据

(1) 焦作市 Landsat 7 影像数据。

(2) 焦作市行政界线矢量数据。

3.4.3　实验步骤

3.4.3.1　水系分析

(1) 对焦作市影像数据进行预处理、辐射定标及大气校正。

(2) 目视解译水系。

遥感影像中水体色调一般较深,纹理较细,边缘较圆滑。可根据色调、形态、纹理等初步目视解译焦作市水系,成果见图 3-3。

(3) 水系信息的提取。

可采用归一化水体指数(NDWI)方法提取水系信息,公式如下:

$$NDWI=(Green-NIR)/(Green+NIR)$$

注意,Landsat 7 中,绿光波段为第 3 波段,近红外波段为第 5 波段。

在【Toolbox】中搜索【Band Math】,在随后打开对话框的输入栏中输入“(float(b3)－float(b5))/(float(b3)＋float(b5))”,单击【Add to List】按钮,之后单击【OK】按钮,见图 3-4。

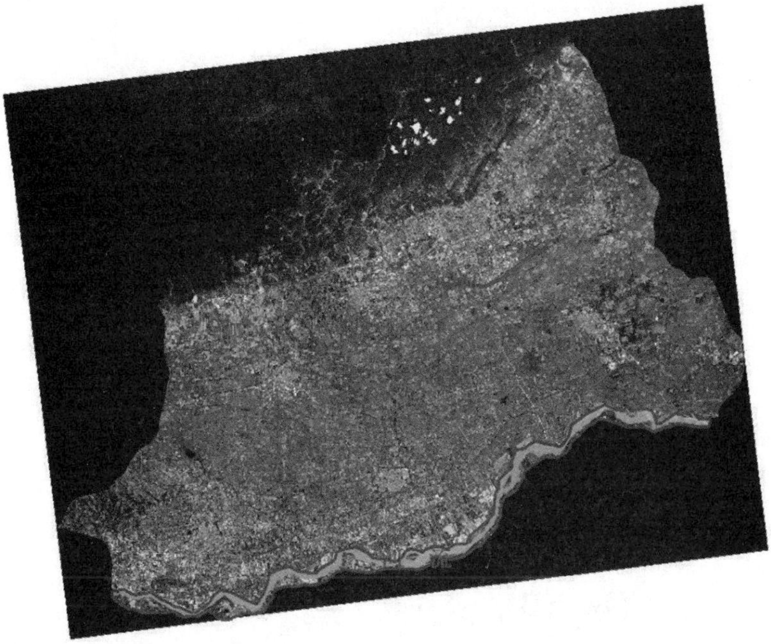

图 3-3　目视解译水系

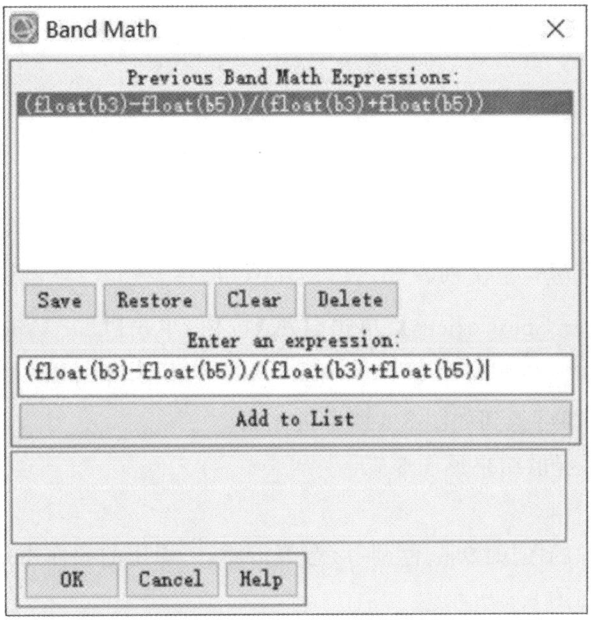

图 3-4　水系信息提取波段运算表达式录入界面

之后单击【OK】按钮，在弹出的对话框中选择波段，B3 选择 Green 波段，B5 选择 NIR 波段，选择合适的路径，之后单击【OK】按钮，输出计算结果。波段选择界面见图 3-5。

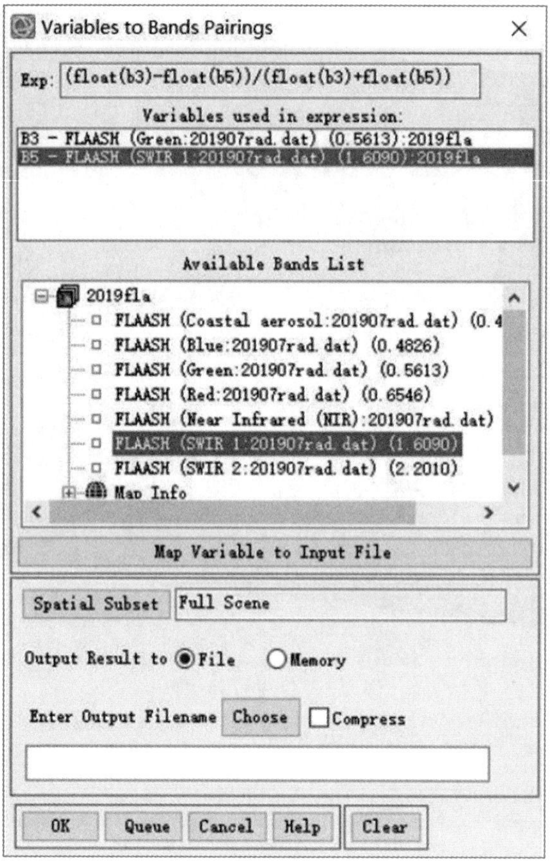

图 3-5　波段选择界面

（4）水体阈值。

在左侧的 Layer Manager 列表中，找到 NDWI 的运算结果，单击鼠标右键，在弹出的右键菜单中选择【Raster Color Slices】，单击【OK】按钮；单击【Clar Color Slices】（即“ ”按钮），即可删除所有颜色分割内容；后单击“ ”按钮，将【Slice Min】数值设定为 0，按【Enter】键，单击【OK】按钮，即可得到如图 3-6 所示的结果。

（5）焦作市水系提取结果见图 3-7。

3.4.3.2　地貌分析

依据焦作市影像的图像纹理、色调、形态等指标，解译出的焦作市地貌类型主要有山地、平原、河流三大类，如图 3-8 所示。

山地由于地形的起伏而形成阴坡和阳坡，产生色调的深浅变化，有较明显的山脊线和谷坡以及山体分布的轮廓。

平原地貌较为平坦，色调均匀较单一，呈平面状展布。人口较密集，城镇房屋广布，耕地宽平密布，道路交通纵横，共同构成了平原景观。判读时可根据这些与平原相关的地物和现象进行判读。

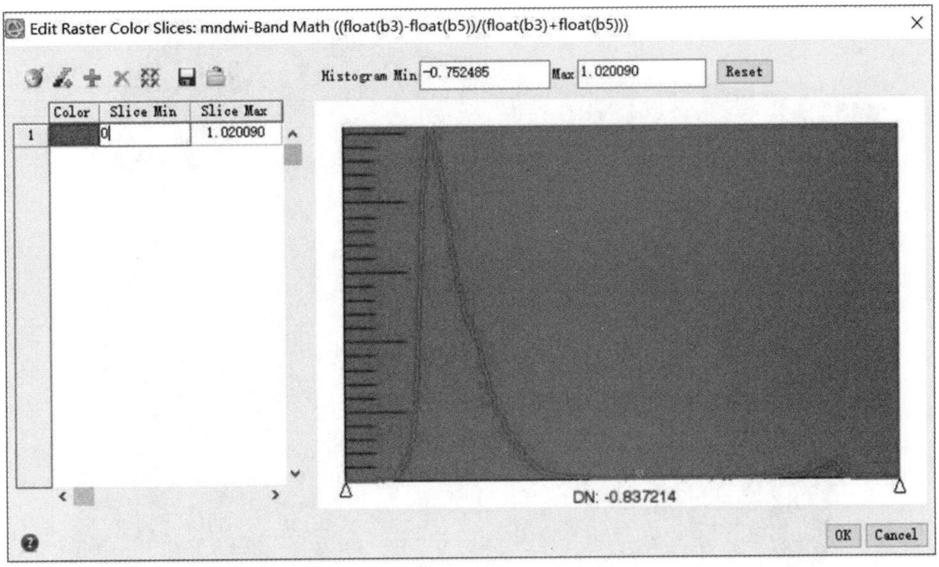

图 3-6　水系阈值分割界面

图 3-7　焦作市水系提取结果

河流地貌解译，首先分析河流的平面轮廓特征、河床的形态、河床的曲流发育程度、河漫滩的宽窄程度、河流侵蚀和堆积状况、河谷的切割程度。

山地影像色调交替变化较大，地形起伏较明显，纹理较粗糙。山地主要位于焦作市北部部分地区。色调较深，纹理较细，边缘较圆滑的为水体，但是焦作市南部的黄河颜色明显较浅，这与水体内部所含物质有关。其余区域可见居民区及建筑等，地形较平缓。

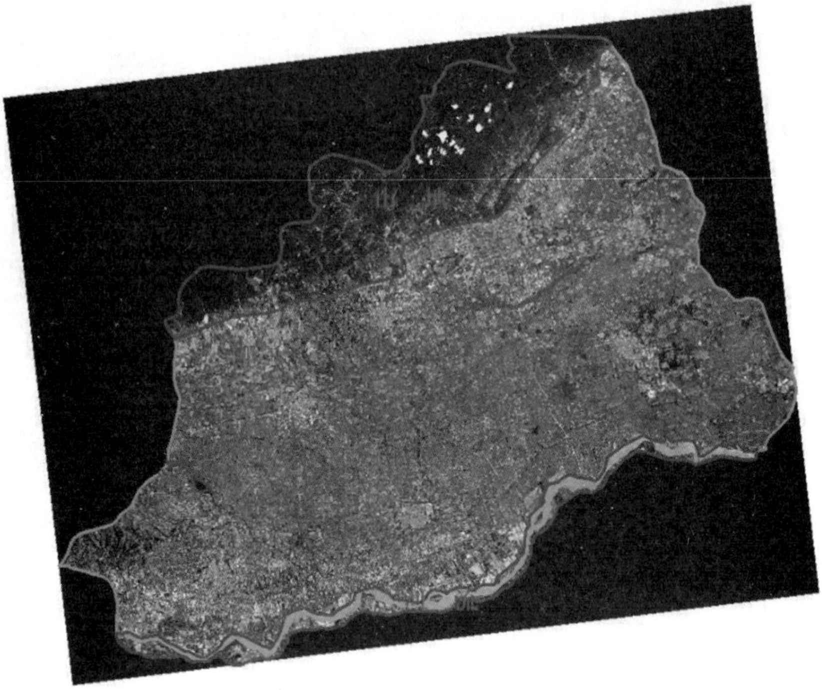

图 3-8　焦作市地貌类型解译结果

3.5　实验成果提交

上机实习报告一份，上机实习的具体操作步骤（含中间结果）一份，实习操作步骤及中间结果用 Word 文档格式保存。

实习成果以“专业＋班级＋姓名＋‘_’＋实习序号＋.rar”命名，“.rar”为电子文档的扩展名。

实习成果命名示例：地科 1901 王小明_实习 3.rar。

实验四　构造解译

4.1 实验目的

(1) 了解褶皱构造、断裂构造、线性构造、环状构造、隐伏构造、新构造与活动构造的遥感影像特征。

(2) 熟悉褶皱构造、断裂构造、线性构造、环状构造、隐伏构造、新构造与活动构造的遥感解译标志。

(3) 掌握遥感构造解译的内容、方法与步骤。

(4) 熟练掌握遥感构造解译专题图的编制方法。

4.2 实验内容

(1) 褶皱构造解译。

(2) 断裂构造解译。

4.3 实验要求

给定某区域遥感数据，完成下列实验内容：

(1) 根据构造解译标志，利用目视解译方法，在分析遥感图像特征的基础上，提取褶皱构造信息，总结褶皱构造解译的方法与技巧，分析区域褶皱构造展布特征，制作褶皱构造解译专题图。

(2) 根据构造解译标志，利用目视解译方法，综合区域地质背景，在分析遥感图像特征的基础上，提取断裂构造信息，总结断裂构造解译的方法与技巧，分析区域断裂构造展布特征，制作断裂构造解译专题图。

4.4 实验步骤

4.4.1 实验区简介

新疆哈密市是新疆维吾尔自治区辖地级市，位于新疆东部。黄山位于东天山南部，所处大地构造位置属于准噶尔微板块、吐鲁番-哈密地块，以康古尔缝合带为界，其南部为塔里木微板块。研究区地处新疆哈密市东南方向105 km，区内主要为低洼盆地和低山丘陵，地势平坦，交通便利。黄山地区属于典型的大陆型气候区，多年受大风侵扰，区域内年平均气温约为10 ℃，最高气温约为40 ℃，最低气温约为－25 ℃，年降雨量仅为47.5 mm。区内植被较少，属于荒漠戈壁，地貌类型单一，基岩出露广泛。黄山地区处于塔里木板块和哈萨克斯坦板块的东缘，黄山构造带位于塔里木板块、华北板块和中蒙板块的构造交会处。历经天山运动、燕山运动和喜马拉雅运动等多次构造运动，区内褶皱、断裂和岩浆活动较为发育。黄山地区发育有铜镍矿带，该铜镍矿带是与镁铁-超镁铁质岩有关的铜镍硫化物矿床，黄山铜镍矿带受康古尔塔格深大断裂控制，主要有黄山东、香山、黄山西三个大中型矿床。断裂构造控制着成矿带的划分，线形和环形构造对内生、外生矿床有重要的控制作用。使用遥感手段对新疆哈密黄山地区及其周边地区进行地质构造解析有助于新疆地区的地质研究及找矿。

4.4.2 实验原理与实验数据

4.4.2.1 实验原理

遥感构造解译以遥感影像为基础数据，根据颜色、纹理、形态、构造与自然地理要素之间的相互关系等，结合基础地质背景，在图像上识别、标绘、分析各种构造成分的存在标志、形态特征、分布规律、组合和交切关系及地质成因。其中，建立解译标志是遥感构造解译的重点。

1. 构造解译的原则

(1) 结合研究目的，收集对应比例尺的遥感资料。

(2) 对比分析多时相、多波段、不同类型的遥感资料。

(3) 应用各种地学资料进行综合分析。

(4) 遵循构造地质学的原理和基本理论。

从构造总体轮廓、区域构造格架入手，分析具有代表性的单个构造，或者分区、分构造层进行解译，最后分析各种构造形迹间的组合关系和分布规律，总结区域构造特征，编制构造解译图或构造纲要图。

2. 构造解译的内容

(1) 识别和勾绘图像上所能显示出来的各种构造形迹。

(2) 鉴别各种构造形迹的性质和类型，测量有关产状要素。

(3) 分析各种构造形迹的空间展布及组合规律，总结区域构造特征。

(4) 编制构造解译图或构造纲要图。

(5) 研究工作区的构造运动发展史。

3. 岩层产状解译

(1) 识别和勾绘岩层露头线。

(2) 将勾绘出的岩层露头线叠加到地形等高线上，计算岩层产状。

岩层根据倾角的不同划分为三类：水平岩层、直立岩层和倾斜岩层。

① 水平岩层的影像特征

水平岩层泛指倾角小于5°的岩层，在图像上呈现的影响特征随地形的切割程度不同表现出不同的特征。地形被强烈切割的地区在图像上表现为不同色调或微地貌条带围绕山包或山梁，呈现封闭的环带状图形，根据地形情况的不同可组成同心环状、贝壳状、花边状、指纹状、脑纹状等纹形图案。水平岩层影像的剖面图和平面图如图4-1所示。

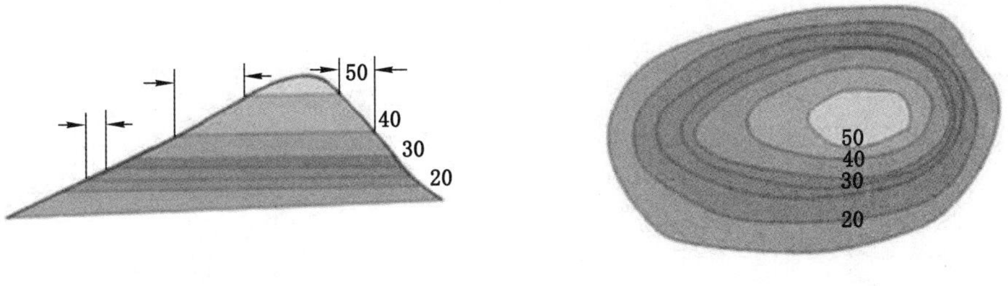

(a) 剖面图　　(b) 平面图

图4-1　水平岩层影像的剖面图和平面图(单位：m)

② 直立岩层的影像特征

直立岩层主要指倾角大于80°的岩层，在遥感影像上直立岩层表现为由不同色调或微地貌组成的平行直线状或微斜拐折的近直线状条带影像，其延伸方向为岩层的走向。坚硬的直立岩层常形成两坡对称的平直的山脊或脊垄状地形；软弱岩层则形成平直的槽沟洼地，两者组合成“肋”状地形。

③ 倾斜岩层的影像特征

倾斜岩层指倾角在5°～80°之间的岩层，在地面遭受切割地区的图像上，倾斜岩层表现为由不同色调或微地貌条带组成的一系列平行的连续拐折的半弧形或折线状影像。

④ 计算岩层产状

岩层露头线在地面和地质图上弯曲的形态和岩层的产状与地形等高线之间具有比较严格的空间和平面几何对应关系。将由遥感目视解译获取的岩层露头线形态叠加到该区域对应的地形图上，利用岩层露头线形态和等高线之间的几何关系，建立几何模型并进行岩层产状计算。岩层露头线的解译与叠加如图4-2所示。

量取AB、CD、EF、GH与平面直角坐标系纵轴之间的夹角α，将该角度加上中央子午线以东或者减去中央子午线以西当地坐标纵轴与真子午线之间的夹角θ即可获取该岩层的走向。在图4-2(b)中，AM为岩层的倾向线，过AM做一垂直于水平面与岩层面的剖面，分别计算AK、KL、LM、AM段的平均倾角，从而获取该岩层倾角的具体数值。

除此方法外，当对岩层产状进行估计时，岩层三角面是遥感影像上可直接判断和量测岩层产状的最佳标志。

倾向估计：

A. 岩层倾向与坡向相反

岩层三角面山脊点的尖端指向河流下游，岩层倾向河流上游(尖端的反方向是岩层倾向)。

B. 岩层倾向与坡向一致

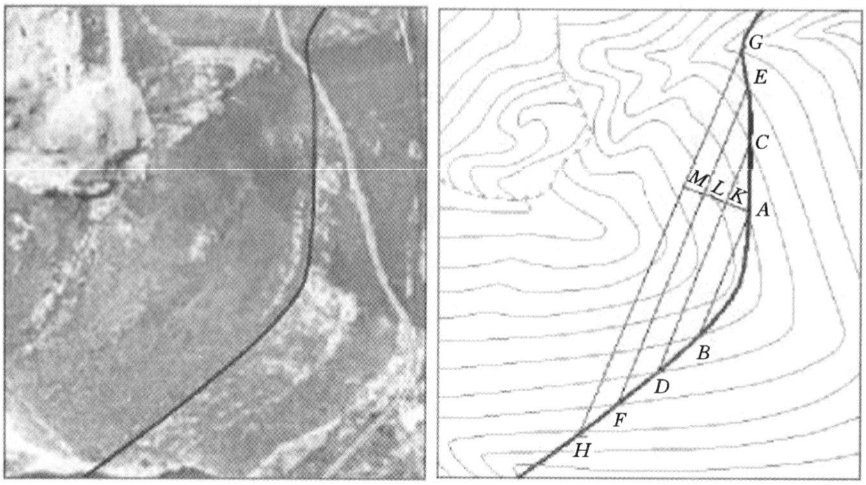

(a) (b)

图 4-2 岩层露头线的解译与叠加

a. 当岩层倾角大于地形坡角时，岩层三角面山脊点的尖端指向河流上游，岩层倾向河流下游（尖端的反方向是岩层倾向）。

b. 当岩层倾角小于地形坡角时，岩层三角面山脊点的尖端指向河流下游，岩层倾向河流下游。

亦即，通常岩层三角面山脊点的尖端指向与岩层倾向相反的一方；只有当岩层倾向与山坡坡向相同，并且岩层倾角小于地形坡角时，岩层三角面山脊点的尖端才指向与岩层倾向一致的方向。

倾角估计：

a. 首先在图像上选好待测的岩层三角面，然后转绘到地形图上。

b. 在地形图上选择同一层面上高度相同的两个点 A、B 及与 A、B 不等高的第三点 X。

c. 连接 A、B 的直线就是岩层的走向线，过 X 作 AB 的垂线 XZ，XZ 就代表岩层的倾向。

d. 在 AB 线上截取线段 YZ，使其长度等于 X 与 A、B 间的高差 Δh，连接 XY，$\angle YXZ$ 就是岩层的倾角。

4. 褶皱构造解译

给出解译标志即可。

5. 断裂与线性构造解译

① 描绘断裂构造线和其他线性构造线；② 对断层属性进行解译；③ 给出解译标志。

(1) 压性断裂解译标志

压性断裂构造形迹的平面形态有波状、折线状、交叉曲线状等图形结构特征。其中以波状形态结构最为常见。断裂带延伸较远，走向稳定，常常成组出现，或者由多条平行的断层组成断裂带。断裂带内发育构造透镜体、断块、线性褶皱、共轭扭裂面、“人”字形分支断裂等。大型压性断裂对地形、水系有明显的控制作用，能形成一系列与构造线方向大体平行的山体、河谷、湖泊及山间盆地。一般的大型压性断裂都具有清晰的图像及图形标志。

(2) 扭性断裂解译标志

扭性断裂表现为比较平直、光滑的线形影像，延伸较远；表现为窄而直的线状影像或平直的沟谷；多成组出现，互相平行，常以线性负地形贯穿一系列山地垭口；两侧岩层错位，伴有牵引现象，其中共轭扭裂面会构成菱形格状，可控制一定范围的水系分布。

(3) 张性断裂解译标志

断裂线不规则，常呈锯齿状或雁行排列，延伸不远，断裂走向往往与区域性断裂近似垂直，断裂中常有岩脉充填，或发育成转折多变的谷地。

(4) 压扭性断裂和张扭性断裂解译标志

既有与扭断裂相似的特点，又含压性或张性断裂的性质，多成组出现，组成各种弧线形或曲线形扭动构造，如帚状断裂、“入”字形断裂、“歹”字形断裂、莲花状断裂、涡轮状断裂。

6. 环状构造解译

(1) 描绘环状构造的构造线。

(2) 给出解译标志。

7. 隐伏构造解译

给出解译标志即可。

隐伏构造指被地壳表层的岩层覆盖或松散沉积物掩埋而未出露地表的地质体或地质构造。解译标志有色调、形态、水系异常和景观特征等。

隐伏环形构造指被第四系松散沉积物覆盖或被沉积岩盖层覆盖的环形构造。隐伏环形构造类型包括隐伏隆起构造、隐伏拗陷构造、隐伏背斜、隐伏向斜、隐伏侵入体、隐伏潜山等。

8. 新构造与活动构造解译

给出解译标志即可。

新构造指新近纪末以来所形成的地质构造；活动构造指第四纪晚更新世(距今 10～12 万年)以来一直在活动，现在仍在活动，未来一定时期内仍将发生活动的各类构造。新构造与活动构造的图像标志主要有第四纪地层标志、地貌标志、水系异常标志、生态景观异常标志、水文异常标志及活动构造本身构成的直接解译标志等。一切控制或者改造地貌和水系格局发育特点的构造一般都是活动构造。活动构造常常引起地震、滑坡、泥石流。

4.4.2.2　实验数据

本实验使用 Landsat 8-OLI Level-1 遥感数据，条带号为 138 031，成像时间为 2021 年 7 月 30 日，云量为 0%。

4.4.3　实验步骤

4.4.3.1　褶皱构造解译

岩石的弯曲现象称为褶皱，褶皱构造通常指一系列弯曲的岩层，其中一个弯曲称为褶曲，褶曲的基本类型有背斜和向斜两种。褶皱构造的解译标志见表 4-1。

表 4-1　褶皱构造的解译标志

色调、图形标志	不同色调、带状图形在影像上对称重复出现
岩层三角面和单面山地形标志	岩层三角面尖端指向的相背（向斜）或相向（背斜），单面山地形的对称分布
岩层对称重复出现	色调或色带的对称重复出现
转折端	岩层条带的转弯，形成封闭或半封闭的转折端，背斜是外倾转折端，向斜是内倾转折端
特殊的水系标志	向斜盆地形成向心状水系，穹窿则易形成放射状水系；正常褶皱的两翼往往有对称或相似的水系型式；转折端部位则常发育呈收敛状的或撒开状的水系型式

黄山东褶皱群影像特征和地貌特征分别如图 4-3 和图 4-4 所示，该褶皱群大体上是一个大的向斜，在遥感影像上出现不同色调的带状图形对称重复出现，岩层出现转弯。该大向斜总体由两个向斜和一个背斜构成，其东南部伴生一背斜。

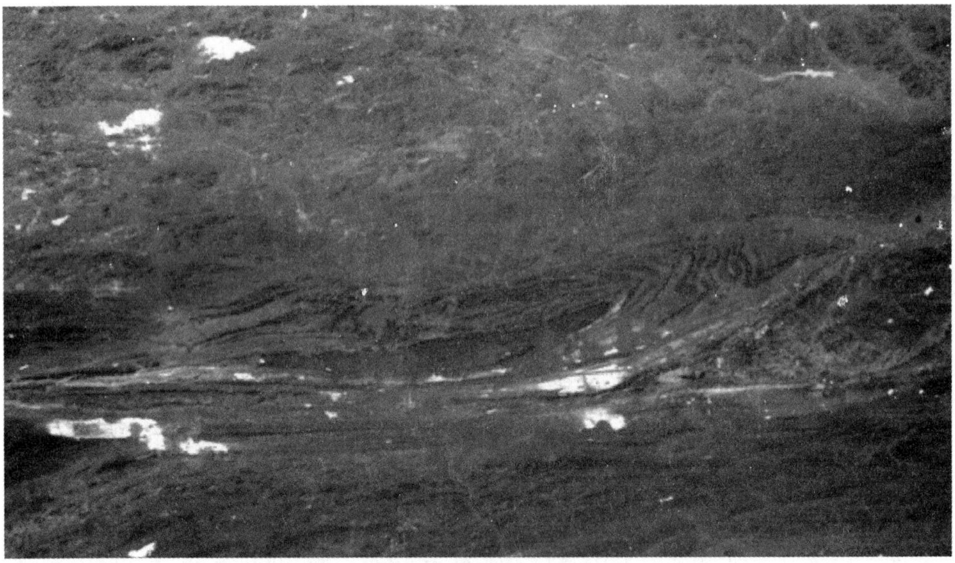

图 4-3　黄山东褶皱群影像特征

4.4.3.2　断裂构造解译

线性构造指航片和卫片上呈现的线状影像，是地质构造场在地表和光谱上的反映，在图像上表现为线状的色调变化，不同自然景观或地物的边界以及自然地物如沟谷、水系、陡崖等的线状分布特征。在遥感影像上，断裂构造一般具有比较明显的线状影像特征，也有显示为环形影像特征和特殊纹形的断裂构造，断裂产生的相对位移可以作为断裂解译的标志。常见的断裂构造解译标志见表 4-2。

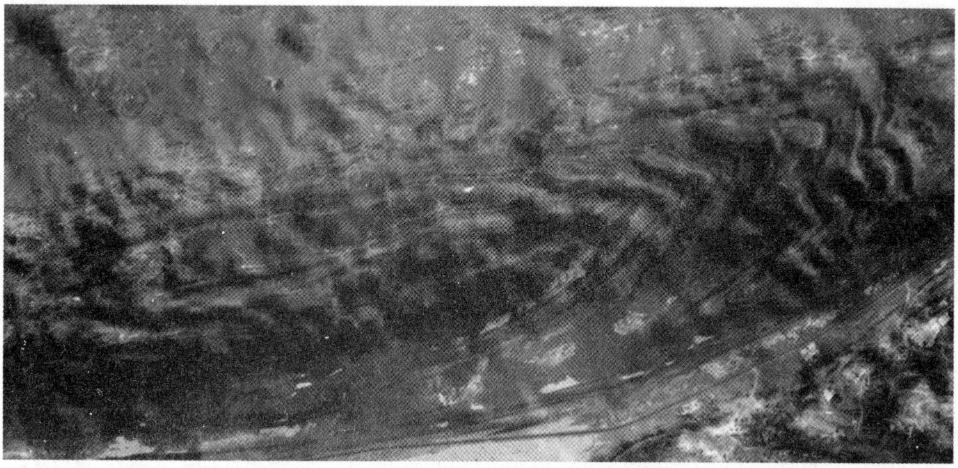

图 4-4　黄山东褶皱群地貌特征

表 4-2　常见的断裂构造解译标志

色调标志	线状影像两侧色调具有明显差异
形态标志	断裂的走向的形态有直线、折线、舒缓波状延长线；线有连续的、断续的；线型有单条的，也有组合的（如棋盘格式、斜列式等）
地质构造标志	1. 横断层存在的标志：一组岩层或某些线状要素发生位移、错断。 2. 纵断层存在的标志：构造上不连续（比如地层的重复和缺失）或者岩层产状的突然变化。 3. 线状排列的岩浆活动
地貌标志	1. 线状影像两侧地貌特征有明显差异，如山前断裂的典型标志为线形一侧为山脉，另一侧为平原区。 2. 一连串负地形呈线状分布。 3. 海岸、湖岸呈近于直线形或不自然的角度转折。 4. 湖泊群呈线状分布。 5. 河谷、山脊呈直线状延伸或被切断。 6. 冲积-洪积扇群的顶端处在同一条直线上。 7. 滑坡、倒石堆、泥石流等重力现象成串珠状排列在一条直线上，则这条线可能有断裂通过
水系标志	1. 格子状水系严格受构造控制，此外水系类型沿着某一线性界面发生突变可能是断裂所致；河道突然变宽变窄，有可能是比较年轻的断裂所致。 2. 水体的局部异常段，如直线河、直宽谷河曲。 3. 对头沟、对头河的出现
土壤植被标志	1. 土壤异常在图像上表现为断裂带或断裂带两侧色调及影像结构的差异。 2. 沿断裂带可形成植被异常带（稀少带或茂盛带）

断裂按照力学性质可以分为压性断层、张性断裂、扭性断裂、压扭性断裂和张扭性断裂。

如图 4-5 所示，北东东向断裂是哈密黄山地区的主体构造系统，主导该区域的地质演化和控矿格局。

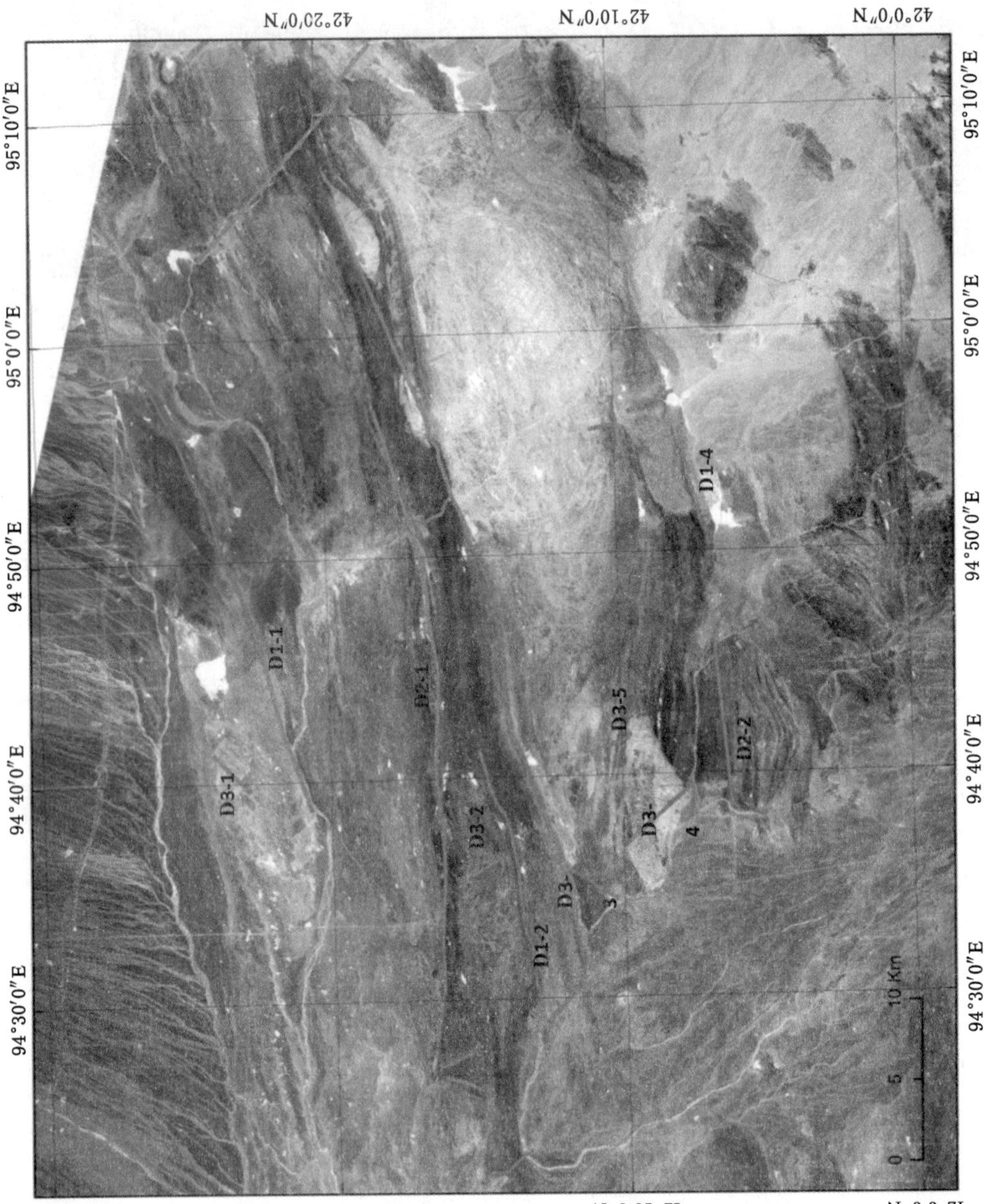

图 4-5　新疆哈密黄山地区断裂遥感影像

D1-1 断层在遥感影像上的线性特征明显，断裂两侧纹理、色调异常，如图 4-6 所示。D1-3 断层(图 4-7)北侧为山地，南侧为一系列由洪积扇构成的倾斜平原，洪积扇的顶端处于同一条直线上，断层两侧的地貌特征具有明显的差距性。D1-2 断层近乎与 D1-1 断层、D1-3 断层平行，在遥感影像上的表现特征与 D1-3 断层一致。

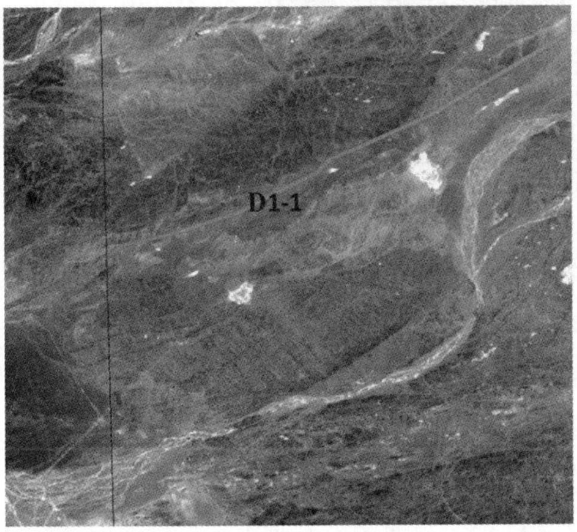

图 4-6　D1-1 断层影像特征

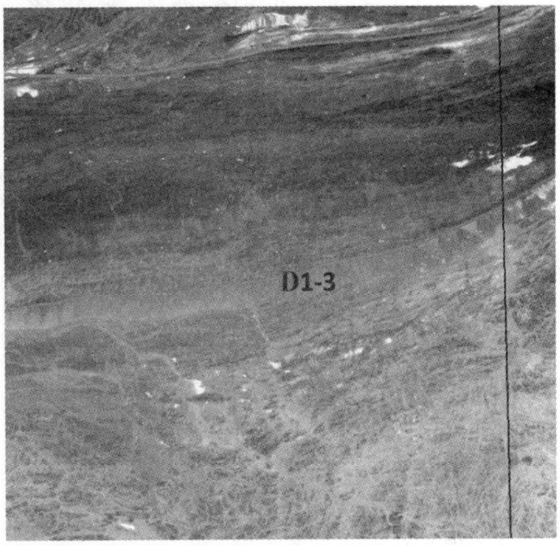

图 4-7　D1-3 断层影像特征

D3-1 断层(图 4-8)和 D3-5 断层(图 4-9)均为北东向断裂，在遥感影像上显示为岩层的错动，具有明显的左行标志层特征。

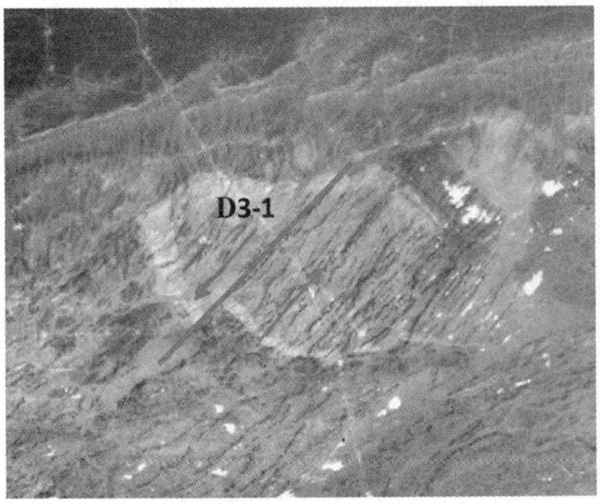

图 4-8　D3-1 断层影像特征

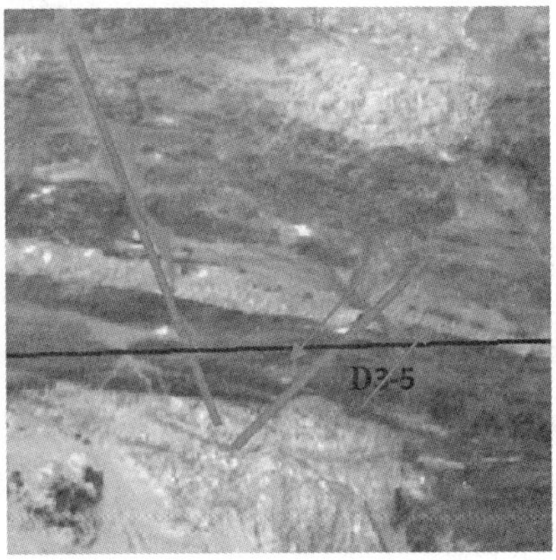

图 4-9　D3-5 断层影像特征

与 D2-1 和 D1-3 两条断裂共轭的有一条小断裂(图 4-10)，该小断裂在遥感影像上显示为河流的突然转向，河流两侧的山谷、山脊被切断。

D2-2 断层(图 4-11)切穿河流，在遥感影像上显示为河流的错动和河流的突然改道。

4.4.3.3　环状构造解译

在遥感图像上由色调、水系、影纹结构等标志显示出的近圆形、空心的环形或封闭的弧

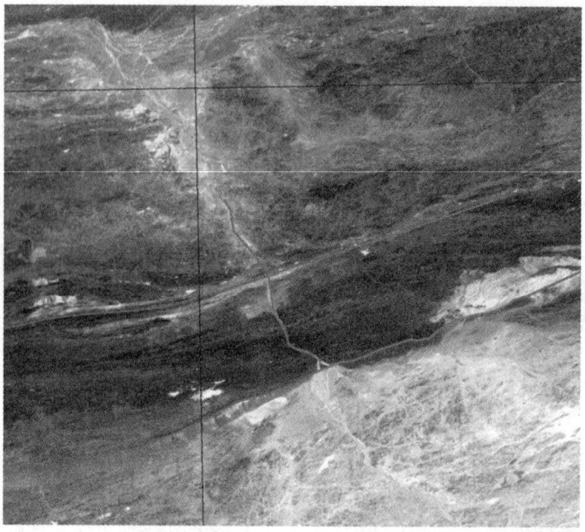

图 4-10　与 D2-1 和 D1-3 两条断裂共轭的小断裂影像特征

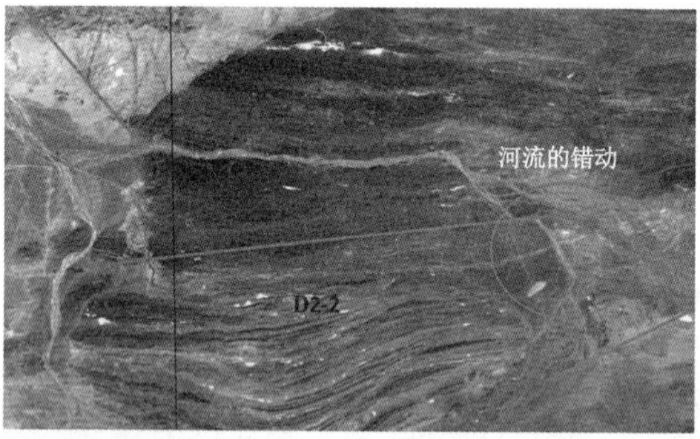

图 4-11　与 D2-2 断层影像特征

形等影像称为环形影像或环形形迹，将成因上与地质作用或宇宙作用有关的环形影像称为环形构造。常见环形构造的解译标志见表 4-3。

表 4-3　常见环形构造的解译标志

形状色调	圆形或近圆形的色环或色斑等独特的色调特征
环状、放射状水系	在影像上显示得较为清晰，容易辨认
多组断裂交会	由多组断裂切割形成的环形构造，边界一般十分清晰，形态往往呈多边形断块
环状山系	一般分布在褶皱构造（穹窿或短轴褶皱）发育区

图 4-12 所示为比较明显的环状构造，在遥感影像上呈现为近圆形的色环和色斑。

图 4-12　环状构造影像特征

4.5　实验成果提交

上机实习报告一份，上机实习的具体操作步骤(含中间结果)一份，实习操作步骤及中间结果用 Word 文档格式保存。

实习成果以“专业＋班级＋姓名＋‘_’＋实习序号＋.rar”命名，“.rar”为电子文档的扩展名。

实习成果命名示例：地科 1901 王小明_实习 4.rar。

实验5 植被信息提取

5.1 实验目的

(1) 掌握基于遥感图像提取植被信息的基本原理。

(2) 掌握遥感植被信息增强和提取的方法。

5.2 实验内容

(1) 采用归一化植被指数提取实验区 NDVI 值。

(2) 采用像元二分模型提取实验区植被覆盖度。

(3) 采用其他指数完成植被信息与植被覆盖度信息提取。

5.3 实验要求

根据黄河流域河南段的遥感数据,完成下列分析:

(1) 采用归一化植被指数提取实验区 NDVI 值,分析 NDVI 的分布特征。

(2) 采用像元二分模型提取实验区植被覆盖度,分析植被覆盖度的分布特征。

(3) 采用其他指数方法分别提取植被信息及植被覆盖度信息,分析其分布特征。

5.4 实验步骤

5.4.1 实验区简介

黄河流域河南段介于北纬 34°46′～35°00′,东经 110°21′～113°30′之间。黄河自陕西潼关进入河南省,西起灵宝市,由河南省郑州市桃花峪进入黄河流域下游地区,从濮阳市台前县流入山东地区。在河南省内流经三门峡、洛阳、济源、郑州、焦作、新乡、开封、濮阳、安阳等 9 个省辖市 28 个县(市、区),其保护和受益地区涉及河南省 13 个省辖市 105 个县(市、区),面积达 9.6 万平方千米,占全省面积的 57%。实验区位置图见图 5-1。

5.4.2 实验原理与实验数据

5.4.2.1 实验原理

植被的反射光谱曲线起伏变化明显,具有多峰与多谷的特征,见图 5-2。植被在 0.38～

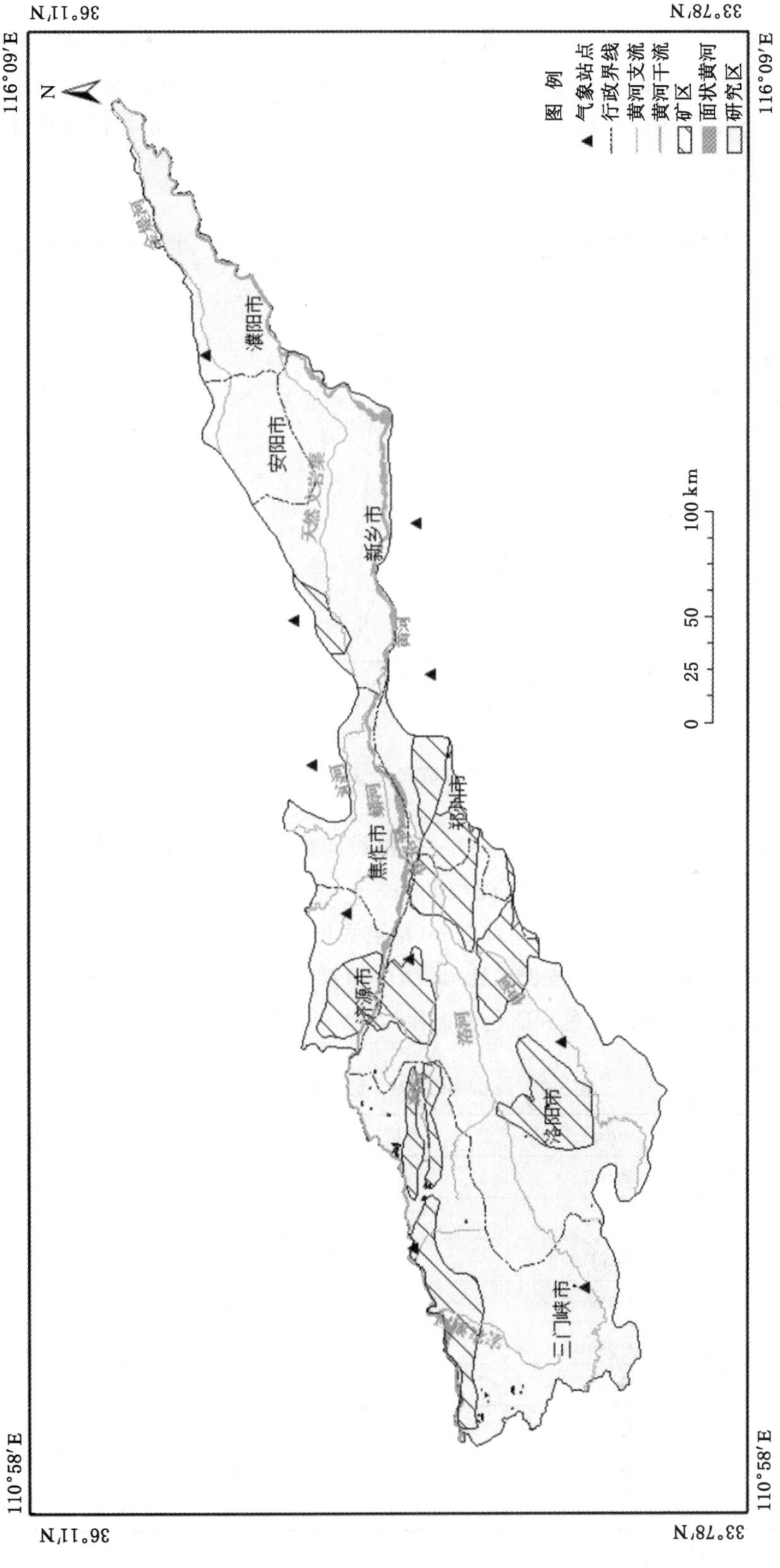

116°09′E
110°58′E
36°11′N
33°78′N
N
图　例
气象站点
行政界线
黄河支流
黄河干流
矿区
面状黄河
研究区
0　25　50　100 km
濮阳市
安阳市
新乡市
焦作市
郑州市
济源市
洛阳市
三门峡市
洛河
黄河

图 5-1　实验区位置图

0.49 μm 波段是强吸收带，平均反射率一般不超过 10%；在 0.49～0.60 μm 波段具有波峰的形态和中等反射率（在 8%～28%之间），其中 0.55 μm 处是叶绿素的绿色强反射区；在 0.60～0.70 μm 波段具有波谷的形态，反射率很低；到 0.70～0.75 μm 波段，反射率急剧上升，光谱曲线具有陡且接近直线的形态；在 0.75～1.30 μm 波段，因植被的吸收率很低而保持高反射率。

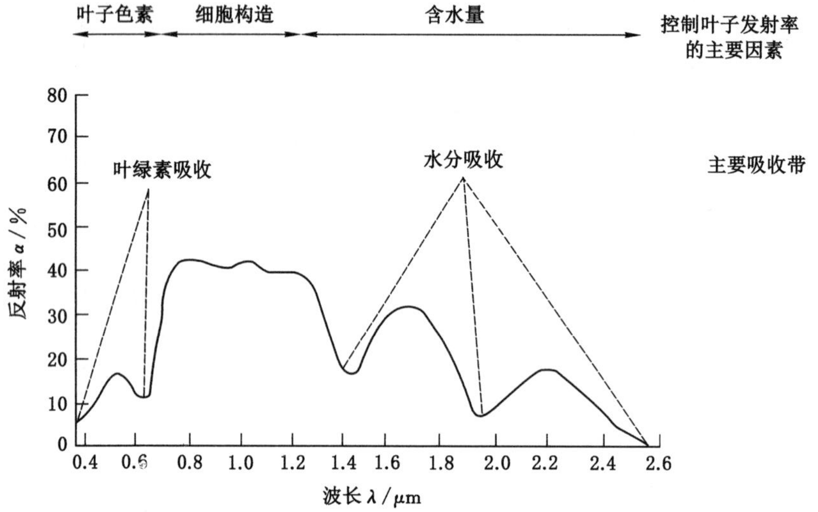

图 5-2　绿色植物有效光谱特征

常用于提取植被信息的方法主要为归一化植被指数和像元二分模型相结合的方法。

(1) 利用归一化植被指数提取 NDVI 值

归一化植被指数（NDVI）通过测量近红外（植被强烈反射）Band5 和红光 Band4（植被吸收）之间的差异来量化植被。与其他波长相比，健康的植被（叶绿素）会反射更多的近红外（NIR）和绿光，但是它会吸收更多的红色和蓝色光。Landsat 8 OLI 数据波段特征如表 5-1 所示。

表 5-1　Landsat 8 OLI 数据波段特征

	Landsat 8	类型	波长/μm	分辨率/m
OLI（陆地成像仪）	Band1	蓝	0.433～0.453	30
	Band2	蓝绿	0.450～0.515	30
	Band3	绿	0.525～0.600	30
	Band4	红	0.630～0.680	30
	Band5	近红外	0.845～0.885	30
	Band6	短波红外	1.560～1.660	30
	Band7	短波红外	2.100～2.300	30
	Band8	微米全色	0.500～0.680	15
	Band9	短波红外	1.360～1.390	30

$$\mathrm{NDVI}=\frac{\mathrm{NIR}-R}{\mathrm{NIR}+R}$$

式中，NIR 和 R 分别代表近红外波段和红色波段的反射率，NDVI 为植被指数。NDVI 值的范围始终为－1 至＋1，但是每种类型的土地覆盖并没有明确的界限。例如，当 NDVI 值为负数时，很可能是水。另一方面，如果 NDVI 值接近＋1，则很有可能是茂密的绿叶。然而，当 NDVI 值接近零时，没有绿叶，甚至可能是城市化区域。

（2）利用像元二分模型提取植被覆盖度

植被覆盖度 VFC 指植被（包括叶、茎、枝）在地面的垂直投影面积占统计区总面积的百分比。目前已经发展了很多利用遥感测量植被覆盖度的方法，较为实用的方法是利用植被指数近似估算植被覆盖度，常用的植被指数为 NDVI。下面是在像元二分模型的基础上研究出的模型：

$$\mathrm{VFC}=\frac{\mathrm{NDVI}-N_{\mathrm{soil}}}{N_{\mathrm{veg}}-N_{\mathrm{soil}}}$$

式中，VFC 为植被覆盖度，NDVI 为植被指数，N_{soil}为纯裸土像元的 NDVI 值，N_{veg}为纯植被像元或高植被覆盖度区域的 NDVI 值。根据像元二分模型的定义，N_{soil}采用研究区 NDVI 值统计结果 5％处的值，N_{veg}采用研究区 NDVI 值统计结果 95％位置处的值，低于纯裸土像元值的 NDVI 值用 N_{soil}替代，高于纯植被像元值的 NDVI 值用 N_{veg}替代（不同地区的置信区间不同，应根据实际情况而定）。

5.4.2.2　实验数据

（1）黄河流域河南段的矢量数据。

（2）2019 年夏季黄河流域河南段的 Landsat 8 OLI 影像数据（已做过辐射定标与大气校正）。

5.4.3　实验步骤

5.4.3.1　利用归一化植被指数提取 NDVI 值

（1）打开 Landsat 8 OLI 影像数据。

（2）NDVI 值的提取。

打开影像，在 ENVI 主菜单中，在【Toolbox】中双击【Band Algebra/Band Math】，在随后打开对话框的输入栏中输入“(float(B5)－float(B4))/(float(B5)＋float(B4))”，单击【Add to List】，之后单击【OK】，在弹出的对话框中选择波段（见图 5-3），B5 选择 Band5，B4 选择 Band4，设置输出的文件名为“NDVI”，之后单击【OK】，输出计算结果。

（3）NDVI 提取结果见图 5-4。

5.4.3.2　利用像元二分模型提取植被覆盖度

（1）统计 NDVI 结果

在左侧的 Layer Manager 列表中，找到 5.4.3.1 的运算结果“NDVI.dat”，单击鼠标右键，在弹出的右键菜单中选择【Quick Stats】，得到各像素的 NDVI 值，见图 5-5。找寻【Acc Pct】中接近 5 和 95 处对应的 DN 值。由统计表可得 5（实际为 8.8）处的值为 0.060 784，将它作为 N_{soil}；95（实际为 93.1）处的值为 0.692 157，将它作为 N_{veg}。

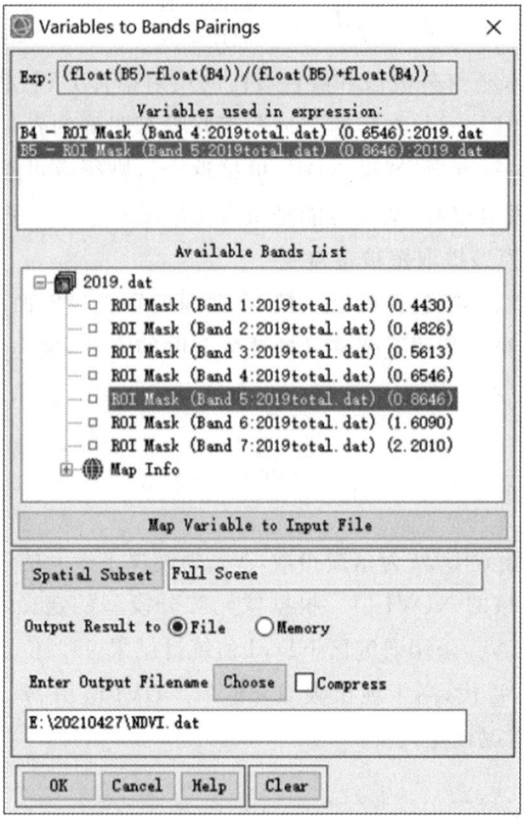

图 5-3　NDVI 波段选择的操作界面

图 5-4　NDVI 提取结果

（2）植被覆盖度 VFC 的提取

根据 VFC 公式，低于 N_{soil} 的 NDVI 值，VFC 取值为 0，高于 N_{veg} 的 NDVI 值，VFC 取值

Basic Stats	Min	Max	Mean	StdDev	
Band 1	-15.250000	25.000000	0.555795	0.243803	
Histogram	DN	Count	Total	Percent	Acc Pct
Band 1	-15.250000	1	1	0.000002	0.000002
Binsize=0.157843	-15.092157	0	1	0.000000	0.000002
	-14.934314	0	1	0.000000	0.000002
	-14.776471	0	1	0.000000	0.000002
	-14.618627	0	1	0.000000	0.000002
	-14.460784	0	1	0.000000	0.000002
	-14.302941	0	1	0.000000	0.000002
	-14.145098	0	1	0.000000	0.000002
	-13.987255	0	1	0.000000	0.000002
	-13.829412	0	1	0.000000	0.000002
	-13.671569	0	1	0.000000	0.000002
	-13.513725	0	1	0.000000	0.000002

图 5-5　统计数据

为 1,介于两者之间的 NDVI 值用 VFC 公式计算。在【Toolbox】中双击【Band Algebra/Band Math】,在随后打开对话框的输入栏中输入:

(float(B1) lt 0.060 784) * 0+(float(B1) gt 0.692 157) * 1+(float(B1) ge 0.060 784 and float(B1) le 0.692 157) * ((b1−0.060 784)/(0.692 157−0.060 784))

单击【Add to List】按钮,之后单击【OK】,在弹出的对话框中选择波段(见图 5-6),B1 选择“NDVI.dat”下的波段,设置输出的文件名为“VFC.dat”,之后单击【OK】,输出计算结果。

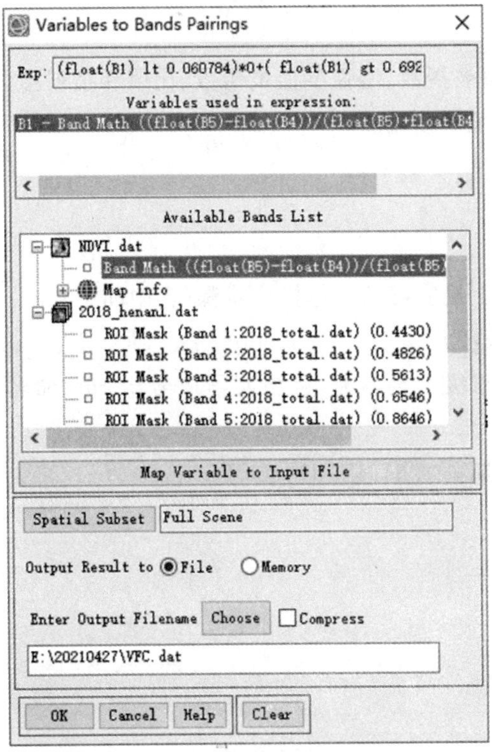

图 5-6　VFC 波段选择的操作界面

(3) 植被覆盖度 VFC 提取结果

在左侧的 Layer Manager 列表中，找到运算结果“VFC.dat”，单击鼠标右键，在弹出的右键菜单中选择【Quick Stats】，得到最大、最小、平均及标准差的值，要确保最大值为 1，最小值为 0。VFC 提取结果如图 5-7 所示。

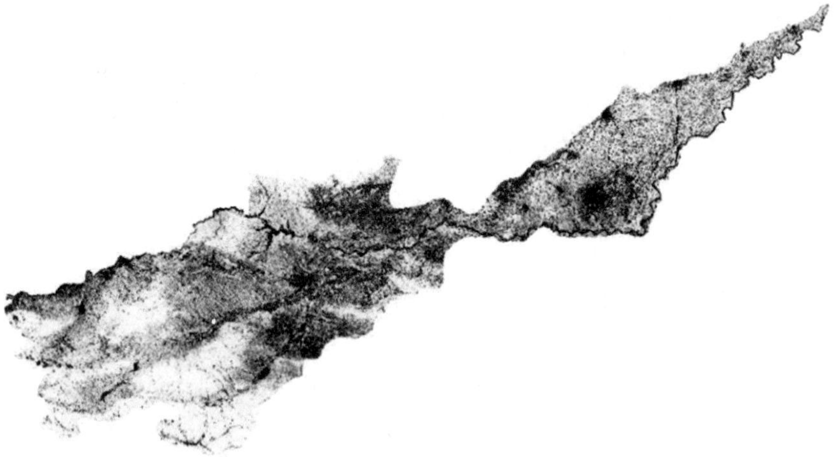

图 5-7　VFC 提取结果

5.4.3.3　其他方法

尝试利用土壤调节植被指数、增强型植被指数、比值和植被指数，重复 5.4.3.1 和 5.4.3.2 的步骤，提取植被指数与植被覆盖度。

5.5　实验成果提交

上机实习报告一份，上机实习的具体操作步骤(含中间结果)一份，实习操作步骤及中间结果用 Word 文档格式保存。

实习成果以“专业＋班级＋姓名＋‘_’＋实习序号＋.rar”命名，“.rar”为电子文档的扩展名。

实习成果命名示例：地科 1901 王小明_实习 5.rar。

实验6　土地覆盖/土地利用信息提取

6.1　实验目的

(1) 掌握对土地覆盖/土地利用信息的提取分析。

(2) 掌握对土地覆盖/土地利用信息的分析方法。

6.2　实验内容

土地覆盖/土地利用信息的提取及变化分析。

6.3　实验要求

根据焦作市及周边部分地区的遥感数据,完成下列分析:

(1) 目视解译焦作市土地利用分类。

(2) 基于遥感数据利用 ENVI 软件利用土地利用分类方法进行土地利用分类。

6.4　实验步骤

6.4.1　实验区简介

研究区面积为 4 071 km^2,地理位置为 35°10′～35°21′N,113°4′～113°26′E,位于河南省西北部,与山西省晋城市接壤,北依太行山,南邻黄河。地貌分为山区和平原两大部分,总体北高南低,由西北向东南呈阶梯式递减,天然形成的平均坡度为 2‰,由南部平原到北部山区,高程在 80～1 200 m 之间,起伏较大。焦作市辖沁阳、孟州两市,修武、武陟、温县、博爱四县及焦作市区。沁阳市、博爱县、焦作市区、修武县北部均为高山,生态环境质量较好,其中修武县经过治理,部分村庄成为集旅游、休闲于一体的模范村庄;黄河流域横穿孟州市、温县、武陟县南部,生态环境质量已经有所好转;中部区域受人类活动影响最大,生态环境质量较差。

为了便于数据分析,将焦作市及其南部部分地区作为实验区,见图 6-1。

6.4.2　实验原理与实验数据

6.4.2.1　实验原理

最大似然分类法(Maximum Likelihood Classification):在两类或多类判决中,用统计

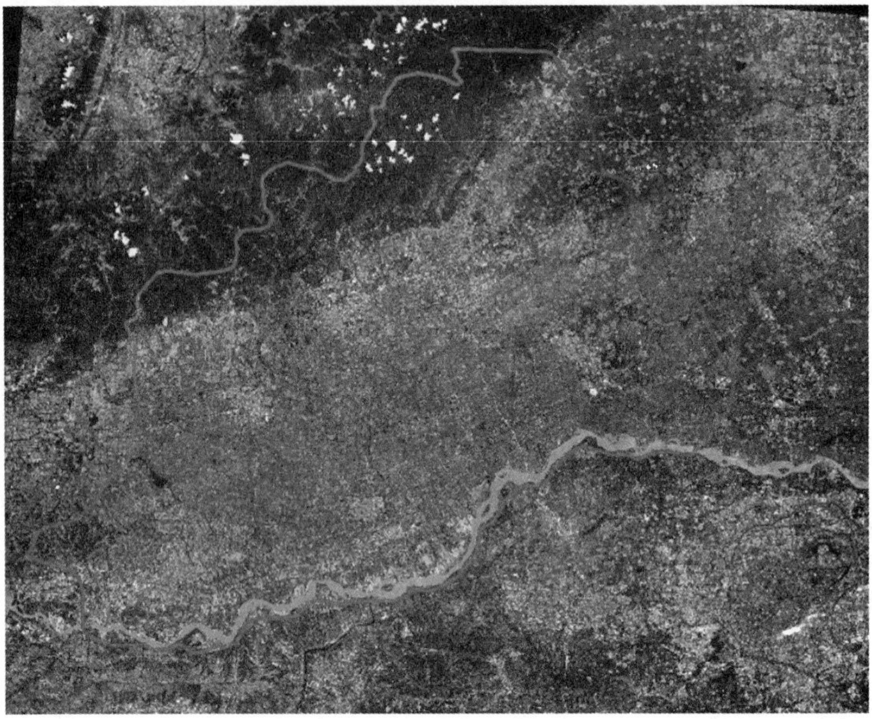

图 6-1　实验区位置示意图

方法根据最大似然比贝叶斯判决准则法建立非线性判别函数集，假定各类分布函数为正态分布，并选择训练区，计算各待分类样区的归属概率，而进行分类的一种图像分类方法。这又称为贝叶斯分类法，是根据贝叶斯准则对遥感影像进行分类的。

根据《土地利用现状分类》(GBT 21010—2017)，最新版国家土地分类标准，土地利用主要分为以下十几类：

(1) 耕地土地分类主要有水田、水浇地、旱地。

(2) 园地土地分类主要有果园、茶园、橡胶园、其他园地。

(3) 林地土地分类主要有乔木林地、竹林地、红树林地、森林沼泽、灌木林地、灌丛沼泽、其他林地。

(4) 草地土地分类主要有天然牧草地、沼泽草地、人工牧草地、其他草地。

(5) 商服用地分类主要有零售商业用地、批发市场用地、餐饮用地、旅馆用地、商务金融用地、娱乐用地、其他商服用地。

(6) 工矿仓储主要有工业用地、采矿用地、盐田、仓储业用地。

(7) 住宅用地主要有城镇住宅用地、农村宅基地。

(8) 公共管理与公共服务性用地主要有机关团体用地、新闻出版用地、教育用地、科研用地、医疗卫生用地、社会福利用地、文化设施用地、体育用地、公共设施用地、公园与绿地。

(9) 特殊用地主要有军事设施用地、使领馆用地、监教场所用地、宗教用地、殡葬用地、风景名胜设施用地。

(10) 交通运输用地主要有铁路用地、轨道交通用地、公路用地、城镇村道路用地、交通服务场站用地、农村道路、机场用地、海口码头用地、管道运输用地。

(11) 水域及水利设施用地主要有河流水面、湖泊水面、水库水面、坑塘水面、海滩涂、内陆滩涂、沟渠、沼泽地、水工建筑用地、冰川及永久积雪。

(12) 其他土地主要有空闲地、设施农用地、田坎、盐碱地、沙地、裸土地、裸岩石(砾)地。

《中华人民共和国土地管理法》各大类对照:

(1) 农用地主要包括水田、水浇地、旱地、果园、茶园、橡胶园、乔木林地、竹林地、红树林地、森林沼泽、灌木林地、灌丛沼泽、其他林地、天然牧草地、沼泽草地、人工牧草地、农村道路、水库水面、坑塘水面、沟渠、田坎、设施农用地。

(2) 建设用地主要包括零售商业用地、批发市场用地、餐饮用地、旅馆用地、商务金融用地,娱乐用地、其他商服用地、工业用地、采矿用地、盐田、仓储用地、城镇住宅用地、农村宅基地、机关团体用地、新闻出版用地、教育用地、科研用地、医疗卫生用地、社会福利用地、文化设施用地、体育用地、公用设施用地、公园与绿地用地、军事设施用地、使领馆用地、监教场所用地、宗教用地、殡葬用地、风景名胜设施用地、铁路用地、轨道交通用地、公路用地、城镇村道路用地、交通服务站场所用地、机场用地、港口码头用地、管道运输用地、水工建筑用地、空闲地。

(3) 未利用地主要包括其他草地、河流水面、湖泊水面、海滩涂、内陆滩涂、沼泽地、冰川及永久积雪、盐碱地、沙地、裸土地、裸岩石(砾)地。

(4) 湿地主要包括水田、红树林地、森林沼泽、灌丛沼泽、盐田、河流水面、湖泊水面、水库水面、坑塘水面、海滩涂、内陆滩涂、沟渠、沼泽地。

基于焦作市影像数据,通过人工判读,把影像中的地物分为建筑用地(或建设用地)、耕地、河流、草地、林地和未利用地 6 类。其中,建筑用地包含餐饮用地、娱乐用地、工业用地、城镇住宅、农村宅基地、教育用地、医疗卫生用地、公园与绿地、铁路、公路、城镇村道路用地等;耕地主要包括旱地、水浇地。

6.4.2.2　实验数据

(1) 焦作市 2019 年 Landsat 7 遥感影像。

(2) 焦作市矢量行政界线。

6.4.3　实验步骤

(1) 新建建筑用地,命名为"jzyd",并在研究区利用监督分类较分散地选取一定数量的样本,一般大于 20 个。右键点击影像文件,选择【New Region Of Interest】,见图 6-2,本实验选取数量 28 个,一般为房屋、道路等,见图 6-3。

创建完成后点击【File】→【Save As】保存创建样本,命名时注意使用英文名称。

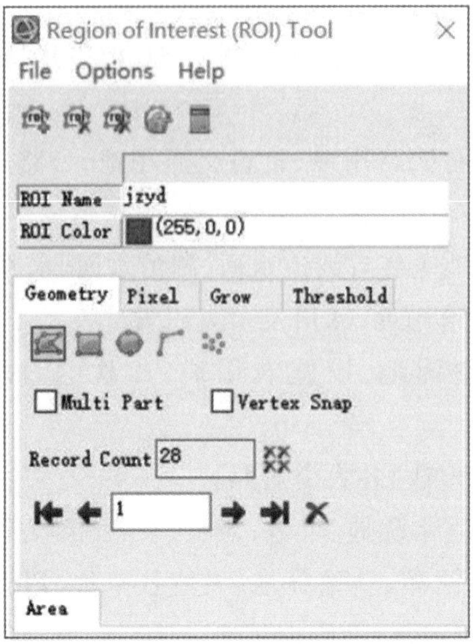

图 6-2　创建建筑用地样本

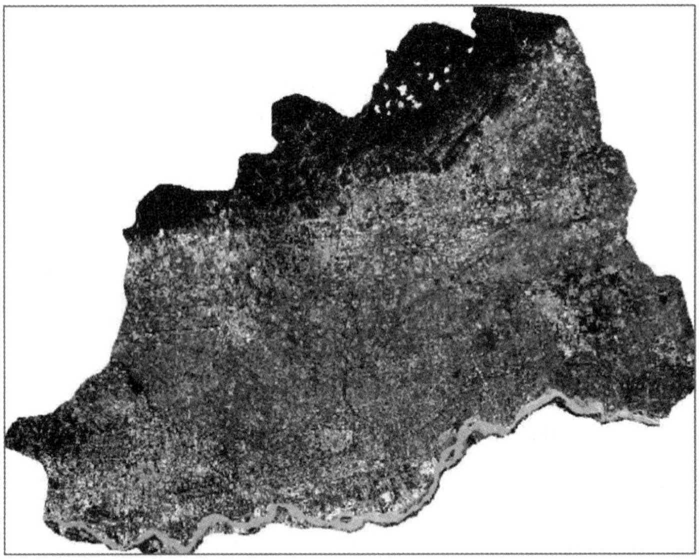

图 6-3　建筑用地样本

(2) 基于以上同样的方法,创建河流样本(蓝色图斑),命名为“hl”,见图 6-4,然后依次创建耕地(gd)、草地(cd)、林地(ld)、未利用地(wlyd)样本。

(3) 取完样本以后,利用最大似然法对土地进行分类。在右侧【Toolbox】中输入“max”,选择【Maxium Likelihood Classfication】。在弹出的对话框中选择要分类的影像,点击【OK】,见图 6-5。

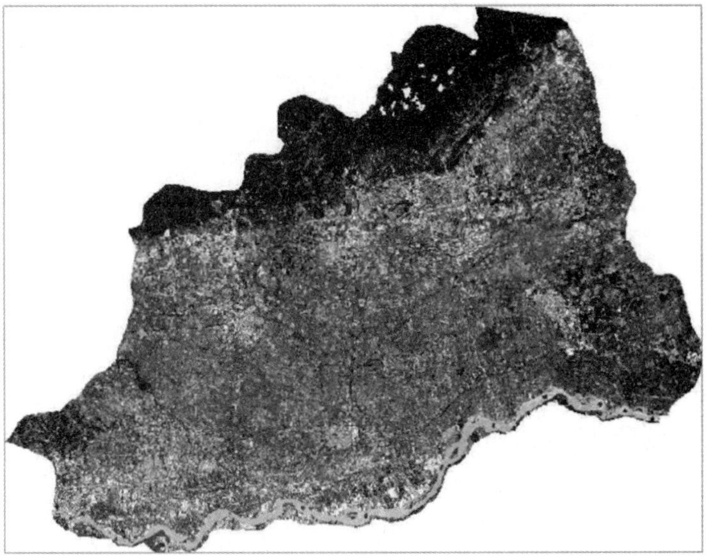

图 6-4　河流样本

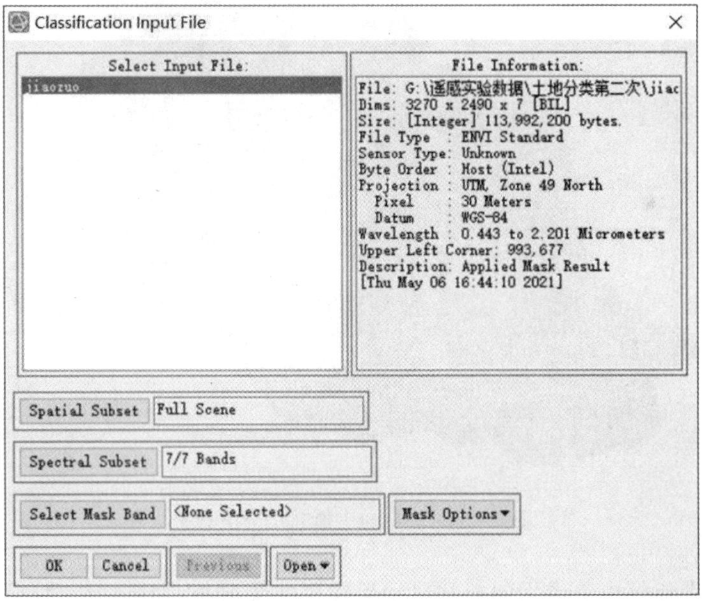

图 6-5　利用最大似然法进行土地分类(一)

单击【OK】后,在弹出的对话框中做如下操作,见图 6-6,选择合适的路径,并在命名后点击【OK】。

利用矢量文件对结果图进行裁剪,结果如图 6-7 所示。

(4) Majority/Minority 分析。Majority/Minority 分析采用类似于卷积滤波的方法将较大类别中的虚假像元归到该类中,定义一个变换核尺寸,用变换核中占主要地位(像元素

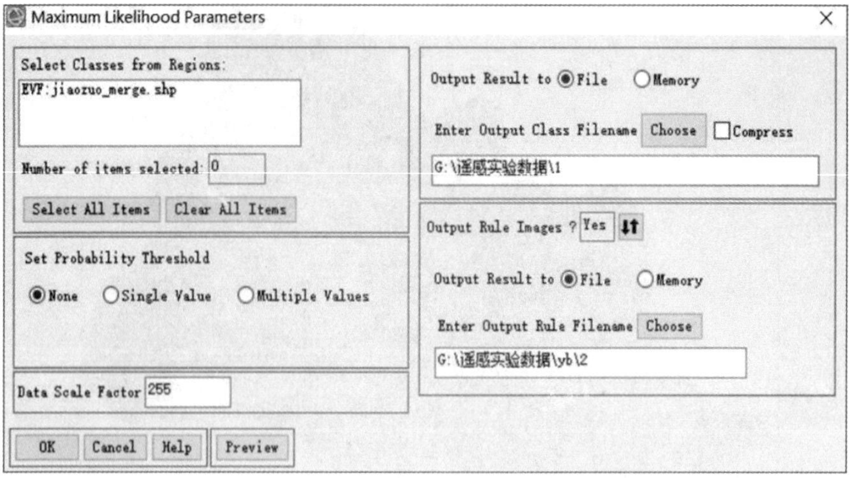

图 6-6　利用最大似然法进行土地分类(二)

图 6-7　所裁剪的土地利用分类结果

最多)的像元类别代替中心像元的类别。如果使用次要分析(Minority Analysis),将用变换核中占次要地位像元的类别代替中心像元的类别。

在主菜单中,选择【Classification】→【Post Classification】→【Majority/Minority Analysis】。在打开的文件选择对话框中,选择分类图像。打开【Majority/Minority Parameters】对话框,然后填写【Majority/Minority Parameters】对话框中的参数。选择分类类别(Select Classes):单击【Select All Items】按钮,选择所有类别。选择分析方法(Analysis Method):Majority。选择变换核(Kernel Size):5×5。必须是奇数且不必为正方形,变换核越大,分类图像越平滑。中心像元权重(Center Pixel Weight):1。在判定变换核中占主体地位的类别时,中心像元权重用于设定中心像元类别将被计算的次数。例如，如果输入的权重为 1，系统仅计算 1 次中心像元类别；如果输入 5，系统将计算 5 次中心像元类别。选择输出路径及文件名，单击【OK】执行 Majority 和 Minority 分析命令，见图 6-8。

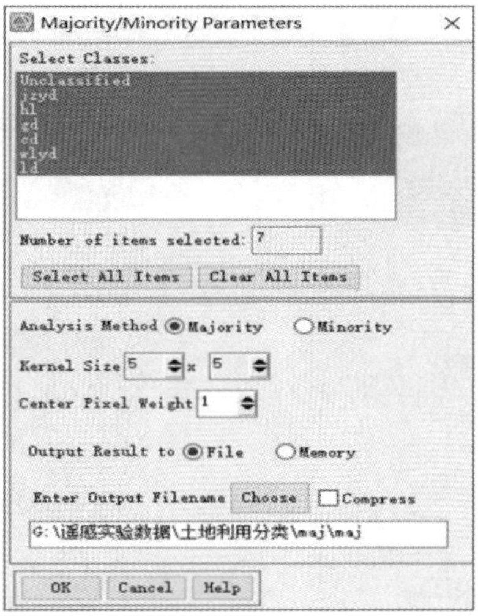

图 6-8　【Majority/Minority Parameters】对话框

(5) 聚类处理(clump)。

聚类处理(clump)是运用形态学算子将邻近的类似分类区域聚类并合并。分类图像经常缺少空间连续性(分类区域中斑点或洞的存在)。低通滤波虽然可以用来平滑这些图像，但是类别信息常常会被邻近类别的编码干扰，用聚类处理可以解决这个问题。先用一个扩大操作将被选的分类合并到一块，然后用参数对话框中指定了大小的变换核对分类图像进行侵蚀操作。

在主菜单中，选择【Classification】→【Post Classification】→【Clump Classes】。在【Classification Input File】对话框中，选择 maj 文件，单击【OK】按钮，打开【Clump Parameters】对话框。然后填写【Clump Parameters】对话框中的参数。

选择分类类别(Select Classes)：单击【Select All Items】按钮，选择所有类别。输入形态学算子大小(Rows 和 Cols)：3，3。选择输出路径，命名为“clump”，单击【OK】执行聚类处理，见图 6-9。

(6) 过滤处理(Sieve)。

用过滤处理(Sieve)可以解决分类图像中出现的孤岛问题。过滤处理使用斑点分组方法来消除这些被隔离的分类像元。类别筛选方法通过分析周围的 4 个或 8 个像元，判定一个像元是否与周围的像元同组。如果一类中被分析的像元数少于输入的阈值，这些像元就会被从该类中删除，删除的像元归为未分类的像元(Unclassified)。

在主菜单中，选择【Classification】→【Post Classification】→【Sieve Classes】。在【Classification Input File】对话框中选择 clump 文件，点击【OK】按钮，打开【Sieve Parameters】对话框。然后填写【Sieve Parameters】对话框中的参数。

选择分类类别(Select Classes)：单击【Select All Items】按钮，选择所有类别。输入过滤阈值(Group Min Threshold):2。一组中小于该数值的像元将从相应类别中删除。确定聚类邻域大小(Number of Neighbors):8。选择输出路径及文件名,单击【OK】执行过滤处理。相关参数设置见图 6-10。

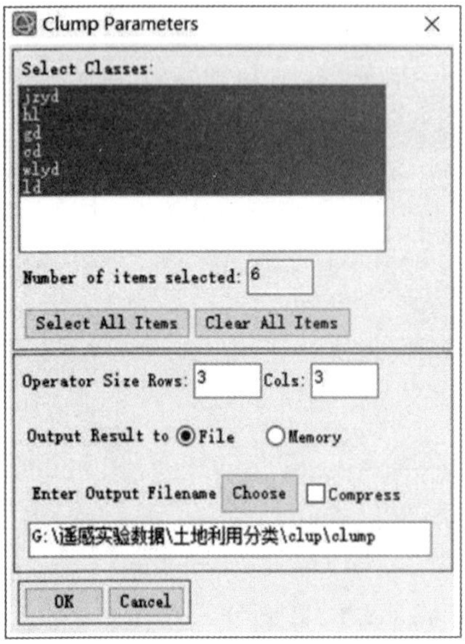

图 6-9 【Clump Parameters】对话框

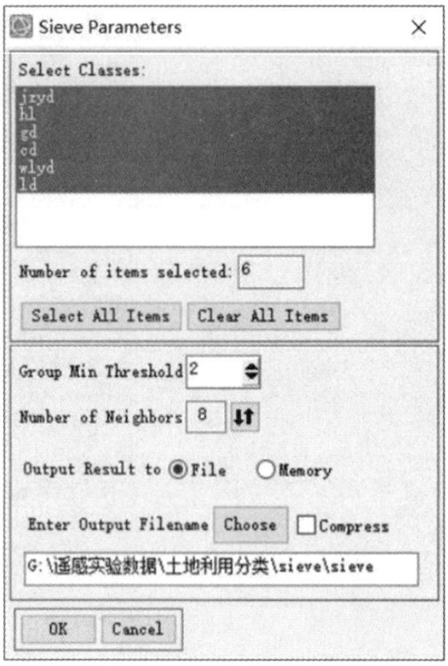

图 6-10 【Sieve Parameters】对话框

(7) 最终土地利用分类结果,见图 6-11。

图 6-11 最终土地利用分类结果

6.5　实验成果提交

上机实习报告一份，上机实习的具体操作步骤(含中间结果)一份，实习操作步骤及中间结果用 Word 文档格式保存。

实习成果以“专业＋班级＋姓名＋‘_’＋实习序号＋.rar”命名，“.rar”为电子文档的扩展名。

实习成果命名示例：地科 1901 王小明_实习 6.rar。

实验 7　水体信息提取

7.1　实验目的

通过本次实验,熟悉水体的光谱相应特征及其与其他地物光谱特征的差异;掌握水体信息精确提取的一般思路与方法。

7.2　实验内容

(1) 水域面积计算。

(2) 水量计算。

7.3　实验要求

根据实验区域的 Landsat 影像数据,进行如下分析:

(1) 利用水体光谱指数提取区域的水体信息,计算其水域面积及水量变化状况。

(2) 运用区域生长法提取区域水体信息,计算其水域面积及水量变化状况。

(3) 采用缨帽变换法提取各区域的水体信息,计算其水域面积及水量变化状况。

7.4　实验步骤

7.4.1　实验区简介

青海湖地处青藏高原的东北部,西宁市的西北部,位于东经 99°36′～100°16′之间,北纬 36°32′～37°15′之间,由祁连山脉的大通山、日月山与青海南山之间的断层陷落形成,是中国最大的内陆湖,见图 7-1。青海湖长 105 km,宽 63 km,湖面海拔 3 196 m,湖的四周被四座巍巍高山所环抱:北面是大通山,东面是日月山,南面是青海南山,西面是橡皮山,这四座大山海拔都在 3 600～5 000 m 之间。湖面东西长,南北窄,略呈椭圆形。青海湖水平均深约 21 m,最大水深为 32.8 m,蓄水量达 1 050 亿 m^3,湖面海拔为 3 260 m。离西宁约 200 km。湖区有大小河流近 30 条。湖东岸有两个子湖,一名尕海,面积为 48 km^2,系咸水;另一名耳海,面积为 8 km^2,为淡水。

青海湖具有高原大陆性气候,光照充足,日照强烈;冬寒夏凉,暖季短暂,冷季漫长,

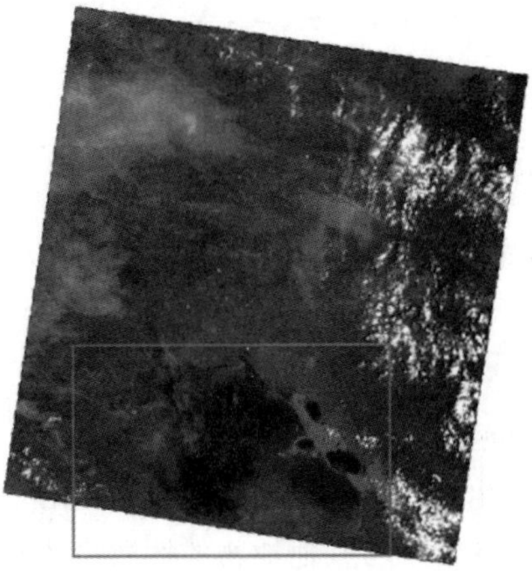

图 7-1 青海湖区地貌示意图

春季多大风和沙暴；雨量偏少，雨热同季，干湿季分明。青海湖水补给来源是河水，其次是湖底的泉水以及大气降水。每年径流补给青海湖的河流有 40 余条，主要是布哈河、沙柳河、乌哈阿兰河和哈尔盖河，这 4 条大河的年径流量达 16.12 亿 m^3，占入湖径流量的 86%。青海湖是鱼类回游产卵和鸟类较集中的地区。在水量方面，青海湖每年入湖河流补给 13.35 亿 m^3，降水补给15.57亿 m^3，地下水补给 4.01 亿 m^3，其他补给 2.00 亿 m^3，总补给为 34.93 亿 m^3；湖区风大蒸发快，每年湖水蒸发量 39.3 亿 m^3，年均损失 4.37 亿 m^3。

7.4.2 实验原理与实验数据

7.4.2.1 实验原理

水体总体呈现出较低的反射率，具体表现为在可见光的波长范围内（480～580 nm，相当于 TM/ETM＋的 Band1 和 Band2），其反射率为 4%～5%，到 580 nm 处，则下降为2%～3%；当波长大于 740 nm 时，几乎所有入射能量均被水体吸收。清澈水在不同波段的反射率由高到低可近似表示为：蓝光＞绿光＞红光＞近红外＞中红外。水体在近红外及中红外波段（740～2 500 nm，相当于 TM/ETM＋的 Band4、Band5 和 Band6）具有强吸收的特点，而植物、土壤等在这一波长范围内具有较高的反射性，所以这一波长范围可被用来区分水体与土壤、植被等其他地物。提取水体的方法常用的有水体指数法、区域生长法、缨帽变换法等。

1. 水体指数法

水体指数法指利用水体的光谱特征，采取波段组合的方式抑制其他地物的信息，突出水体信息。常用的水体指数有归一化差异水体指数 NDWI（Normalized Difference Water Index）、改进的归一化差异水体指数 MNDWI（Modified NDWI），公式如下。在构建 NDWI 时，着重于采集水体信息，却忽略了地表的重要地类——土壤、建筑物。MNDWI 则可以有效地抑制建筑物和土壤信息，减少噪声。通常选择直方图两个峰之间的谷所对应的灰度值求出阈值。

$$NDWI=\frac{Green-NIR}{Green+NIR} \tag{7-1}$$

式中,Green 对应 ETM+影像的 Band2,NIR 对应 Band4。

$$MNDWI=\frac{Green-MIR}{Green+MIR} \tag{7-2}$$

式中,MIR 对应 ETM+影像的 Band5。

2. 区域生长法

区域生长法,指将成组的像素或区域发展成更大区域的过程。区域生长能提供很好的边界信息和分割结果,所以能够很好地区分出河流及河流边界。具体思路为:对每个需要分割的区域找一个种子像素作为生长的起点,然后将种子像素周围与其有相似性质的像素合并到种子像素所在区域。水体的性质与其他地物的性质显然不同,所以在提取水体时,可以将种子像素放置在水体上,然后进行区域生长,直至生长到水体的边缘。若研究区域内有多块水体,则尽量在每一块水体内放置种子像素。

3. 缨帽变换法

缨帽变换法,指根据多光谱遥感影像中水体、植被等信息在多维光谱空间中的信息分布结构对图像做经验性线性变换。经过缨帽变换可以得到与波段数相同的几个分量,其中前三个分量与地面景物密切相关,分别为亮度分量、绿度分量、湿度分量。水体区域的湿度较高、亮度较低,所以可以采用湿度分量、绿度分量与亮度分量比值来提取水体信息。

7.4.2.2 实验数据

2015 年 7 月、2016 年 7 月、2017 年 7 月、2018 年 7 月四期 Landsat 8 OLI 青海湖多光谱影像数据以及对应年份的水位数据,是本次实验数据。

7.4.3 实验步骤

7.4.3.1 水体指数法

1. 波段计算

(1) 在 ENVI 主菜单中,点击【File】→【Open】,打开 2018 年青海湖数据“Y2018.dat”。

(2) 在【Toolbox】工具箱中,双击【Band Algebra/Band Math】,在【Enter an expression】下输入波段运算公式:(float(b2)-float(b4))/(float(b2)+float(b4))。点击【Add List】将该表达式加入列表中,单击【OK】,在弹出的窗口中为 b2 和 b4 选择波段,设置存储路径,点击【OK】。图 7-2 为 NDWI 计算结果(一)。同理,可计算出 MNDWI 的结果,见图 7-3。

2. 水体提取

(1) 确定阈值范围,在主窗口中点击【Display】→【Cursor Value】,通过鼠标浏览水体的像素值,见图 7-4,水体的像素值大于 0。在左侧的 Layer Manager 列表中,选中影像文件“NDWI.dat”后单击鼠标右键,选择【Quick Stats】选项,弹出 NDWI 的直方图,见图 7-5,点击【Select Plot】→【Histogram:Band1】。通常根据直方图波峰两端点的灰度值设定阈值。综合水体的灰度值和直方图端点的灰度值,将非水体的阈值范围设置为-1～0,将水体的阈值设置为 0～1.6。

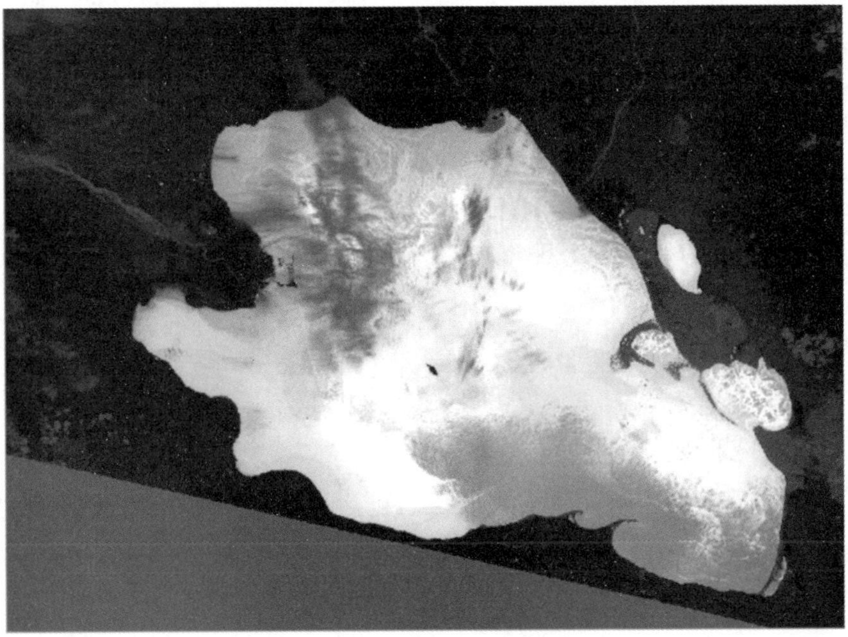

图 7-2　NDWI 计算结果(一)

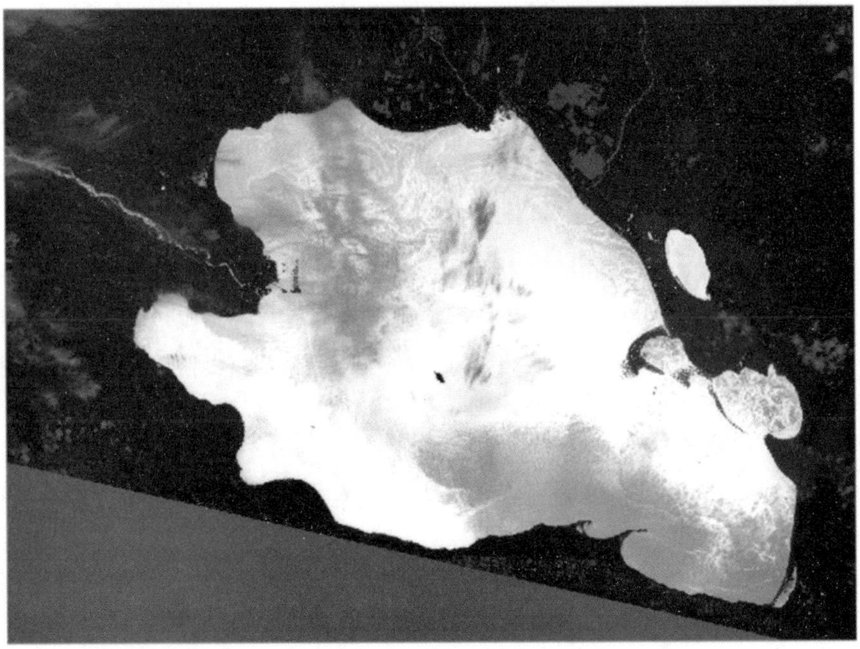

图 7-3　MNDWI 计算结果

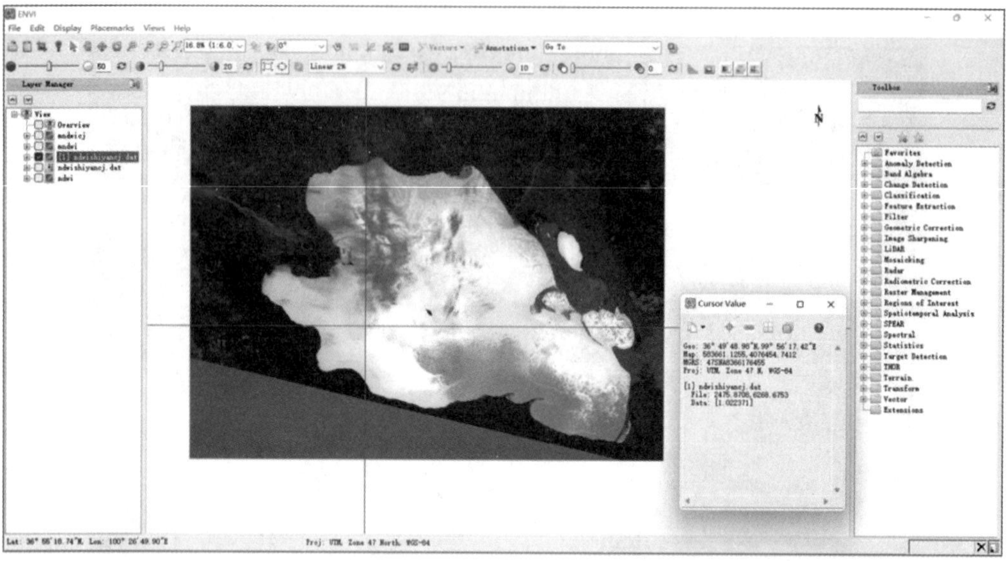

图 7-4　浏览水体的像素值

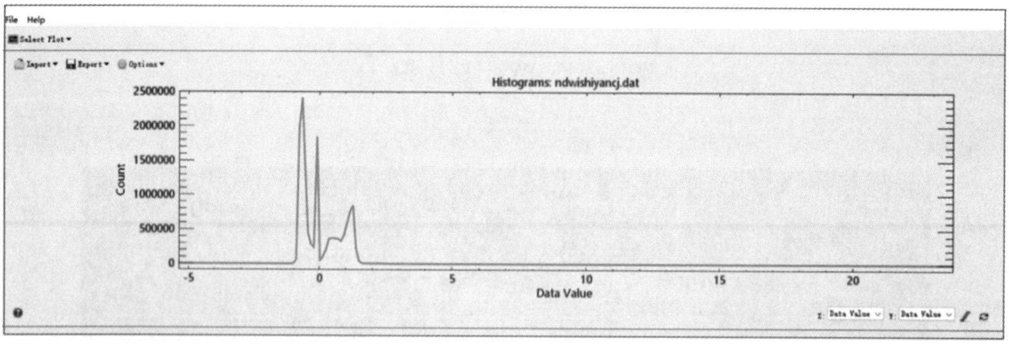

图 7-5　NDWI 直方图

(2) 在左侧的 Layer Manager 列表中，选中影像文件“NDWI.dat”后单击鼠标右键，选择【New Raster Color Slice】选项，弹出颜色密度分割操作界面，见图 7-6。点击【Clear Color Slice】，删除默认分割区间，单击【Add Color Slice】，新建两个分割区间，分别将其【Slice Min】和【Slice Max】设置为−1～0 和 0～1.6 两个区间，并将第一个区间的颜色值设置为黑色，第二个区间的颜色设置为白色，NDWI 计算结果(二)见图 7-7。

(3) 在左侧的 Layer Manager 列表中，选中分割结果，单击鼠标右键，选择【Export Color Slice】→【Class Image】，在弹出的对话框中，设置 NDWI 水体计算结果的保存路径，给扩展名添加后缀“.img”或“.dat”。

(4) 打开步骤(3)生成的文件，单击主菜单【File】→【Save As】→【Save As…(ENVI, NITF, TIFF, DTED)】选项，将文件输出为 Tiff 文件“NDWI.tif”。

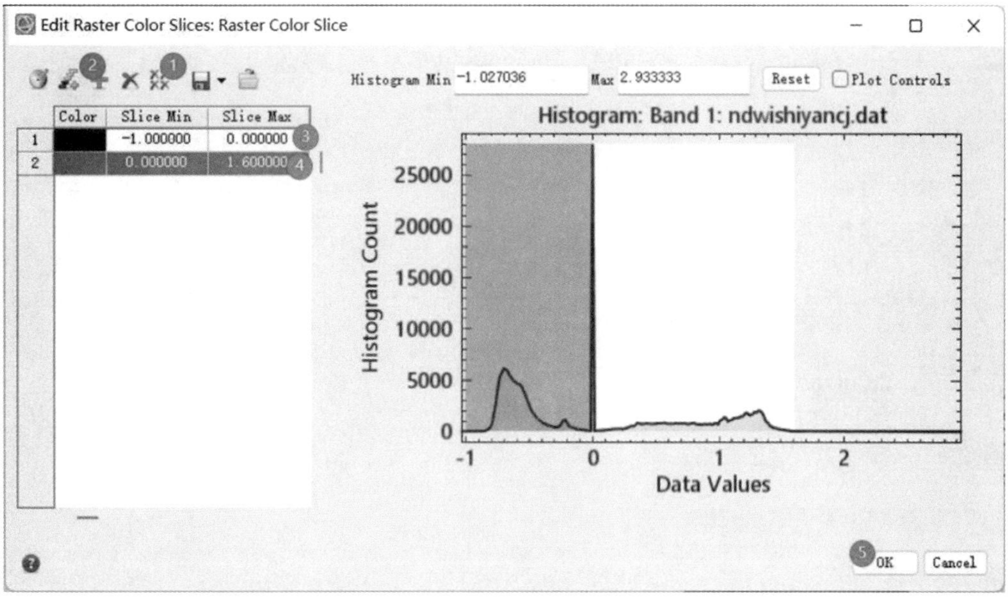

图 7-6　颜色密度分割操作界面

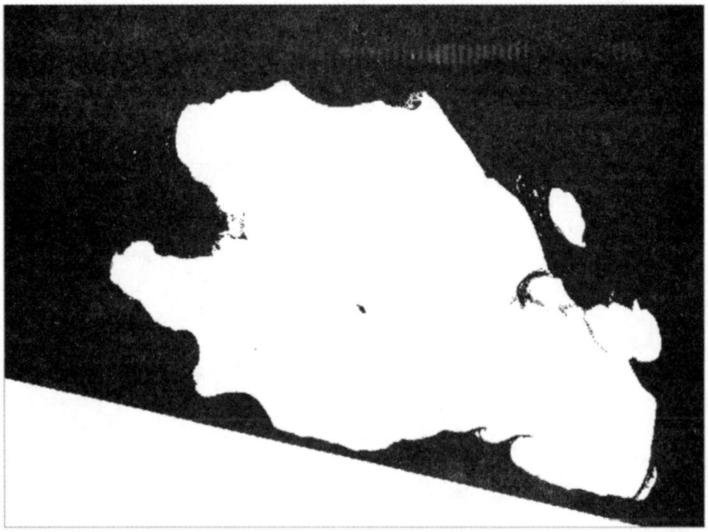

图 7-7　NDWI 计算结果(二)

3. 面积统计

在 ENVI 的【Toolbox】中,点击【Classification】→【Post Classification】→【Class Statistics】选择 NDWI 计算结果,单击【OK】,查看统计结果,见图 7-8。

4. 提取青海湖区域

(1) 打开 ArcMap,加载“NDWI.tif”数据。

(2) 在 ArcToolbox 中,点击【Conversion Tools】→【From Raster】(由栅格转出)→

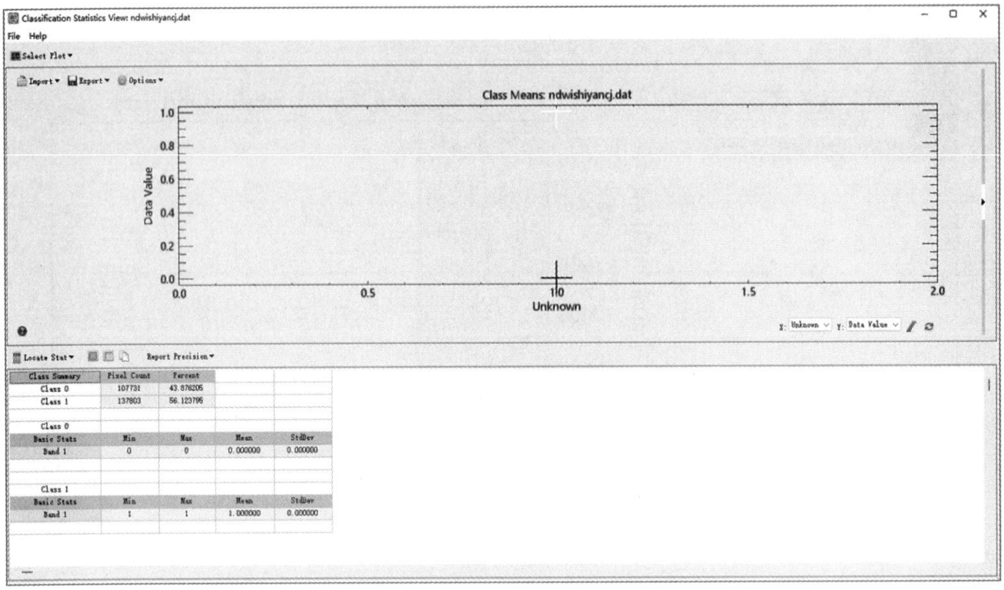

图 7-8 NDWI 统计结果

【Raster to Polygon】(栅格转面)工具,打开栅格转面对话框,见图 7-9。在【Input raster】(输入栅格)中选择“NDWI.tif”,在【Output Polygon features】下设置输出面数据的路径,单击【OK】。

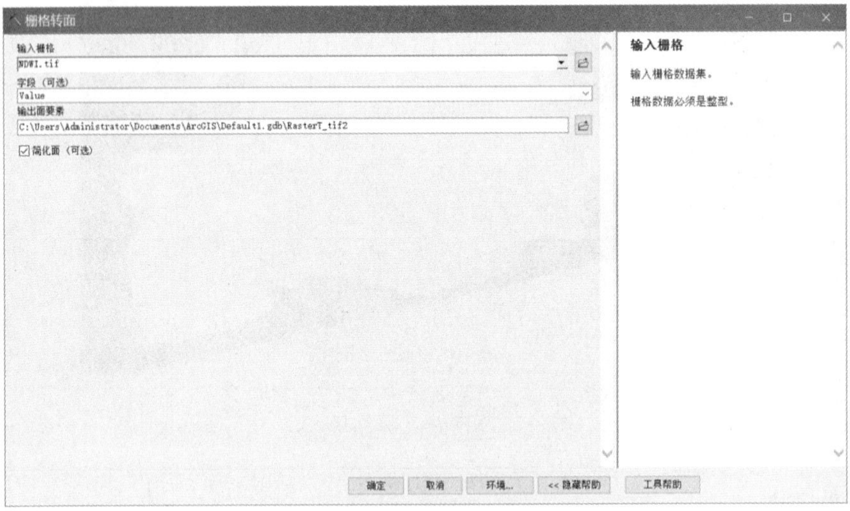

图 7-9 栅格转面操作界面

(3) 在【Select】(选择)菜单下选择【Select by Attributes】(按属性选择)选项,弹出按属性选择对话框(见图 7-10),按图 7-10 所示,构建查询表达式,选中青海湖的面状区域。

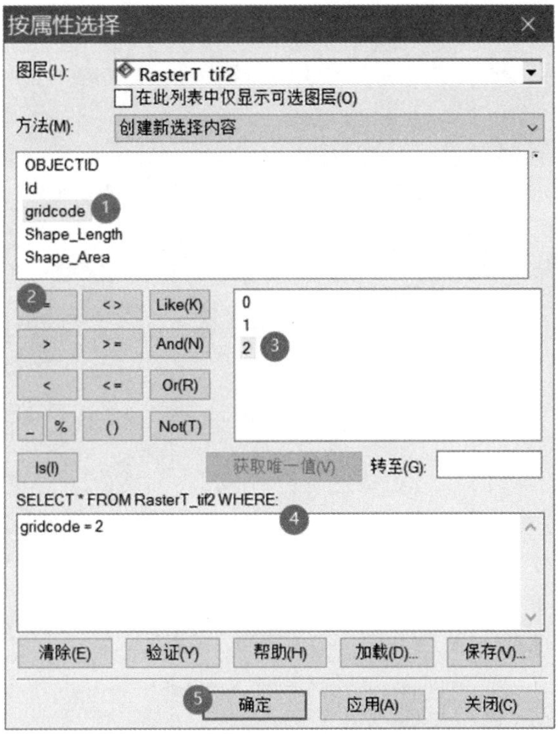

图 7-10　按属性选择操作界面

(4) 在左侧的内容列表中，鼠标右键单击“RasterT_tif2”文件，在弹出的右键菜单中，选中【Data】(数据)→【Export Data】(导出数据)，在弹出的【Export Data】对话框中，选择【Selected features】(选中的要素)，设置输出文件的路径，见图 7-11，单击【OK】(确定)，生成青海湖矢量图，见图 7-12。

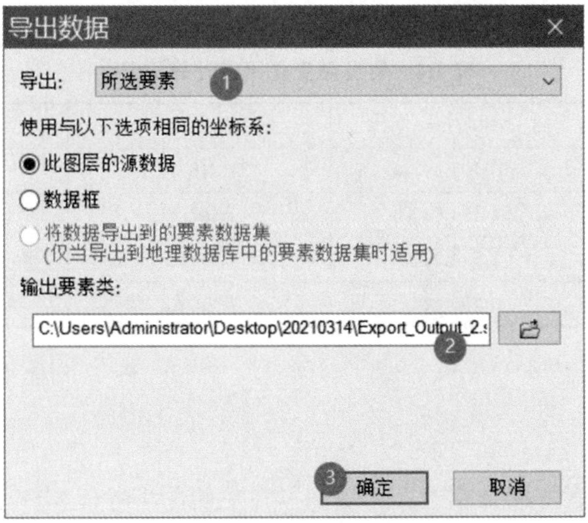

图 7-11　导出数据操作界面

图 7-12　青海湖矢量图

5. 计算青海湖变化水量

(1) 提取 2015 年、2016 年、2017 年、2018 年影像中的博斯腾湖区域，并计算其面积。

(2) 根据遥感影像提取的水域面积及实测的水位信息，计算青海湖的水量变化，水量可以近似看作棱台模型，可利用 Excel 表格计算变化体积。在 Excel 中输入各年份的水位和面积信息，在后一列中计算水量变化体积，见表 7-1。棱台模型体积计算公式如下：

$$V=(s1+s2+\sqrt{s1\times s2})\times\frac{h}{3} \tag{7-3}$$

式中，$s1$、$s2$ 为相邻两年的水体面积；h 为相邻两年的水位差。

表 7-1　青海湖变化水量计算结果

年份	水位/m	面积/km^2	水量变化/($\times 10^6\ m^3$)
2015	3 194.44	4 348.64	
2016	3 194.53	4 367.18	392.21
2017	3 194.93	4 435.69	1 760.56
2018	3 195.41	4 516.23	2 148.43

7.4.3.2　**区域生长法**

1. 水体识别

(1) 打开 2018 年青海湖数据“Y2018.dat”，在左侧的 Layer Manager 中单击鼠标右键，选择【change RGB bands】，用 432 μm 波段加载影像，并将【Stretch Type】修改为“Linear 5%”，见图 7-13。

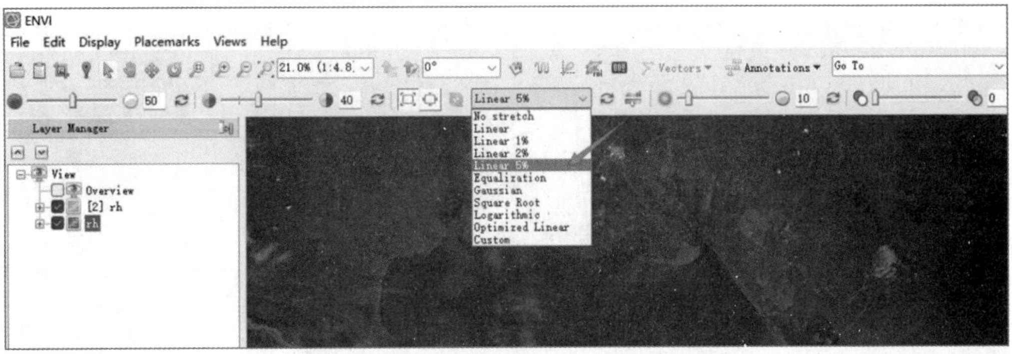

图 7-13　以线性拉伸 5%显示影像

(2) 在左侧的 Layer Manager 中，鼠标右键单击“Y2018.dat”，选择【New Region of Interest】，在弹出的 ROI 工具对话框中，点击按钮【New ROI】，在【ROI Name】后面输入“Water”，然后点击后面的【ROI Color】选择水体颜色，在【Geometry】选项卡下选择按钮【Polygon】，见图 7-14。

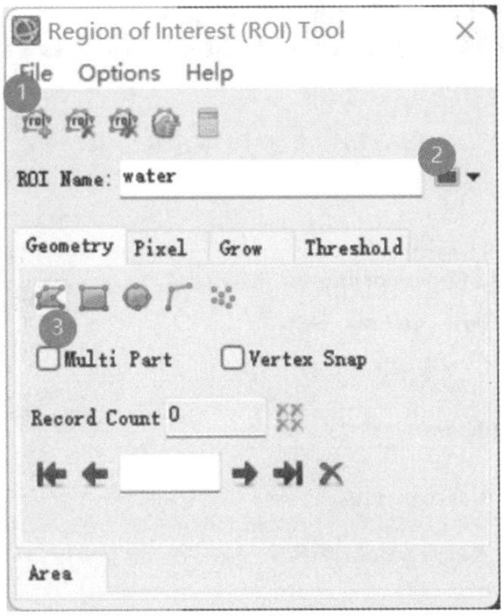

图 7-14　ROI 工具操作界面

(3) 在影像上选择水体，双击完成采样，见图 7-15。采样应尽量覆盖全部的水体，并且采样的水体颜色要一致。

(4) 在 ROI 工具中点击【Grow】选项卡，在【Max Grow Size】后输入 4 000×3 000，见图 7-16。【Max Growth Size】表示最大生长尺寸，【Std Dev Multiplier】表示标准差乘数，【Iterations】表示迭代次数，【Eight Neighbors】表示八邻域生长。点击【Apply】按钮，反复调整标准差乘数，直至 ROI 较好地覆盖水体，从而得到区域生长法的水体提取结果。

2. 面积统计

在 ROI 工具操作界面中，点击【Options】→【Report Area of ROIs】选项，或者直接单击

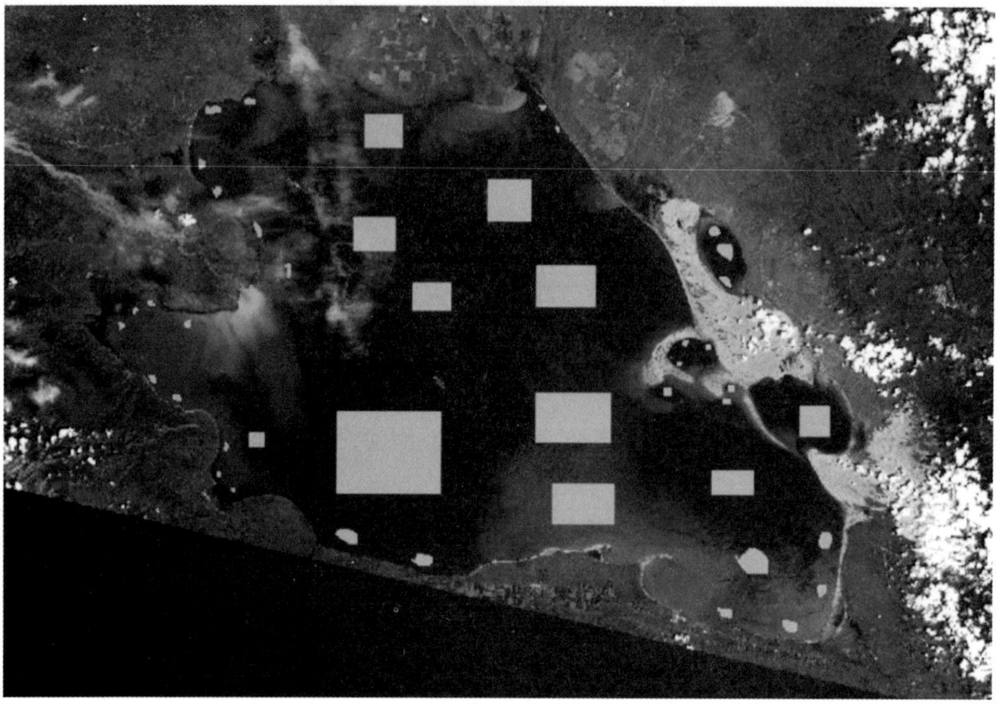

图 7-15 水体 ROI 选取结果

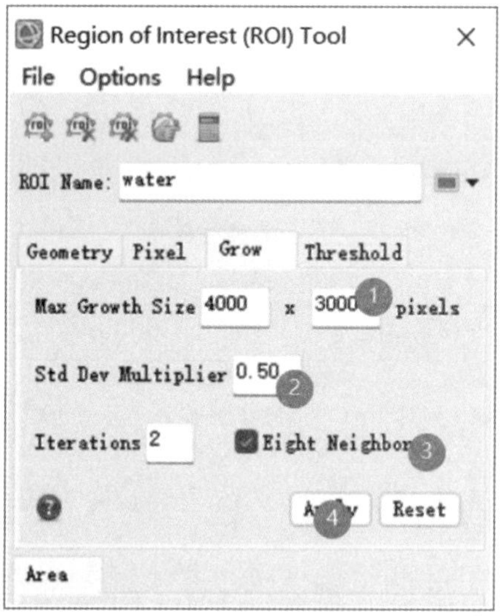

图 7-16 设置区域生长法参数

ROI 工具操作界面下的【Area】选项展开，选择面积显示的单位后，系统会自动统计提取的水体面积，统计结果见图 7-17。

7.4.3.3　缨帽变换法

1. 缨帽变换

(1) 打开 2015 年青海湖数据“Y2015.dat”。

(2) 在【Toolbox】中，选择【Transform】→【Tasseled Cap】，选择输入图像，点击【OK】，在弹出的缨帽变换中，将【Input File Type】选择为 Landsat 7 ETM，设置存储路径，点击【OK】，见图 7-18。缨帽变换后，得到 6 个分量，前三个分量分别为亮度、绿度和湿度分量。

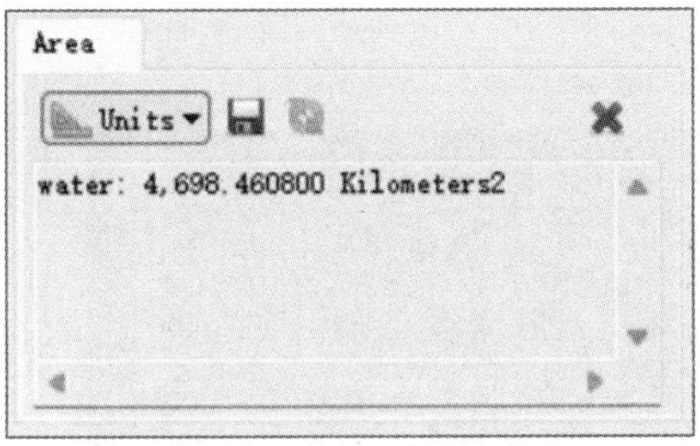

图 7-17　水体面积统计结果

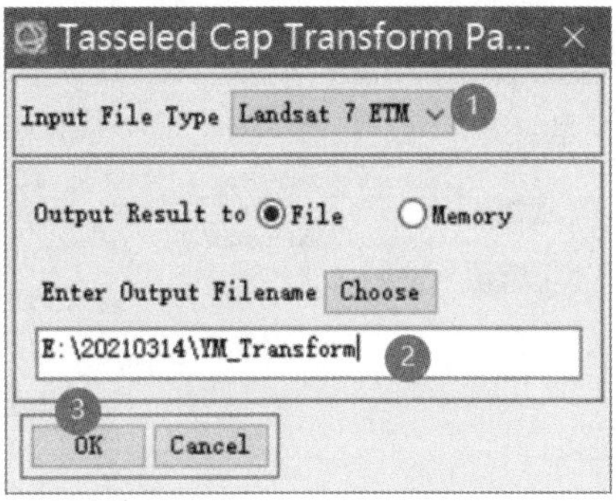

图 7-18　缨帽变换主界面

2. 波段计算

在【Toolbox】中选择【Band Algebra/Band Math】，弹出波段计算器界面。在【Enter an Expression】下的文本框中输入：float(b3)－float(b1)。单击【Add to List】，单击【OK】，在弹出的对话框中，b1 设定为 Brightness，b3 设定为 Wetness，结果见图 7-19。

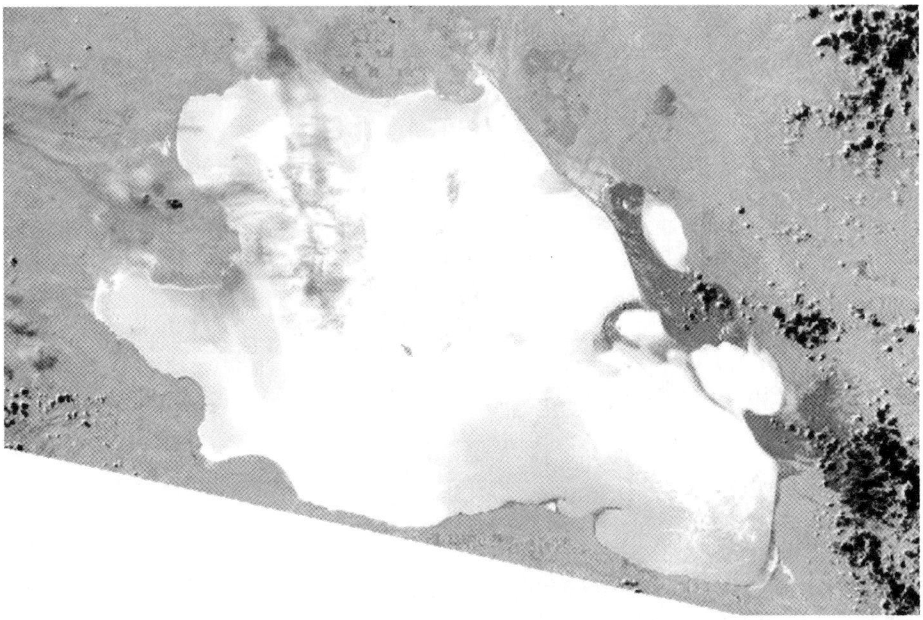

图 7-19　湿度与亮度分量之差

3. 阈值分割

在左侧的 Layer Manager 中，找到波段计算的结果文件，单击鼠标右键，选中【New Raster Color Slice】，在弹出的对话框中选中波段计算的结果文件，然后单击【OK】，在弹出的【Edit Raster Color Slice】界面中(见图 7-20)点击 按钮，删除原有的阈值区间，由右侧的直方图(见图 7-21)可知水体值位于−45～−30 之间，由此可以设置 3 个分割区间提取出水体，提取结果见图 7-22。

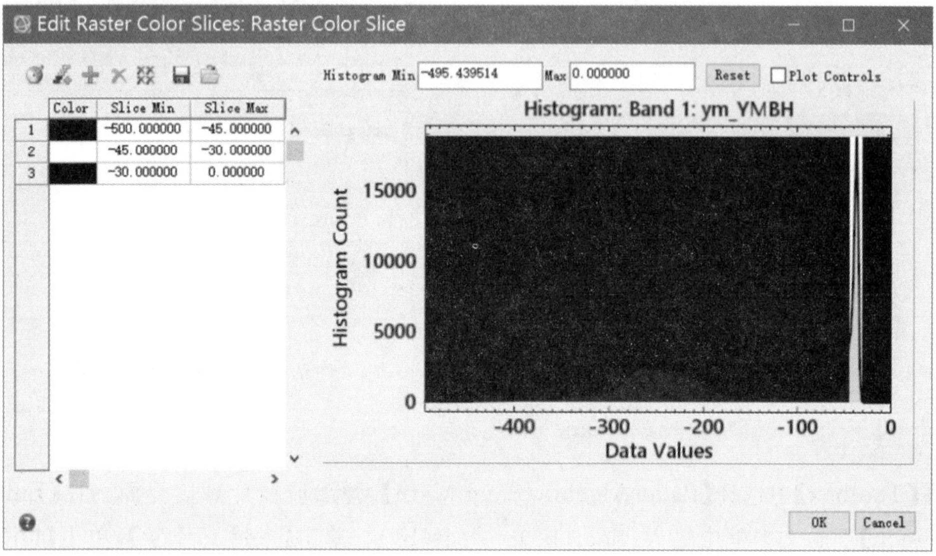

图 7-20　阈值分割操作界面

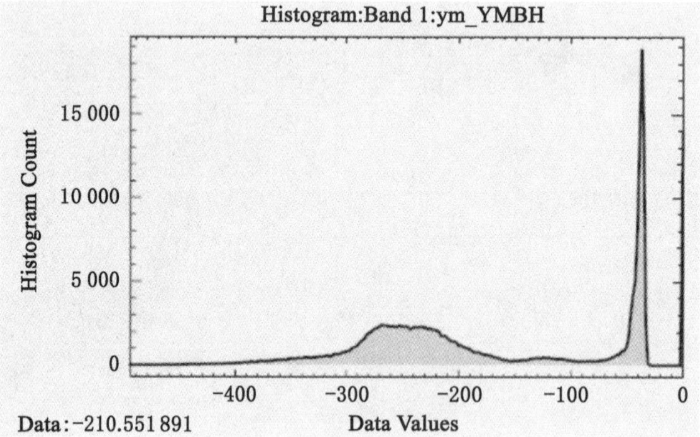

图 7-21　图像灰度直方图

4. 面积统计

(1) 在左侧 Layer Manager 列表中，选中分割结果【Slices】，单击鼠标右键，选中【Export Color Slice】→【Class Image】选项，在弹出的对话框中输入导出文件的路径及文件名。

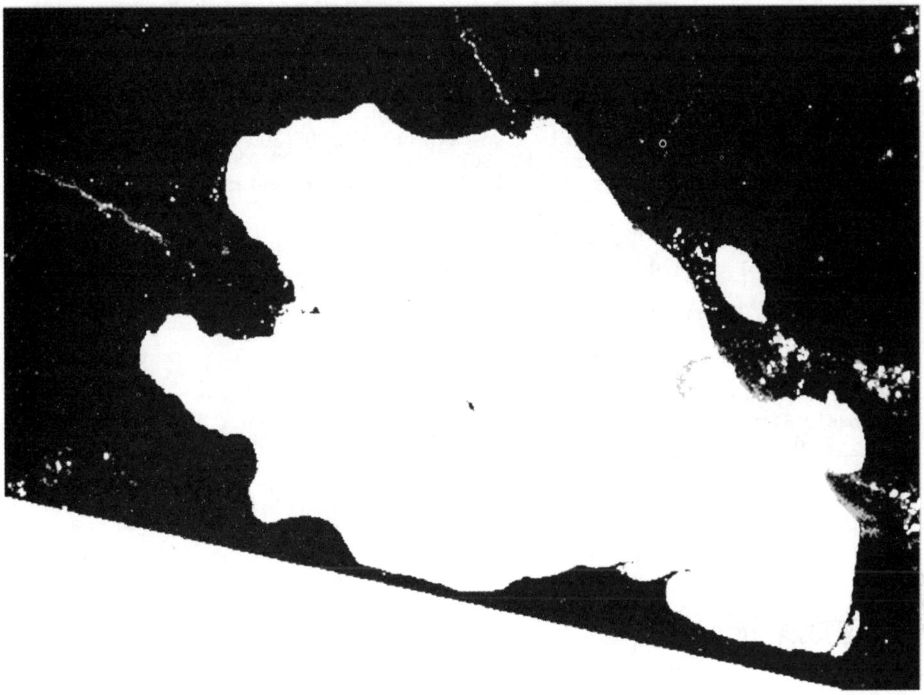

图 7-22 缨帽变换法水体信息提取结果

(2) 在【Toolbox】中，双击【Classification】→【Post Classification】→【Class Statistics】，在弹出的对话框中选中刚刚导出的文件名，单击【OK】按钮，在随后弹出的【Class Selection】对话框中（见图 7-23），选中 3 个区间，单击【OK】，在随后弹出的【Compute Statistics Parameters】界面，选中【Output to a Text Report File】复选框，选择导出的文本文件的保存路径及文件名，单击【OK】按钮，得到类别统计结果，见图 7-24。

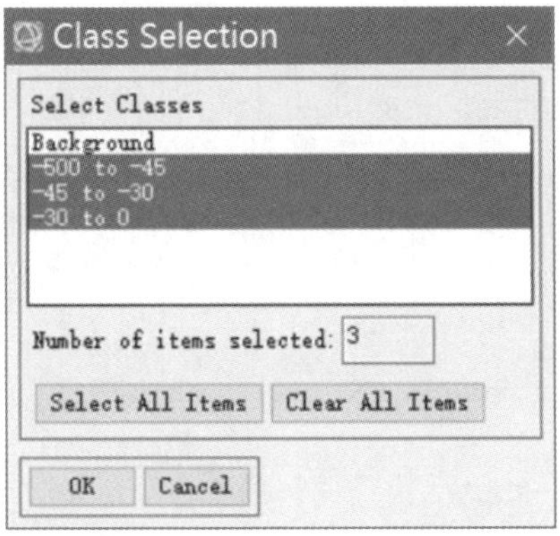

图 7-23 【Class Selection】操作界面

```
fed_class_report.txt ×
Filename: E:\20210314\fed
Dims: Full Scene (9,840,000 points)

Class Distribution Summary
-500 to -45: 2,569,117 points (66.904%) (10,612,205,300.0000 Meters?
-45 to -30: 1,050,747 points (27.363%) (4,345,672,300.0000 Meters?
-30 to 0: 220,136 points (5.733%) (798,122,400.0000 Meters?

Stats for Class: -500 to -45
Basic Stats          Min            Max            Mean           Stdev
     Band 1     1.000000       1.000000       1.000000       0.000000

Stats for Class: -45 to -30
Basic Stats          Min            Max            Mean           Stdev
     Band 1     2.000000       2.000000       2.000000       0.000000

Stats for Class: -30 to 0
Basic Stats          Min            Max            Mean           Stdev
     Band 1     3.000000       3.000000       3.000000       0.000000
```

图 7-24　缨帽变换法水体提取类别统计结果

7.5　实验成果提交

上机实习报告一份，上机实习的具体操作步骤(含中间结果)一份，实习操作步骤及中间结果用 Word 文档格式保存。

实习成果以“专业＋班级＋姓名＋‘_’＋实习序号＋.rar”命名，“.rar”为电子文档的扩展名。

实习成果命名示例：地科 1901 王小明_实习 7.rar。

根据本次实验内容，结合日常生活中水体信息基本特征，说说你对水体信息提取方法的认识，总结水体的光谱特征，简要说明本次实验的收获。

实验 8　湖泊信息提取

8.1　实验目的

（1）了解湖泊水体光谱的特征曲线，能应用遥感图像处理软件进行湖泊水体波谱差异性分析。

（2）掌握湖泊水体提取的常用方法，能够使用 ENVI 软件进行湖泊水体信息提取。

8.2　实验内容

（1）掌握不同地物波谱曲线的变化特征，因为不同类型的地物对一定波长的电磁波表现出不同的反射特性，地物反射电磁波特性在遥感影像上的定量表现就是 TOA 反射率。

（2）掌握各种湖泊提取方法。

8.3　实验要求

根据青海省某市的区域遥感数据，完成下列分析：

（1）利用湖泊提取方法提取试验区的湖泊。

（2）运用混淆矩阵法验证湖泊提取的精度。

（3）利用其他湖泊提取方法进行对比。

8.4　实验步骤

8.4.1　实验区简介

实验区位于青海省海西州德令哈市，隶属德令哈市管辖，是青海省海西蒙古族藏族自治州政府所在地，平均海拔 3 000 m。实验区内的德令哈市是青海省连接甘肃、新疆及西藏等西部地区的重要枢纽。区内可鲁克湖位于德令哈市西北 30 公里处巴音河下游，为巴音河最大的流通湖；托素湖位于可鲁克湖的下游，面积约 180 km^2，平均湖水深度 14～15 m，要通过两湖之间的连通湖接受可鲁克湖的补给；尕海湖是位于德令哈市区西南部的一个构造湖，平均水深 6～8 m，湖水容量 2.5×10^8 m^3，属于盐湖。实验区位置示意图见图 8-1。

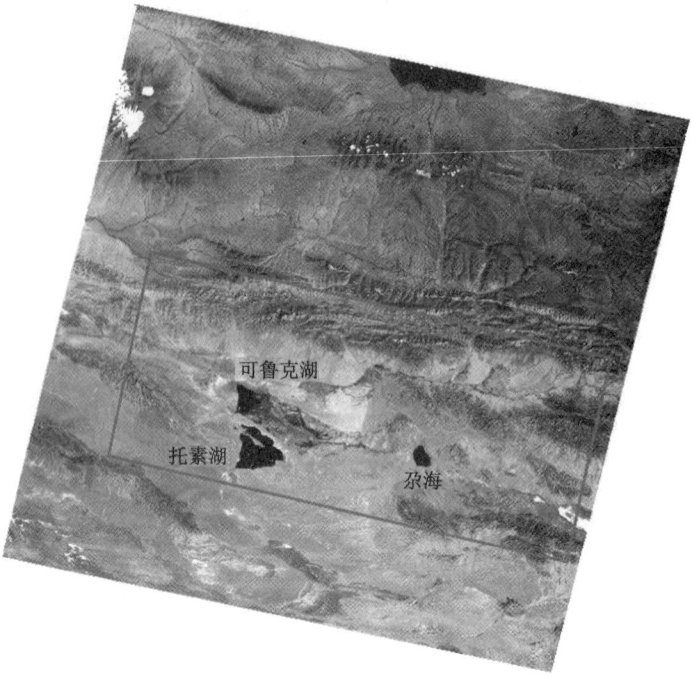

图 8-1　实验区位置示意图

8.4.2　实验原理与实验数据

8.4.2.1　实验原理

(1) 不同地物类型的不同波谱反射率

不同类型的地物对一定波长的电磁波表现出不同的反射特性，地物反射电磁波特性在遥感影像上的定量表现就是 TOA 反射率，通常用波谱曲线来刻画地物对不同波段的 TOA 反射率表现。根据不同地物 TOA 反射率的差异构建模型，即通过增强目标地物、抑制非目标地物的方式，将目标地物与其他地物区分开。基于上述思路，在可鲁克湖周边区域，选择对湖泊水体信息提取干扰较大的沼泽湿地、冰雪、阴影、裸地、建筑物等 5 类典型地物，通过样本点获取其在不同波段上的 TOA 反射率，分别求取其平均 TOA 反射率，以波段为横坐标，TOA 反射率为纵坐标，绘制 5 类典型地物和湖泊水体的波谱曲线(图 8-2)。从地物波谱曲线变化图中可以看出：湖泊在蓝、绿波段反射率明显高于其余波段；湖泊是唯一一类波谱曲线整体呈下降趋势的地物，且 TOA 反射率在近红外、中红外波段接近 0.1。

(2) 根据波段反射率选取湖泊提取方法

可以根据 TOA 反射率来区分湖泊水体和其他地物。对于清水，在 Blue-Green 波段反射率为 4%～5%，波长 0.6 μm 以下的 Red 波段反射率降到 2%～3%，在 NIR 波段几乎吸收全部的入射能量。对于柴达木盆地的湖水，随着悬浮物浓度的增加，与清水相比，反射率数值会受到一定的影响，但整体的反射率峰值仍然处于 Blue、Green 波段范围内，且反射率随波长的增加而减小。基于此，对研究区采样结果，取 TOA 反射率，执行(Blue＋Green－Red－NIR－SWIR1－SWIR2)运算，结果表明，湖泊水体中所有湖泊的样本点 TOA 反射率运算结果均大于

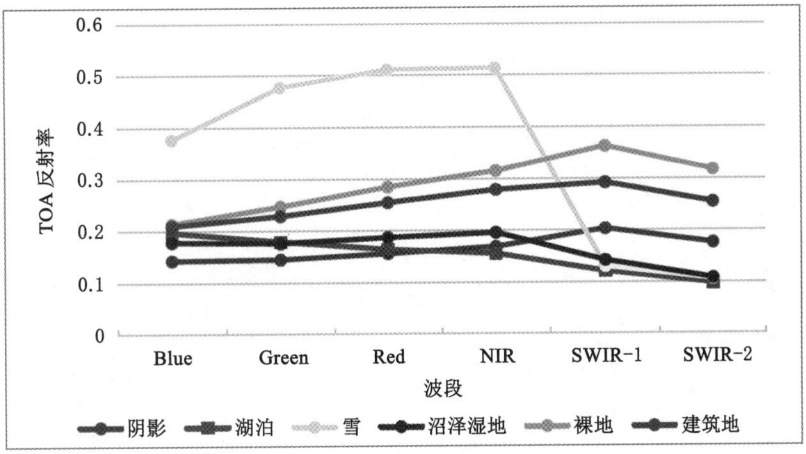

图 8-2 实验区地物的波谱曲线

0,而几乎所有的其他地物样本点表现出相反的运算结果。由此可以初步得出以下结论:采用(Blue+Green−Red−NIR−SWIR1−SWIR2)运算可以将湖泊水体信息增强为大于 0 的值,将其他非水体信息抑制为小于 0 的值。据此,提出了基于 Landsat 系列卫星影像的湖泊水体信息提取模型——湖泊水体差分模型(Lake Water Differential Model,LWDM)。

8.4.2.2 实验数据

选取的遥感数据为德令哈市 2000 年的 Landsat 5 的数据,该影像数据各个波段信息如表 8-1 所示。

表 8-1 Landsat 5 各波段信息

波段编号	波长范围/μm	波段名称
1	0.45～0.52	Blue
2	0.52～0.60	Green
3	0.63～0.69	Red
4	0.76～0.90	Near IR
5	1.55～1.75	SW IR1
6	10.40～12.50	LW IR
7	2.08～2.35	SW IR2

8.4.3 实验步骤

8.4.3.1 湖泊水体差分模型(湖泊提取)

要先针对实验数据进行相应的预处理操作,即首先利用 ENVI 工具箱中的【Radiometric Calibration】进行辐射定标操作,辐射定标后对该数据直接进行 FLAASH 大气校正,即利用【Atmospheric Correction Module】→【FLAASH Atmospheric Correction】工具,设置相应的参数,对辐射定标数据做大气校正。

使用经过预处理之后的影像数据利用湖泊水体差分模型做湖泊提取。在 ENVI 中打开工具【Band Math】并输入公式:(b1+b2−b3−b4−b5−b6)(如图 8-3 所示),式中 b1、b2、b3、b4、 b5、b6 分别为 Landsat 的蓝、绿、红、近红外、短波红外 1、短波红外 2 波段(见图 8-4)。选取好公式对应的各个波段之后,对影像数据进行运算,得出如图 8-5 所示的水体差分模型结果图。

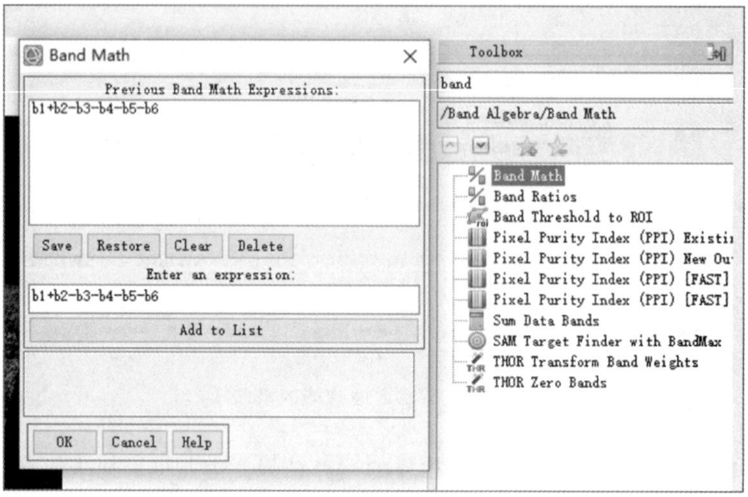

图 8-3 ENVI Band Math 工具及公式

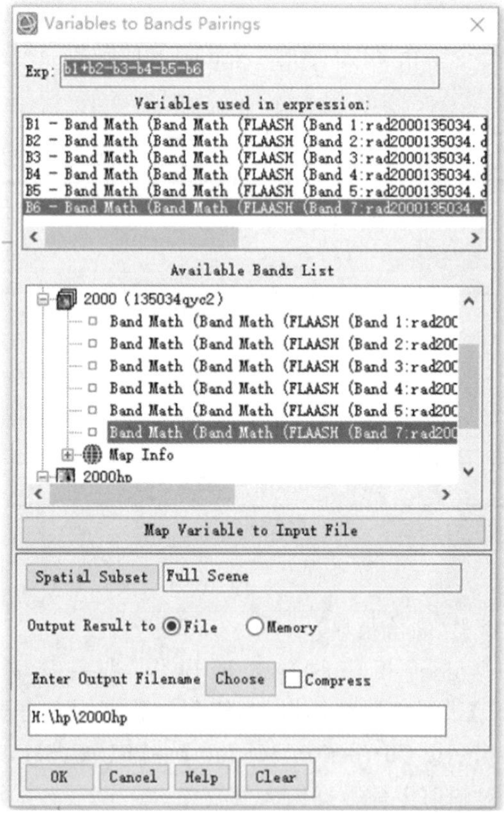

图 8-4 波段选择操作界面

图 8-5　水体差分模型结果图

8.4.3.2　区分湖泊与非湖泊

(1) 在菜单栏中依次选择【Classification】→【Decision Tree】→【Build New Decision Tree】,得到如图 8-6 所示界面,根据决策树分类规则,建立新的决策树,区分实验区内湖泊与非湖泊。

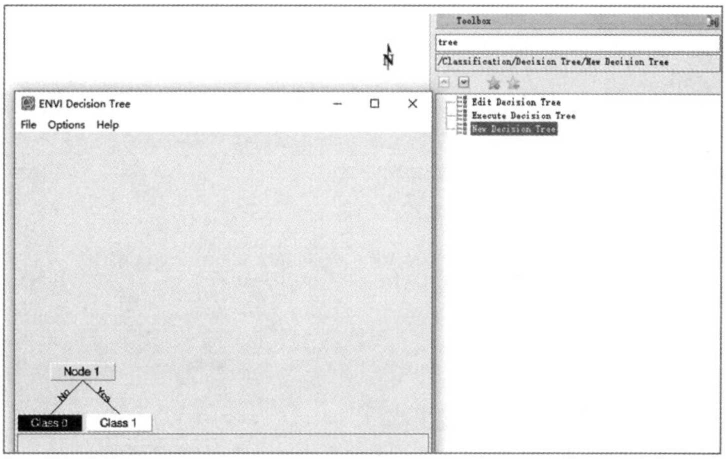

图 8-6　决策树分类界面

(2) 在新建的决策树的界面中点击【Node1】,在该窗口的【Name】中输入相应的名称,同时在【Expression】中输入计算公式:(b1 GT 0)(不同的计算公式可能选择不同的区分阈值)(图 8-7),点击【OK】之后,出现图 8-8 所示界面,选择 8.4.3.1 的结果作为 b1 的波段输入值。接着在【ENVI Decision Tree】中点击【Options】→【Execute】(图 8-9 左侧)进行运算,最后在【Decision Tree Execution Parameters】(图 8-9 右侧)中输出决策树分类结果(如图 8-10 所示),结果图中湖泊为白色,其余黑色部分为非湖泊。

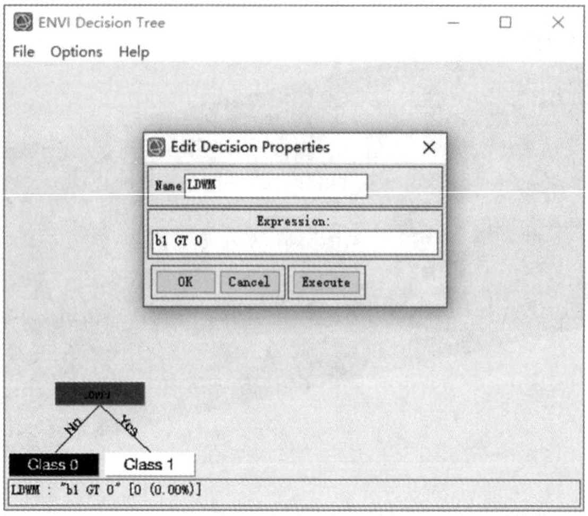

图 8-7　决策树公式输入窗口

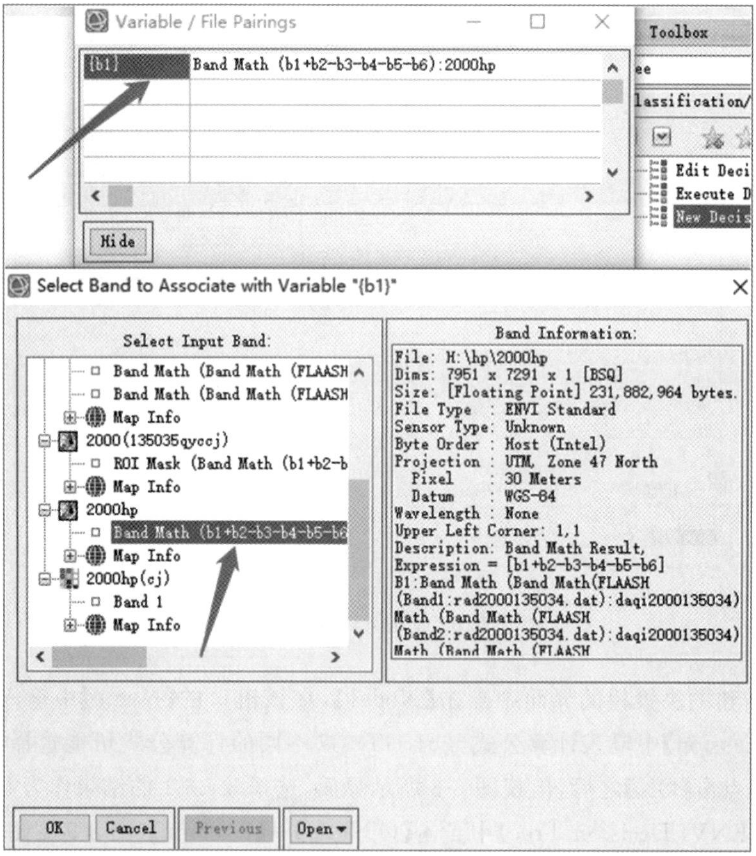

图 8-8　b1 输入窗口

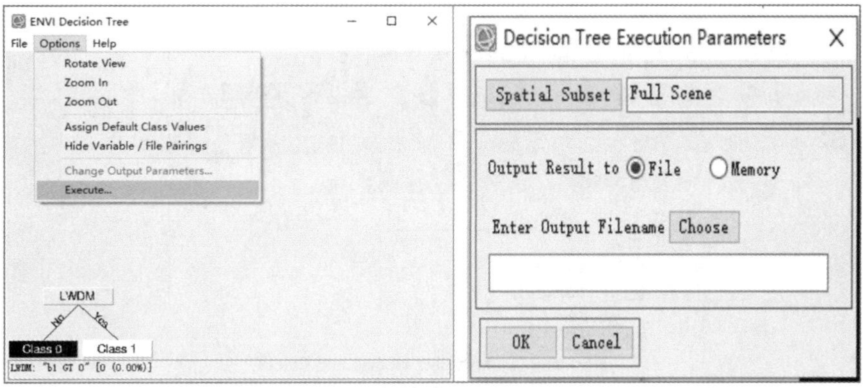

图 8-9　决策树运算输入窗口

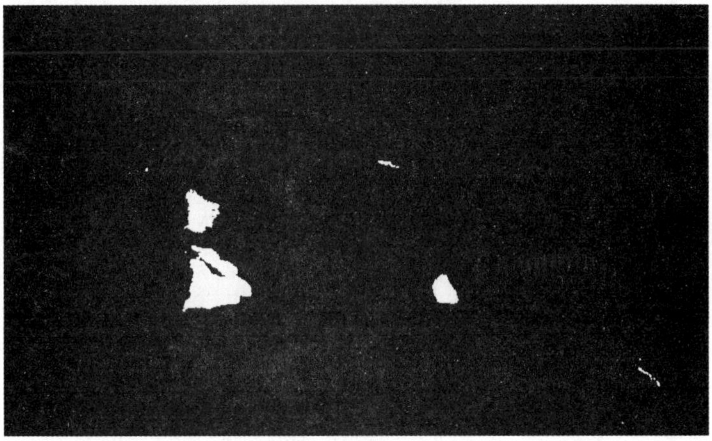

图 8-10　决策树分类结果

8.4.3.3　分类结果统计

在图层管理器中(见图 8-11)右键选择分类结果中的【Statistics for All Classes】,统计决策树的分类结果,统计湖泊与非湖泊占据研究区的比例,结果如图 8-12 所示,非湖泊占比为 98.775 1%,湖泊占比为 1.224 9%。面积可根据相应的比例与实验区总面积的乘积或者由像素值计算。

8.4.3.4　验证湖泊提取精度

(1) 利用其他湖泊提取模型做数据验证

利用实验数据,基于 NDWI(水体提取模型),先在菜单栏中依次选择:【Basic Tools】→【Band Math】,然后在【Enter an expression】中输入表达式:(float(b2)－float(b4))/(b2＋b4),b2 表示绿波段,b4 表示近红外波段。其余步骤与水体差分模型一致(阈值为 0.2),结果如图 8-13 所示。

(2) 混淆矩阵计算

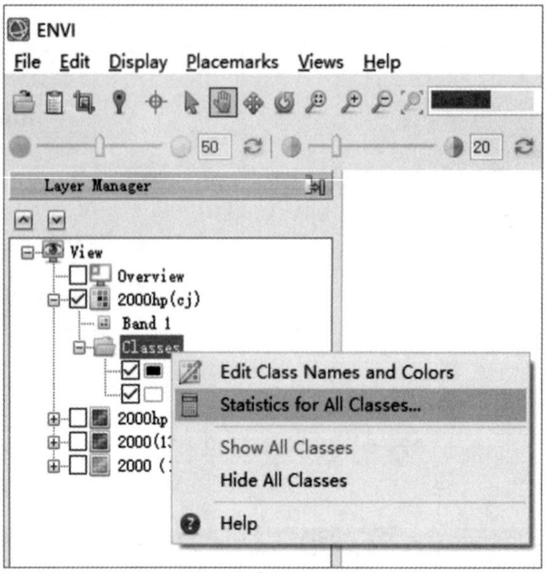

图 8-11　分类结果统计

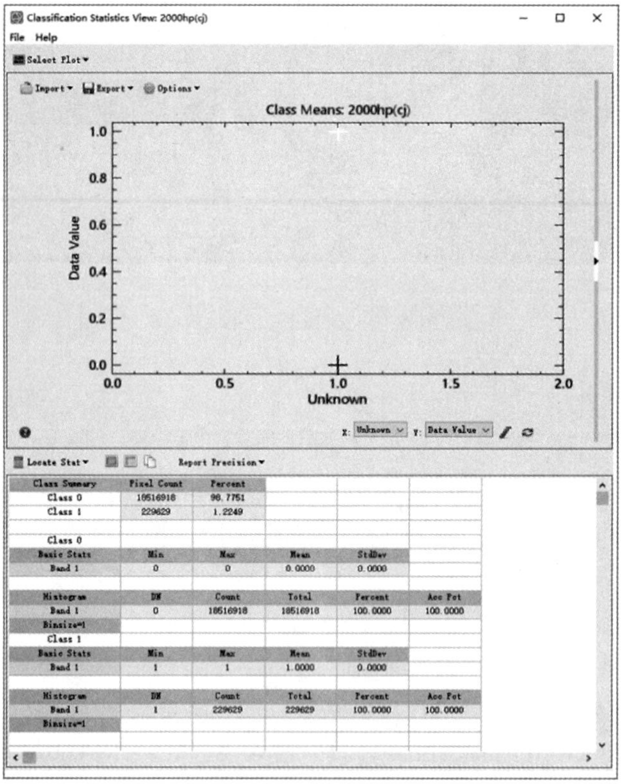

图 8-12　湖泊分类占比

图 8-13　NDWI 结果图

此步骤使用 ENVI 5.3 提供的【Thematic Change Workflow】工具完成，详细步骤如下：

① 打开 ENVI 5.3 工具箱，点击【Change Detection】→【Thematic Change Workflow】，见图 8-14。

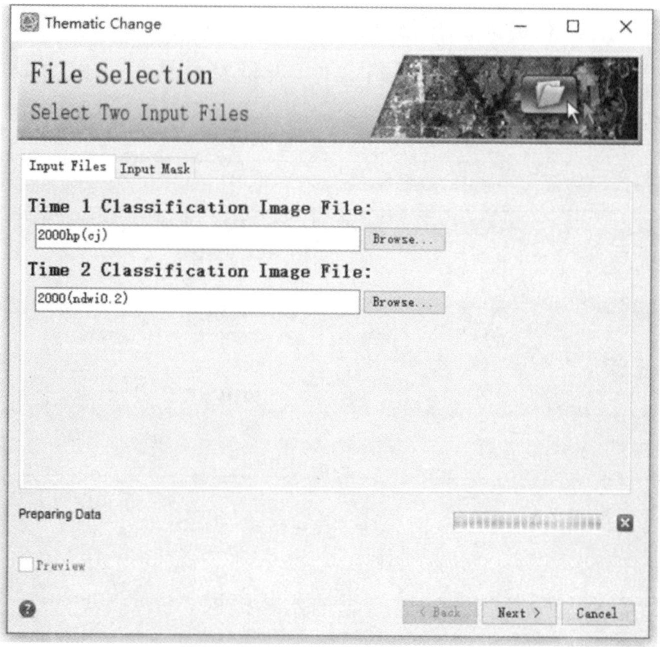

图 8-14　混淆矩阵输入窗口

② 选择输入数据。【Time 1】选择 2000 年湖泊水体差分模型分类结果，【Time 2】选择 2000 年水体提取模型分类结果。点击【Next】。

注意：同时可以设定掩膜文件和重投影算法。

③ 勾选【Only Include Areas That Have Changed】，只得到有变化的区域，同时可以预

览结果。点击【Next】,结果见图 8-15。

图 8-15 对比结果

④ 平滑和聚合。根据需要进行参数设置,同时可以进行预览。点击【Next】。

⑤ 结果输出。可以选择输出变化栅格文件、矢量文件和变化统计结果。根据图 8-16 占比情况可知,分类精度符合标准要求。

Locate Stat ▾ Report Precision ▾

Basic Stats	Min	Max	Mean	StdDev	
Band 1	0	2	0.0004	0.0192	
Histogram	DN	Count	Total	Percent	Acc Pct
Band 1	0	18739731	18739731	99.9636	99.9636
Binsize=1	1	6777	18746508	0.0362	99.9998
	2	39	18746547	0.0002	100.0000

图 8-16 占比情况

注意:实验中可根据其他任何方法进行湖泊水体提取。

8.5 实验成果提交

上机实习报告一份,上机实习的具体操作步骤(含中间结果)一份,实习操作步骤及中间结果用 Word 文档格式保存。

实习成果以"专业+班级+姓名+'_'+实习序号+.rar"命名,".rar"为电子文档的扩展名。

实习成果命名示例:地科 1901 王小明_实习 8.rar。

实验9　土壤侵蚀信息提取

9.1　实验目的

(1) 掌握基于遥感图像提取土壤侵蚀信息的基本原理。

(2) 掌握遥感土壤侵蚀信息增强和提取的方法。

9.2　实验内容

(1) 采用不同方法提取各个侵蚀因子信息。

(2) 采用修正的通用土壤流失方程提取实验区土壤侵蚀信息。

9.3　实验要求

根据黄河流域河南段的降雨、土壤、DEM、植被和土地利用类型数据，完成下列分析：

(1) 利用多源数据提取各个侵蚀力因子的信息。

(2) 利用修正的通用土壤流失方程提取实验区土壤侵蚀信息。

9.4　实验步骤

9.4.1　实验区简介

黄河流域河南段介于北纬34°46′～35°00′，东经110°21′～113°30′之间，黄河自陕西潼关进入河南省，由河南省郑州市桃花峪进入黄河流域下游地区，从濮阳市台前县流入山东地区。在河南省内流经三门峡、洛阳、济源、郑州、焦作、新乡、开封、安阳、濮阳等9个省辖市28个县(市、区)，其保护和受益地区涉及河南省13个省辖市105个县(市、区)，面积达9.6万 km^2，占全省面积的57%。

9.4.2　实验原理与实验数据

9.4.2.1　实验原理

土壤侵蚀指土壤及其母质在水力、风力、冻融或重力等外营力作用下，被破坏、剥蚀、搬运和沉积的过程。土壤在外营力作用下产生位移的物质量，称土壤侵蚀量。单位面积单位时间内的土壤侵蚀量称为土壤侵蚀模数(或土壤侵蚀速率)。根据外营力的种类，土壤侵蚀可以划分为水力侵蚀、风力侵蚀、重力侵蚀等多种侵蚀类型，本部分主要介绍水力侵蚀，即水土流失信息的提取。水力侵蚀或流水侵蚀指由降雨及径流引起的土壤侵蚀，简称水蚀。影响土壤侵蚀的因素分为自然因素和人为因素。自然因素是水土流失发生、发展的先决条件，或者叫潜在因素，人为因素则是加剧水土流失的主要原因。自然因素主要包括降雨、地形、土壤、植被等。人为因素如植被破坏（如滥垦、滥伐、滥牧等）和坡耕地垦殖（如陡坡开荒、顺坡耕作等）过少，或由于开矿、修路未采取必要的预防措施等，都会加剧水土流失。

提取土壤侵蚀信息的常用方法主要为修正的通用土壤流失方程 RUSLE，公式为：

$$A = R \times K \times S \times L \times C \times P \tag{9-1}$$

式中，A 为土壤侵蚀模数，即单位面积上的年平均土壤侵蚀量，国际单位为 $t/(hm^2 \cdot a)$，应转化为我国的常用单位 $t/(km^2 \cdot a)$；R 为降雨侵蚀力因子，国际单位为 $(MJ \cdot mm)/(hm^2 \cdot h \cdot a)$；$K$ 为土壤可蚀性因子，国际单位为 $(t \cdot h)/(MJ \cdot mm)$；$S$、$L$、$C$、$P$ 均为无量纲因子，分别为坡度因子、坡长因子、植被覆盖管理因子和水土保持措施因子。

（1）降雨侵蚀力因子 R

降雨侵蚀力因子 R 反映了降雨对土壤侵蚀的潜在作用。

$$R = \sum_{i=1}^{12} 17.02 \times 1.735 \times 10^{1.5\lg\frac{M_i^2}{M} - 0.8188} \tag{9-2}$$

式中，M_i 为月降雨量，单位为 mm；M 为年降雨量，单位为 mm；R 为年降雨侵蚀力。

（2）土壤可蚀性因子 K

土壤可蚀性因子 K 反映各类型土壤被降雨和地表径流冲蚀和搬运的难易程度。

$$K_{EPIC} = \left\{0.2 + 0.3\exp\left[-0.0256\mathrm{SAN}\left(1 - \frac{\mathrm{SIL}}{100}\right)\right]\right\} \times \left(\frac{\mathrm{SIL}}{\mathrm{CLA} + \mathrm{SIL}}\right)^{0.3} \times \left(1.0 - \frac{0.25C_1}{C_1 + \exp(3.72 - 2.95C_1)}\right) \times \left(1.0 - \frac{0.7\mathrm{SN}}{\mathrm{SN} + \exp(22.9\mathrm{SN} - 5.51)}\right) \tag{9-3}$$

$$K = (-0.01383 + 0.51575K_{EPIC}) \times 0.1317 \tag{9-4}$$

式中，SAN 为土壤的砂粒含量，SIL 为粉砂含量，CLA 为黏粒含量，C_1 为有机碳含量，SN＝1－SAN/100，上述含量值均为百分数，K 为土壤可蚀性因子。该数据来源于联合国粮农组织（FAO）和维也纳国际应用系统研究所（IIASA）所构建的世界土壤数据库（HWSD）（v1.1），其中的中国土壤数据源为第二次全国土地调查南京土壤所所提供的 1∶100 万土壤数据。

（3）坡长因子 L 和坡度因子 S

坡长因子 L 和坡度因子 S 主要用来反映地形地貌对土壤侵蚀的作用，实际上表示某种地形地貌下，地表径流和降雨对土壤侵蚀的影响。

坡度因子 S 可表示为：

$$S = \begin{cases} 10.80\sin\theta + 0.03, & \theta < 5^\circ \\ 16.88\sin\theta - 0.50, & 5^\circ \leqslant \theta < 10^\circ \\ 21.91\sin\theta - 0.96, & \theta \geqslant 10^\circ \end{cases} \tag{9-5}$$

式中，S 代表坡度因子；θ 代表坡度。

坡长因子 L 可表示为：

$$\lambda = \text{Flowacc} \times \text{cell size} \tag{9-6}$$

$$\begin{aligned} m &= 0.5 & \theta &> 5^\circ \\ m &= 0.4 & 3^\circ &< \theta \leqslant 5^\circ \\ m &= 0.3 & 1^\circ &< \theta \leqslant 3^\circ \\ m &= 0.2 & \theta &\leqslant 1^\circ \end{aligned}$$

$$L = \left(\frac{\lambda}{22.13}\right)^m \tag{9-7}$$

式中，cell size 为像元大小，Flowacc 为汇流累积量，L 为坡长因子，λ 为坡长（单位为 m），22.13为标准小区坡长（单位为 m），m 为坡长因子指数，θ 为坡度。

（4）植被覆盖管理因子 C

植被覆盖管理因子 C 反映的是植被覆盖对土壤侵蚀的阻碍或改善作用，植被覆盖度越大，对土壤侵蚀的阻碍作用力越大，C 值越小。

$$C = \begin{cases} 1, & 0 \leqslant \text{VFC} < 9.6\% \\ 0.608\,8 - 0.343\,6, & 9.6\% \leqslant \text{VFC} < 78.3\% \\ 0, & \text{VFC} \geqslant 78.3\% \end{cases} \tag{9-8}$$

式中，C 为植被覆盖管理因子，VFC 为植被覆盖度。

（5）水土保持措施因子 P

水土保持措施因子 P 是在相同条件下，采取水土保持措施后地表的土壤流失量与未采取水土保持措施的地表的土壤流失量之间的比值，不同土地利用类型的 P 因子见表 9-1。

表 9-1　不同土地利用类型的 *P* 因子

土地利用类型	林地	草地	耕地	建设用地	未利用地	水域
P 因子	1	0.8	0.5	0	1	0

9.4.2.2　实验数据

（1）黄河流域河南段的矢量数据、DEM 数据、土壤数据。

（2）2019 年夏季黄河流域河南段的 Landsat 8 OLI 影像数据（已做过辐射定标与大气校正）。

（3）2019 年黄河流域河南段气象站点的月降雨量和年降雨量数据。

9.4.3　实验步骤

9.4.3.1　利用多源数据提取各个侵蚀力因子的信息

1. 降雨侵蚀力因子

（1）Excel 计算

在 Excel 中将实验区多个气象站点的月降雨量和年降雨量数据根据式（9-2）进行计算，得到研究区各个气象站点的降雨侵蚀力（见图 9-1）。

A	B	C	Y
LOCATION	X	Y	2019
53978	112.633	35.083	5031.312
57083	113.65	34.717	5271.144
57051	111.2	34.8	1917.732
54900	115.017	35.7	4643.48
53982	113.267	35.233	1174.407
53986	113.883	35.317	1410.485
53898	114.13	36.05	1461.955
57091	114.3	34.783	2261.54
57071	112.433	34.817	3385.798
53974	114.183	35.617	3188.83
53992	114.517	35.65	3002.95
53995	114.5	35.55	2856.083
57067	111.033	34.05	3338.445
57162	112.083	34.15	2307.095

图 9-1　降雨侵蚀力计算结果

(2) ArcGIS 插值

在 ArcGIS 中将图 9-1 所示计算结果表创建成点文件。利用 ArcGIS 软件的反距离权重法插值点击【工具箱】→【Spatial Analyst Tools】→【插值分析】→【反距离权重法】进行运算，得到研究区降雨侵蚀力的栅格数据插值结果(见图 9-2)。

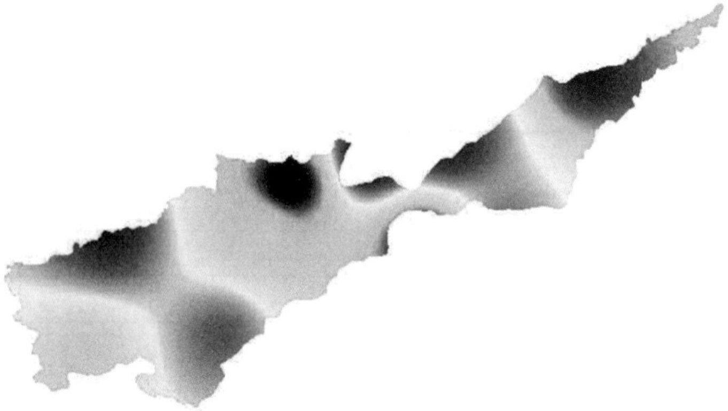

图 9-2　降雨侵蚀力插值结果图

2. 土壤可蚀性因子

在 ENVI 中，利用实验区的 sand 数据计算出 sn，在【Band math】中输入公式：(float(b1)/100)，输出为“sn.tif”。再次打开【Band Math】，输入公式：

{0.131 7 * (−0.013 83+0.515 75 * (0.2+0.3 * (exp(−0.025 6 * float(b1) * (1−float(b2)/100.0)))) * ((float(b2)/(float(b2)+float(b3)))^(0.3)) * (1−0.25 * float(b4)/(float(b4)+(exp(3.72−2.95 * float(b4))))) * (1−0.7 * float(b5)/(float(b5)+(exp(−5.51+22.9 * float(b5))))))}，B1 选择【sand】，B2 选择【silt】，B3 选择【clay】，B4 选择【OC】，B5 选择【sn】，输出为“K.dat”，在 ENVI 中将“K.dat”转换成“K.tif”，点击【File】→【Save as】

→【Save as (ENVI,NITF,TIFF,DTED)】,选择存为“TIFF”格式(见图 9-3)。

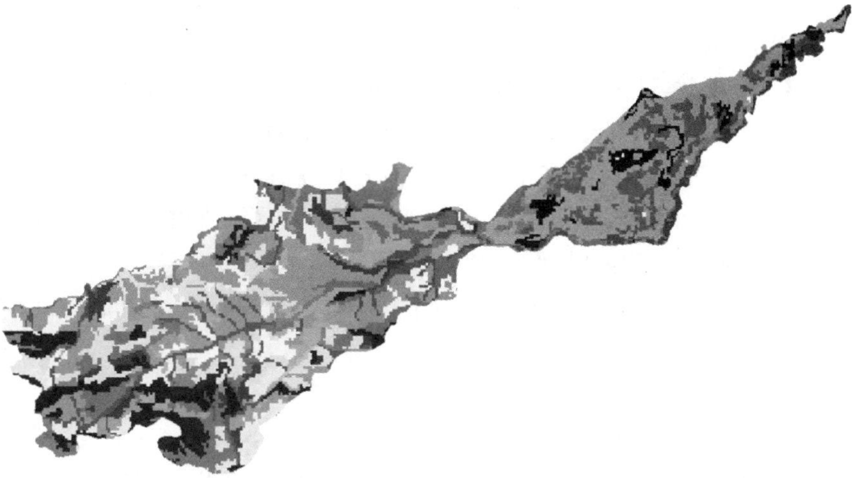

图 9-3　土壤可蚀性因子结果图

3. 坡度坡长因子

(1) 坡度因子

将 DEM 数据导入 ArcGIS,点击【工具箱】→【Spatial Analyst Tools】→【表面分析】→【坡度】,得到实验区的坡度图“SLOPE.tif”。点击【工具箱】→【Spatial Analyst Tools】→【地图代数】→【栅格计算器】,输入公式:

{Con("SLOPE.tif"<5,10.8 * Sin("SLOPE.tif" * 3.141 592 6/180)+0.036,Con("SLOPE.tif"<10,16.8 * Sin("SLOPE.tif" * 3.141 592 6/180)-0.05,21.9 * Sin("SLOPE.tif" * 3.141 592 6/180)-0.96))},输出栅格数据“S.tif”(见图 9-4)。

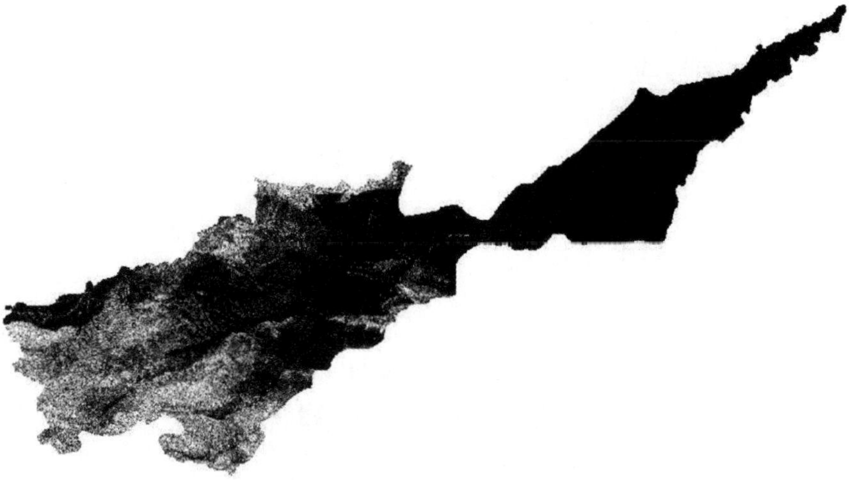

图 9-4　坡度因子结果图

(2) 坡长因子

将 DEM 数据导入 ArcGIS,点击【工具箱】→【Spatial Analyst Tools】→【水文分析】→【填洼】,输入 DEM,得到“填洼后的 DEM 图”。点击【工具箱】→【Spatial Analyst Tools】→【水文分析】→【流向】,输入“填洼后的 DEM 图”,输出流向图“Flow Direction.tif”。点击【工具箱】→【Spatial Analyst Tools】→【水文分析】→【流量】,输入流向图“Flow Direction.tif”,输出流量图“Flow Accumulation.tif”。点击【工具箱】→【Spatial Analyst Tools】→【地图代数】→【栅格计算器】,输入:("Flow Accumulation.tif" * 30)(30 为栅格数据像元大小,根据实际情况定),得到实验区的坡长图“A.tif”。

将坡度图“SLOPE.tif”导入 ArcGIS,点击【工具箱】→【Spatial Analyst Tools】→【地图代数】→【栅格计算器】,输入:

{Con("SLOPE.tif"<=1,0.2,Con("SLOPE.tif"<=3,0.3,Con("SLOPE.tif"<=5,0.4,0.5)))},得到坡长指数图“m.tif”。

点击【工具箱】→【Spatial Analyst Tools】→【地图代数】→【栅格计算器】,输入:("A.tif"/22.13),得到“B.tif”。点击【工具箱】→【Spatial Analyst Tools】→【地图代数】→【栅格计算器】,输入:{power(B.tif,m.tif)},得到实验区坡长因子图“L.tif”(见图 9-5)。

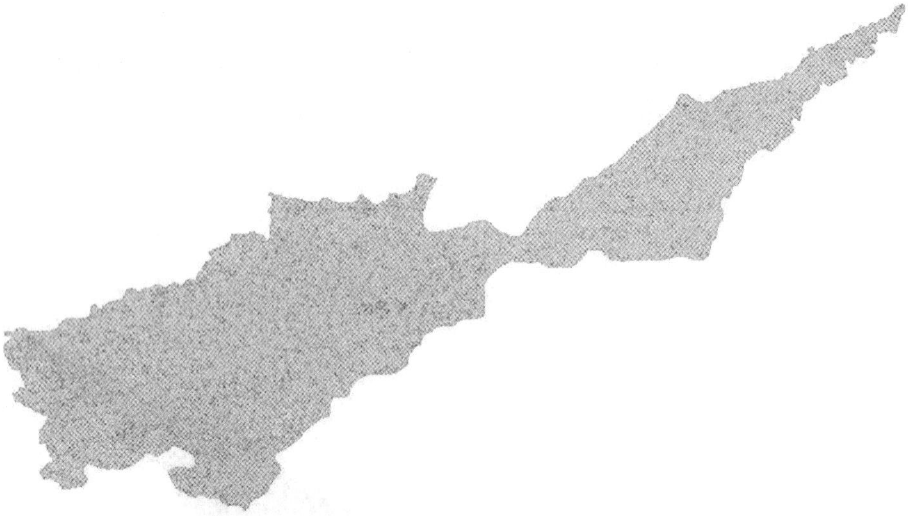

图 9-5 坡长因子结果图

4. 植被覆盖管理因子

根据植被信息提取实验中得到的植被覆盖度(VFC.dat)进行计算。在 ENVI 中将“VFC.dat”转换成“VFC.tif”,点击【File】→【Save as】→【Save as (ENVI, NITF, TIFF, DTED)】,选择转存为 TIFF 格式文件,见图 9-6。

将“VFC.tif”导入 ArcGIS,点击【工具箱】→【Spatial Analyst Tools】→【地图代数】→【栅格计算器】,输入:

{Con("VFC.tif"<=0.096,1,Con("VFC.tif"<=0.783,0.6508-0.3436 * Log10

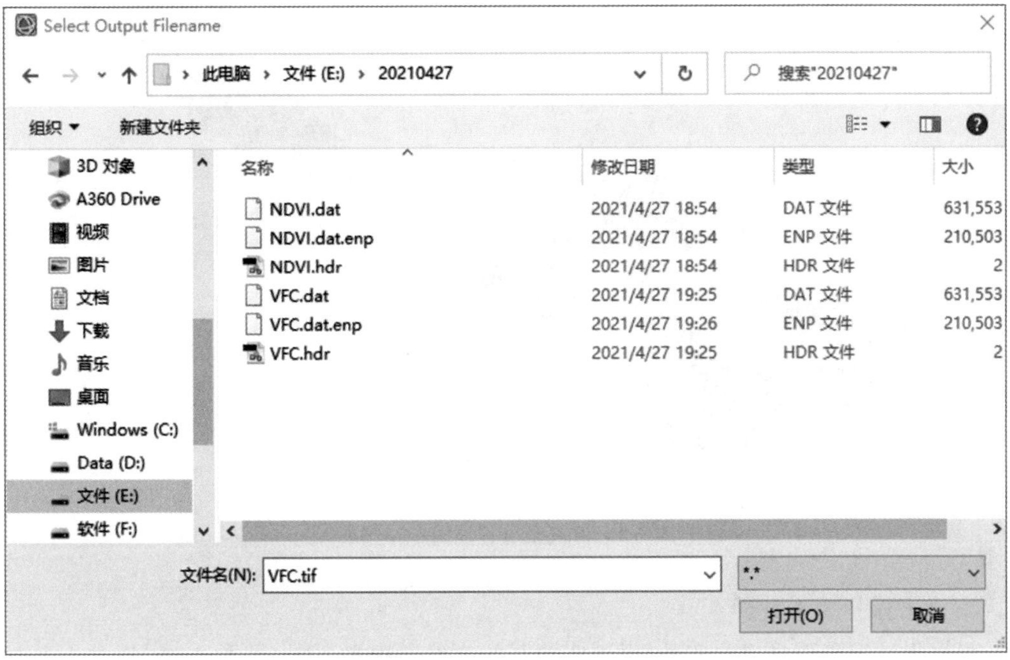

图 9-6　转存为 TIFF 格式文件

("VFC.tif"),0))},输出栅格数据“C.tif”及其结果(见图 9-7 和图 9-8)。

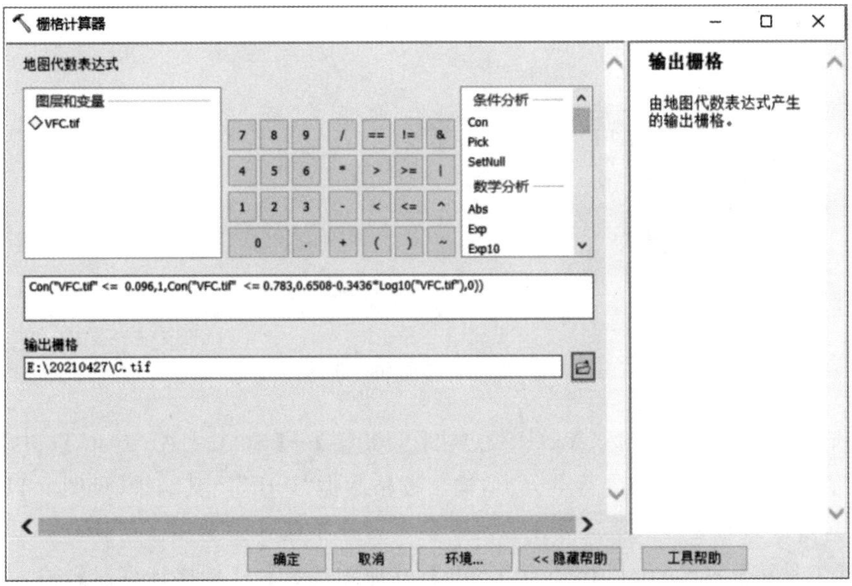

图 9-7　输出栅格数据“C.tif”

图 9-8　植被覆盖管理因子结果图

5. 水土保持措施因子

根据土地覆盖信息提取实验,得到实验区的土地利用类型图(见图 9-9),分为 6 个一级类别,分别为:林地 1,草地 2,耕地 3,建筑用地 4,未利用地 5,水系 6。

图 9-9　土地利用类型图

将土地利用类型数据导入 ArcGIS,点击【工具箱】→【Spatial Analyst Tools】→【重分类】,按赋值要求(见图 9-10)进行重分类,输出栅格数据“P.tif”及其结果(见图 9-11)。

9.4.3.2　利用修正的通用土壤流失方程提取实验区土壤侵蚀信息

点击【工具箱】→【Spatial Analyst Tools】→【地图代数】→【栅格计算器】,输入:("R.tif" * "K.tif" * "L.tif" * "S.tif" * "C.tif" * "P.tif"),即可得到实验区的土壤侵蚀模数图(见图 9-12)。

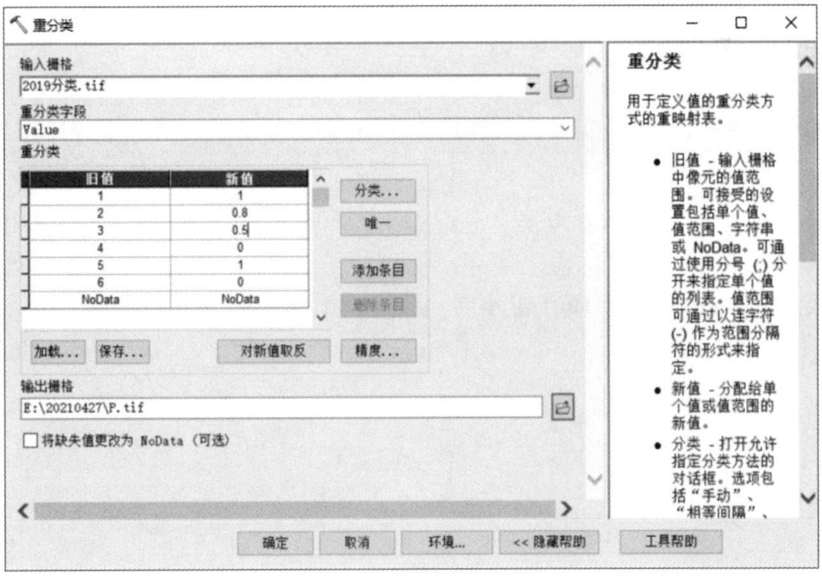

图 9-10　水土保持措施因子赋值

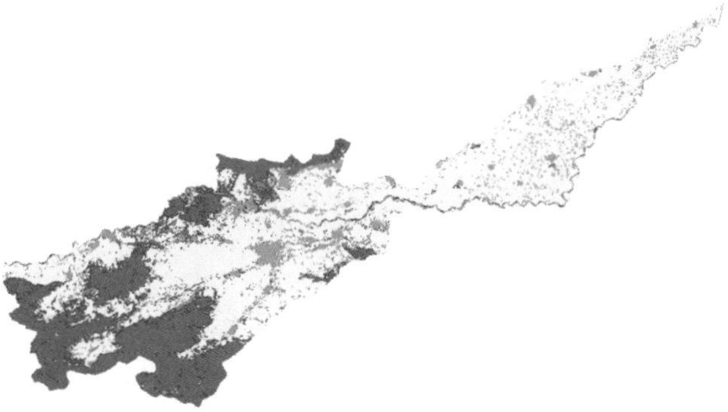

图 9-11　水土保持措施因子结果图

图 9-12　土壤侵蚀模数图

9.5 实验成果提交

上机实习报告一份，上机实习的具体操作步骤(含中间结果)一份，实习操作步骤及中间结果用 Word 文档格式保存。

实习成果以“专业+班级+姓名+‘_’+实习序号+.rar”命名，“.rar”为电子文档的扩展名。

实习成果命名示例：地科 1901 王小明_实习 9.rar。

实验 10 滑坡遥感识别

10.1 实验目的

(1) 熟练掌握滑坡遥感识别方法。

(2) 采用 DEM 数据排除道路、村庄等对滑坡识别的干扰。

10.2 实验内容

(1) 对滑坡进行遥感初步识别。

(2) 对遥感初步识别的滑坡进行去干扰操作。

10.3 实验要求

根据实验区域的高空间分辨率遥感影像与 DEM 数据,完成下列分析:

(1) 运用支持向量机(SVM)对实验区域的滑坡进行遥感初步识别。

(2) 在遥感自动识别滑坡的基础上,运用 DEM 数据精确识别滑坡区域。

10.4 实验步骤

10.4.1 实验区简介

2018 年 10 月 10 日 22 时许,四川甘孜白玉县与西藏昌都江达县交界处的白格村北发生 1 处山体滑坡,滑坡位于金沙江右岸(北纬 31°04′53.21″、东经 98°42′14.1″),滑坡堆积体堵塞金沙江并形成堰塞湖,10 月 12 日堰塞湖开始自然泄流,至 13 日全部泄流完成,险情得以解除。同年 11 月 3 日 17 时 40 分,白格滑坡后缘再次滑动,堵塞了泄流槽,形成了规模更大的堰塞湖,比第一次堰塞坝最大高程还高出 50 m,后经人工干预、开挖导流槽疏通,堰塞体提前泄流,但溃坝洪水仍对滑坡下游的村庄、农田、公路、桥梁等基础设施造成了严重的损害。据统计,仅云南省直接经济损失便达 74.3 亿元。白格滑坡虽经历了 2 次大的滑动,其后缘仍有相当规模的残留体存在且在持续变形,该残留体稳定性状况还有待研究。实验区位置示意图见图 10-1。

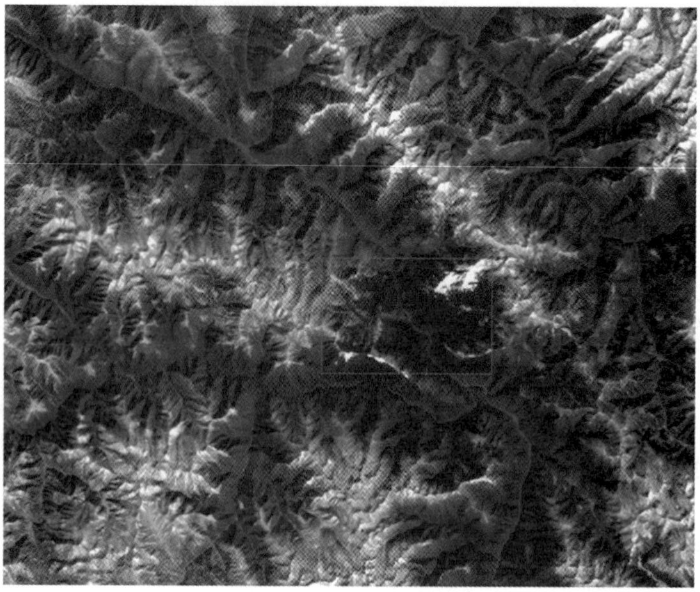

图 10-1　实验区位置示意图

10.4.2　实验原理与实验数据

10.4.2.1　实验原理

滑坡遥感识别是基于遥感图像，利用人机交互和目视解译方式来获取滑坡相关信息的技术方法，其原理是基于滑坡体与其背景地质体之间存在的色调、形状、阴影、纹理及图形的差异识别滑坡体。从高分辨率遥感影像上，容易识别新生的滑坡体颜色与周围地物颜色的明显差异。从形状上判断，滑坡壁在平面上一般呈圈椅状或其他形状，陡峭的滑坡壁及其形成的围谷，从影像上表现为弯曲的弧形。地震后，滑坡重要的解译标志之一是植被的变化，滑坡体受到重力作用向下滑动时，对植被的影响是巨大的(会造成滑坡体周围的植被与其他植被不相同)。不正常河流弯道、局部河流突然变得异常窄小等，这些异常的水文现象也是滑坡的解译特征之一。

目前，滑坡遥感识别的方法以目视解译和人机交互解译为主。目视解译主要针对高分辨率遥感影像，但目视解译方法的解译效率较低，且不能充分有效利用遥感影像数据所包含的大量信息。人机交互式解译根据遥感影像的纹理、色调、地形、地貌特征等，辅以软件对图像进行增强处理和叠加 DEM 来识别滑坡灾害。

利用支持向量机(SVM)进行初步分类，SVM 分类方法在解决小样本上有显著优势，滑坡区域相对较少。因而相比传统分类方法，SVM 分类在滑坡提取分类中性能较好。

滑坡与道路、村庄在影像上色调一致，均为亮色，导致计算机易错分。然而，不同的地物坡度特征不一样。一般来说，坡度大于 10°，小于 45°，下陡中缓上陡、上部成环状的坡形是产生滑坡的有利地形；地震产生的滑坡大多发生在 40°～50°坡度处，而道路与村庄均处于平缓地带，坡度小于一定值，因而利用坡度可以消除道路和村庄对滑坡识别的干扰。

10.4.2.2　实验数据

西藏昌都市江达县白格村地区 landsat 多光谱影像和 DEM 数据，为本次实验数据。

10.4.3　实验步骤

10.4.3.1　绘制感兴趣区

（1）打开 ENVI 软件，打开“baige. tif”，在左侧的 Layer Manager 中，鼠标右键单击“baige.tif”，选择【New Region of Interest】，在弹出的【Region of Interest (ROI) Tool】对话框中，在【Geometry】选项下，选择矩形绘制工具。

（2）绘制感兴趣区。

① 绘制水体 ROI。在【ROI Tool】界面下（见图 10-2），将【ROI Name】的名称修改为“Water”并修改水体颜色，之后在图形显示窗口通过浏览找到水体，绘制水体感兴趣区，见图 10-3。

图 10-2　【ROI Tool】界面

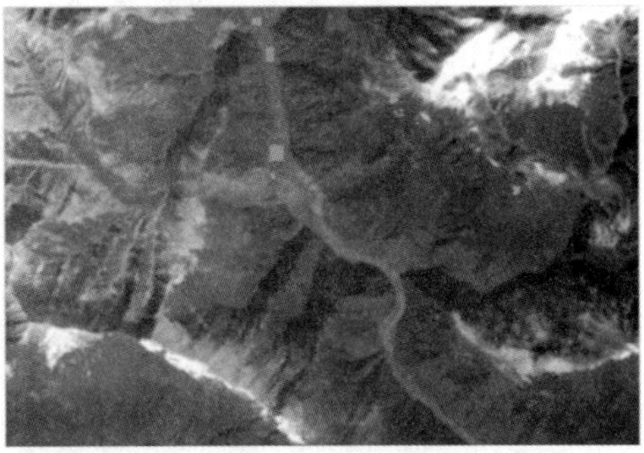

图 10-3　绘制出的水体 ROI

② 绘制植被感兴趣区。单击界面中的按钮，新增一个感兴趣区类型，命名为“Vegetation”，利用步骤①水体 ROI 的绘制方法，绘制植被感兴趣区，结果见图 10-4。

③ 绘制道路、滑坡、村庄感兴趣区。利用步骤②的植被感兴趣区的绘制方法，绘制道路、滑坡、村庄感兴趣区，结果见图 10-5。

（3）文件保存。

在【ROI Tool】对话框中，点击【File】→【Save ROIs】选项，在弹出的对话框中点击【Select All Items】，设置存储路径及文件名，点击【OK】，保存 ROI 文件。

10.4.3.2　采用支持向量机分类法

（1）双击【Toolbox】→【Classification】→【Supervised】→【Support Vector Machine

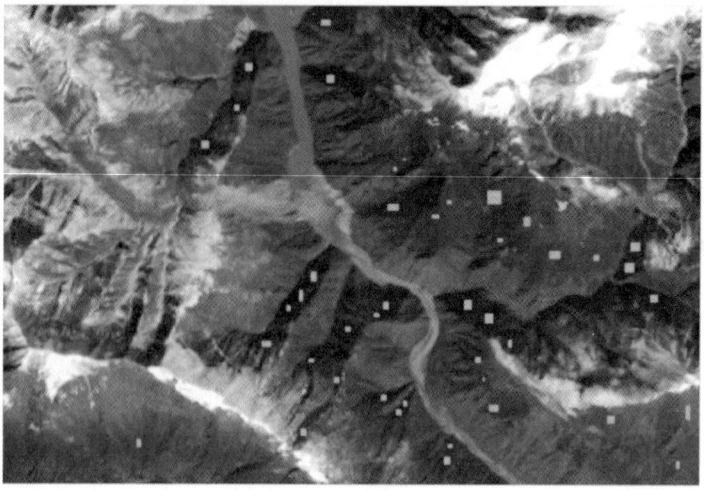

图 10-4　绘制出的植被感兴趣区

图 10-5　绘制出的道路、村庄、滑坡感兴趣区

Classification】，在文件输入对话框中选择图像"baige.tif"，点击【OK】，弹出【Support Vector Machine Classification Parameters】参数设置对话框，见图 10-6。

【Kernel Type(核函数类型)】下拉列表选项中有【Linear(线性函数)】、【Polynomial(多项式核函数)】、【Radial Basis Function(径向基函数)】以及【Sigmoid(Sigmoid 函数)】。选择【Polynomial】核函数，需要设置一个核心多项式(Degree of Kernel Polynomial)的次数用于SVM，最小值是 1，最大值是 6；选择【Polynomial】或者【Sigmoid】核函数，需要使用向量机规则为 Kernel 制定 the Bias，默认值是 1；选择【Polynomial】、【Radial Basis Function】、【Sigmoid】核函数，需要设置【Gamma in Kernel Function】参数。该值是一个大于 0 的浮点型数据，默认值是输入图像波段数的倒数。

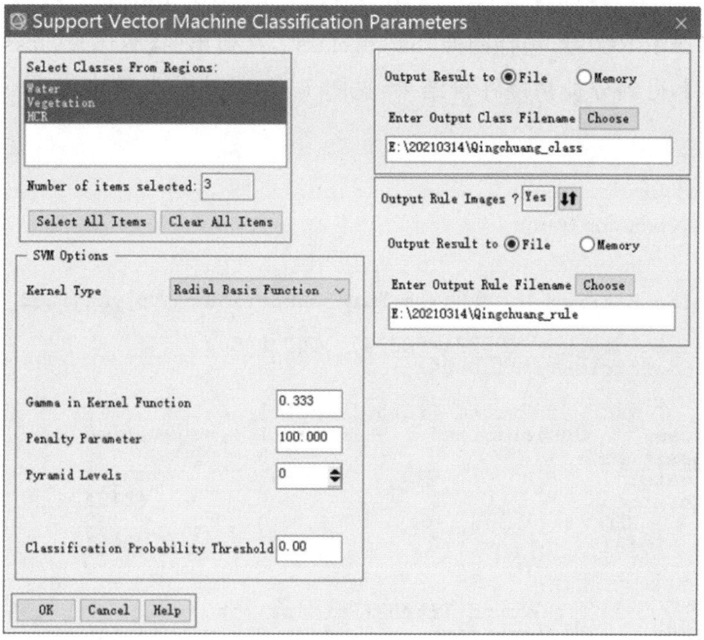

图 10-6　支持向量机分类法参数设置界面

(2)【Radial Basis Function】核函数是识别效果最好、性能最稳定的核函数，而且样本的大小对它分类性能的影像不大，是比较理想的分类核函数。因此，本实验选择使用【Radial Basis Function】核函数作为 SVM 模型的核函数并进行分类，相关参数取默认值即可。

(3) 点击【Select All Items】，设置分类结果和规则图像的存储路径，点击【OK】执行分类，分类结果见图 10-7。

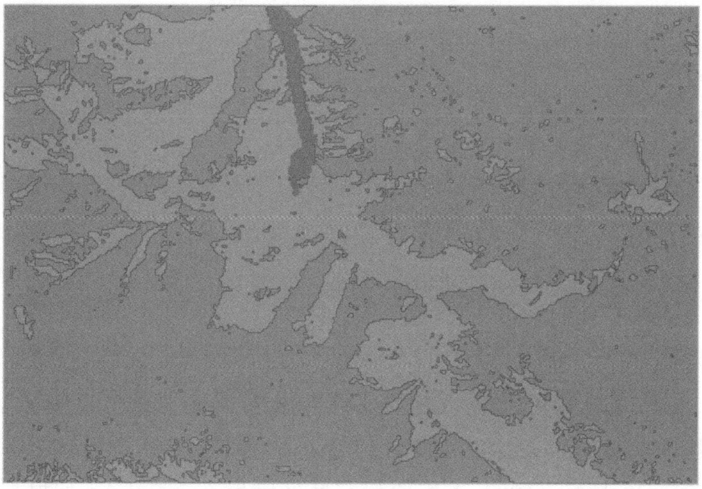

图 10-7　SVM 分类结果

（4）双击【Toolbox】中的【Classification】→【Post Classification】→【Confusion Matrix Using Ground Truth ROIs】，选择图像“baige_class”，在弹出的【Match Classes Parameters】窗口中点击【OK】，得到分类精度评价结果，见图 10-8，总体分类精度为 100%，Kappa 系数为 1。

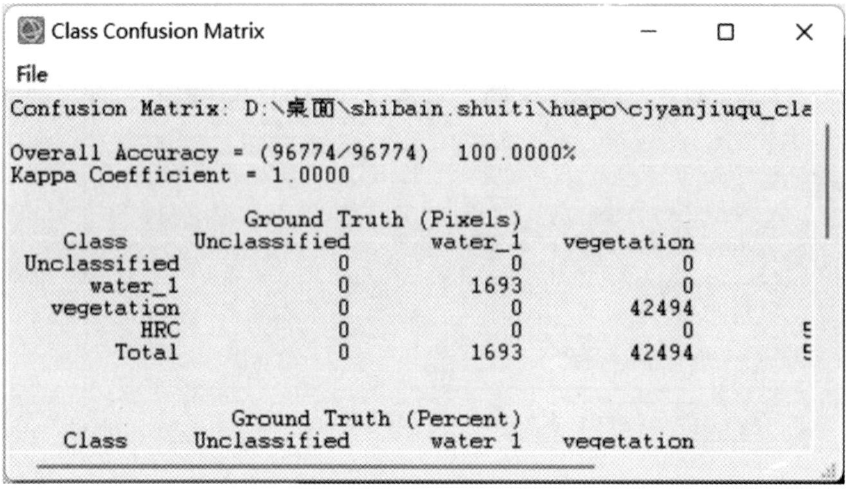

图 10-8　混淆矩阵评价结果

10.4.3.3　计算坡度

（1）打开 ArcMap，点击【Add Data】，加载数据“baige. tif”和“DEM. tif”，在【ArcToolbox】中点击【Spatial Analyst Tools】→【Surface Analysis（表面分析）】→【Slope（坡度）】，在【Slope】对话框中选择输入文件，并设置输出路径，设置界面见图 10-9。

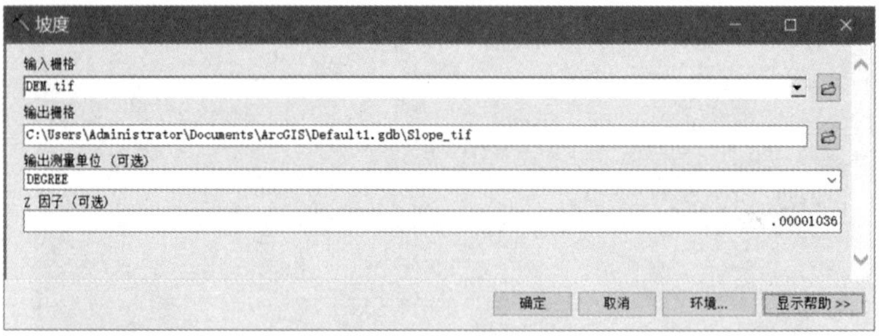

图 10-9　坡度计算参数设置界面

注意：在【Z factor】选项中，当输入栅格文件后出现“Warning”，说明 x、y 单位和 Z 单位采用了不同的测量单位，此时须将 Z 设置为适当的因子，否则会得到错误的结果。查看 DEM 投影坐标系为 D_WGS_1984，本实验研究区经纬度在 30°左右，可根据表 10-1 所示内容选择对应的 Z 因子。

表 10-1　Z 因子与纬度的换算关系

Latitude(纬度)	Z-factor(Z 因子)	Latitude(纬度)	Z-factor(Z 因子)
0°	0.000 008 98	50°	0.000 013 95
10°	0.000 009 12	60°	0.000 017 92
20°	0.000 009 56	70°	0.000 026 19
30°	0.000 010 36	80°	0.000 051 56
40°	0.000 011 71		

(2) 在【ArcToolbox】中，点击【Spatial Analyst Tools】→【Map Algebra(地图代数)】→【Raster Calculator(栅格计算器)】，在【Raster Calculator】对话框中输入表达式("Slope_tif1">=40)，即筛选出坡度大于或等于 40°的区域。设置输出路径，点击【OK】执行分析，设置界面见图 10-10。

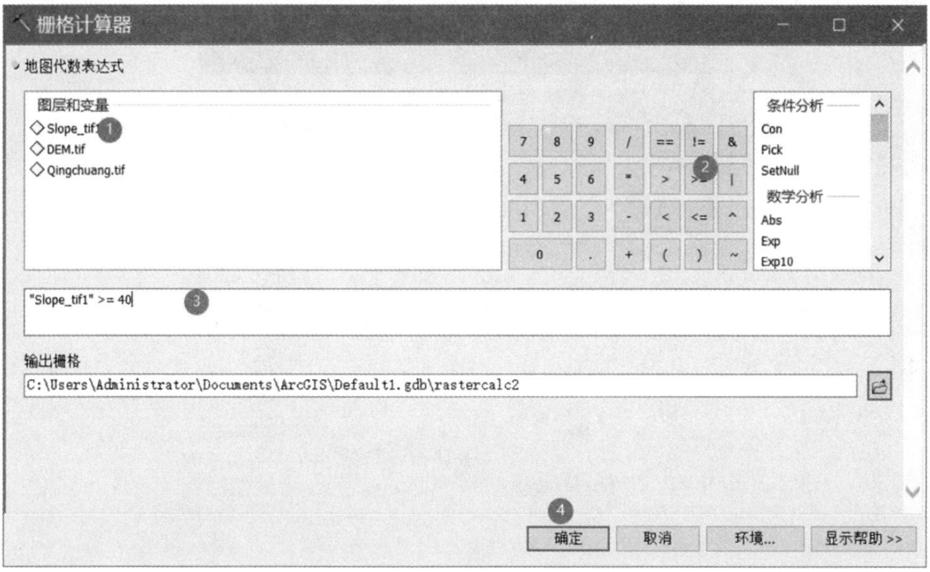

图 10-10　栅格计算器参数设置界面

(3) 加载上一步分析得到的数据，该栅格影像包含 0 和 1 两个值，0 表示坡度小于 40°，1 表示坡度大于或等于 40°。在【ArcToolbox】中，双击【Conversion Tools(转换工具)】→【From Raster(由栅格转出)】→【Raster to Polygon(栅格转面)】，在栅格转面对话框中选择输入文件"RasterCalc"，设置输出路径和文件名，点击【OK】，见图 10-11。

(4) 使坡度大于或等于 40°的区域在图像上高亮显示。加载上一步得到的矢量数据，右键单击图层，点击【Open Attribute Table(打开属性表)】，在弹出的对话框表选项下拉菜单  中选中【Select by Attribute(按属性选择)】，在【Select by Attributes】对话框中双击【gridcode】，单

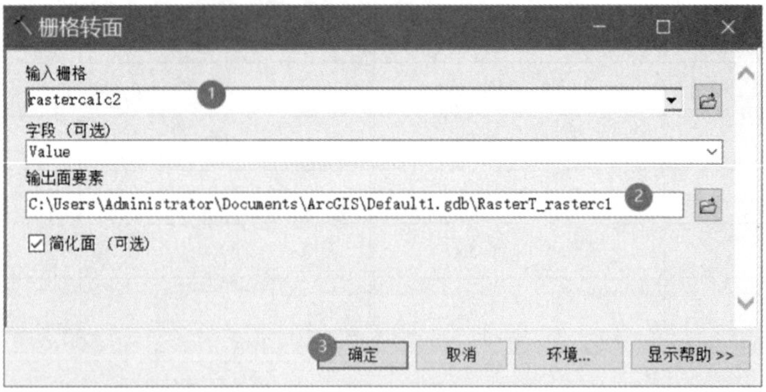

图 10-11　栅格转面操作界面

击【=】按钮，再点击【Get Unique Values(获取唯一值)】，在右侧的列表数值中选择 1，点击【Apply(应用)】，见图 10-12。

图 10-12　按属性选择操作界面

(5) 将筛选出的区域生成新的图层。右键单击步骤(4)中生成的图层，点击【Selection】→【Create Layer From Selected Features】，生成新的图层"Slope40"，见图 10-13。

10.4.3.4　结合 SVM 分类结果和坡度提取滑坡

(1) 在左侧的 Layer Manager 中右击 SVM 分类后的结果"baige_Class"，点击【View Metadata】，在弹出的对话框中，单击【Edit Metadata】按钮，打开头文件编辑对话框，在【File

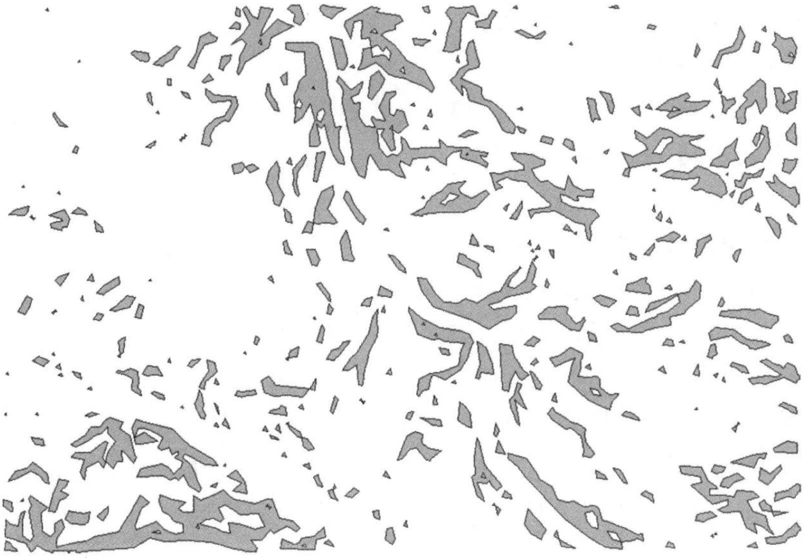

图 10-13　坡度大于或等于 40°区域

Type】下拉菜单中选择“TIFF”，见图 10-14，单击【OK】。

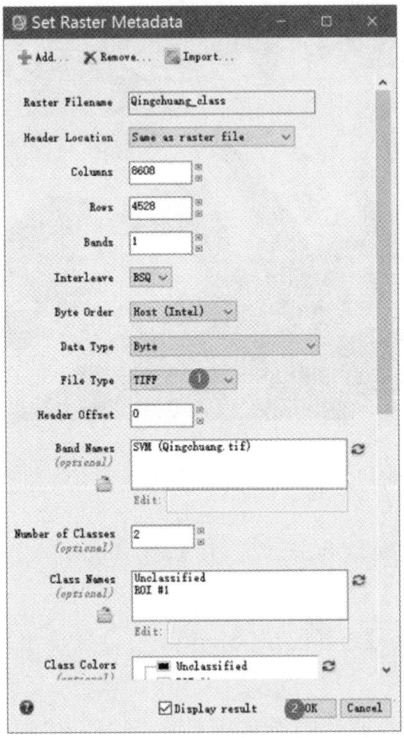

图 10-14　编辑头文件

(2) 选择【File/Save As/Save AS…(ENVI,NITF,TIFF,DTED)】选项,在弹出的对话框中选择图像 baige_Class,点击【OK】按钮,在随后弹出的窗口中设置输出路径及文件名"Class_tiff",点击【OK】按钮。

(3) 打开 ArcMap,在【ArcToolbox】中双击【Conversion Tools(转换工具)】→【From Raster(由栅格转出)】→【Raster to Polygon(栅格转面)】,在栅格转面对话框中选择输入文件"Class_tiff",设置输出路径和文件名"Conversion Selection",点击【OK】按钮。

(4) 在 Layer 数据库框中右键单击上一步得到的图层,右键单击图层后,点击【Open Attribute Table(打开属性表)】,在弹出的对话框中,在表选项下拉菜单中选中【Select by Attribute(按属性选择)】,在【Select by Attributes】对话框中双击【gridcode】,单击【=】按钮,再点击【Get Unique Values(获取唯一值)】,在右侧的列表中,双击 3(代表道路、村庄和滑坡区域),点击【Apply】,图层命名为"Conversion2 selection"。

(5) 在 Layer 数据框中右键单击上一步得到的图层,点击【Selection】→【Create Layer From Selected Features】,生成新的图层,修改图层的颜色,见图 10-15,绿色部分即道路、村庄和滑坡区域(此处彩色部分以计算机实验界面为准,下同)。

图 10-15 道路、村庄、滑坡数据提取结果

(6) 剔除道路和村庄,提取出滑坡。在【ArcToolbox】中点击【Analysis Tools】→【Extract】→【Clip】,在【Clip】对话框中,点击【Input Features】选择图层"Conversion2 Selection",点击【Clip Featrues】选择图层"Slope40",设置输出路径及文件名,单击【OK】,界面见图 10-16。

(7) 在 ArcMap 中加载裁剪后的滑坡区域图层"Clip"和白格县影像"baige.tif",见图 10-17,青色区域则为提取的最终滑坡区域。

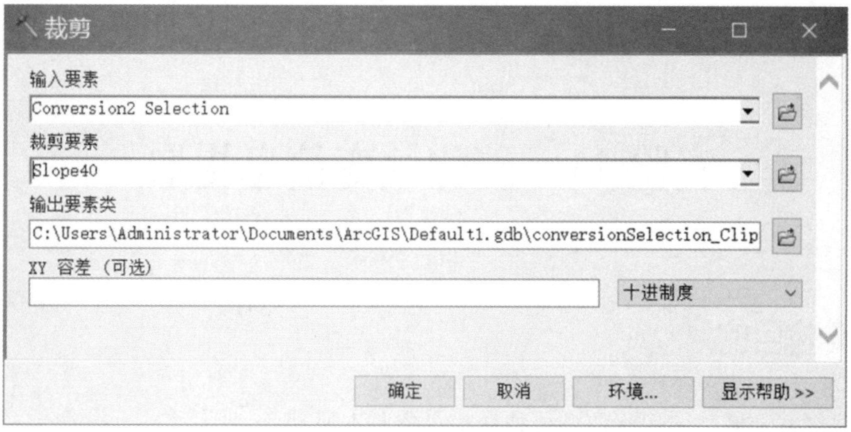

图 10-16　区域裁剪操作界面

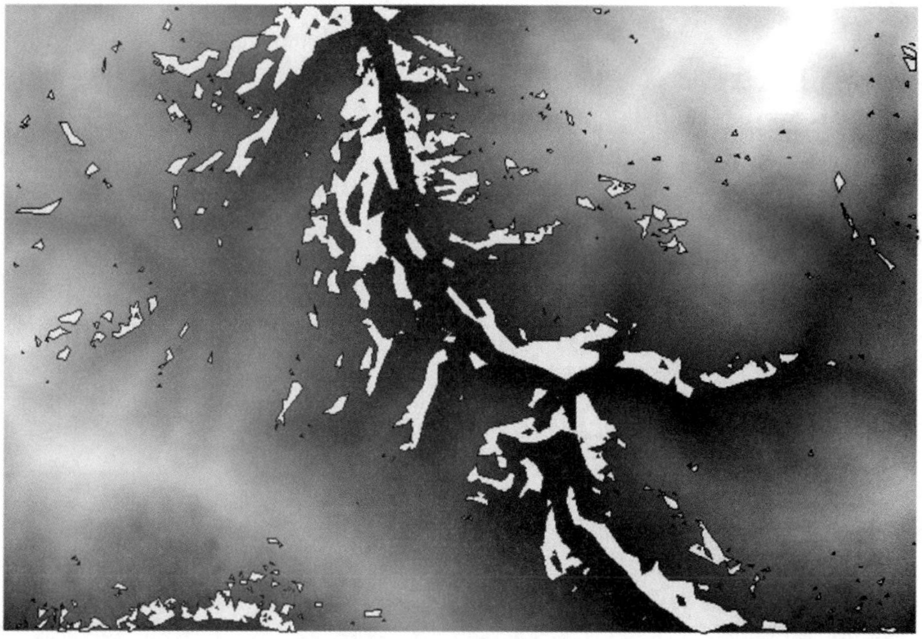

图 10-17　滑坡提取结果

10.5　实验成果提交

上机实习报告一份，上机实习的具体操作步骤(含中间结果)一份，实习操作步骤及中间结果用 Word 文档格式保存。

实习成果以“专业＋班级＋姓名＋‘_’＋实习序号＋.rar”命名，“.rar”为电子文档的扩展名。

实习成果命名示例：地科 1901 王小明_实习 10.rar。

实验 11　矿化蚀变信息提取

11.1　实验目的

(1) 掌握基于遥感图像提取矿化蚀变信息的基本原理。

(2) 掌握遥感矿化蚀变信息增强和提取的方法。

11.2　实验内容

(1) 采用不同方法提取实验区矿化蚀变信息。

(2) 对比分析用不同方法得到的矿化蚀变信息。

11.3　实验要求

根据青海省祁连县某区域的遥感和地质数据,完成下列分析:

(1) 利用波段比值法提取试验区的矿化蚀变信息。

(2) 利用主成分分析法提取实验区的矿化蚀变信息。

(3) 对上述两种方法得到的遥感异常信息进行分级。

11.4　实验步骤

11.4.1　实验区简介

黄山隶属新疆维吾尔自治区哈密市,属典型的温带大陆性干旱气候,海拔为 1 000～1 030 m,主要断裂构造为区域性康古尔大断裂所派生的黄山断裂。黄山东含铜镍矿的基性-超基性岩体岩性一般为辉石闪长岩、辉长岩、橄榄苏长岩、橄榄岩组合,镁铁含量比值为 2.93～5.21,属铁质超基性岩。区内自然环境恶劣,经济条件差,地质调查程度相对较低。地表岩相出露不全,成岩成矿与构造关系密切,含矿岩体均埋藏在 400 m 以下,最大埋深在 1 000 m 以上,且富矿比例较小,但局部富矿。实验区遥感影像见图 11-1。

11.4.2　实验原理与实验数据

11.4.2.1　实验原理

矿化蚀变岩石指在热液作用的影响下,矿物成分、化学成分、结构、构造等发生变化的岩

图 11-1　实验区遥感影像

石。这些蚀变的矿物经常见于热液矿床的周围，因此被称为蚀变围岩，蚀变围岩是一种重要的找矿标志。主要的蚀变类型有：含铁矿物，铁矿物以次生氧化物为主，部分作为热液蚀变带的原生矿物，如常见的褐铁矿、针铁矿、赤铁矿等含大量的 Fe^{3+}，也有少量 Fe^{2+} 的铁氧化矿物；含羟基集团和含水矿物，如高岭石、绿泥石、绿帘石及云母类等次生蚀变矿物；含碳酸根的矿物，如方解石、白云石、菱铁矿、石膏等。

常用于提取矿化蚀变信息的遥感数据有 ASTER 数据、TM 数据、OLI 数据和高光谱数据等。提取矿化蚀变信息的方法主要有波段加减组合运算法、波段比值法、主成分分析法和光谱角法等。

（1）利用波段比值法提取矿化蚀变信息

波段比值法根据代数运算的原理，当波段间差值相近但斜率不同时，对反射波段与吸收波段的比值进行处理以增强各种岩性之间波段差异，抑制地形的影响，并显示出动态的范围。因而以矿物的特征光谱为基础，选用适当的波段比值进行彩色合成可增强矿化蚀变信息。蚀变矿物信息提取就是分析蚀变矿物的波谱曲线，找出斜率变化最大的区间和曲线中的反射峰、吸收谷，确定波谱范围，作比值增强处理，从而形成突出蚀变信息的图像。

通常，利用 ASTER 数据波段比值法提取的热液蚀变矿物类型主要有：基于 Mg-OH 在 2.3 μm波长附近的吸收特性提取 Mg-OH 蚀变矿物，使用(B6＋B9)/(B7＋B8)；基于Al-OH在 2.2 μm 波长附近的吸收特性提取 Al-OH 蚀变矿物，使用(B5＋B7)/B6；基于 Fe^{3+} 在 0.5 μm 和 0.9 μm 波长附近的吸收特性，使用(B2＋B4)/(B1＋B3)；基于 $CO_3{}^{2-}$ 在 2.35 μm 处一个强吸收峰和 2.16 μm 处一个微小吸收峰提取碳酸盐矿物，使用(B7＋B9)/B8 等。

对于 OLI 遥感数据，基于 Fe^{3+} 在 0.55 μm 波长附近的吸收特性，利用 OLI3/OLI1 可增强铁氧化物类蚀变；基于 Fe^{2+} 在 1.1 μm 波长附近的强吸收特性，使用 OLI5/OLI4 可增强亚铁矿物类蚀变；使用 OLI5/OLI7 可增强碳酸盐化和羟基蚀变。

ASTER 和 OLI 数据波段特征见表 11-1。

表 11-1　ASTER 和 OLI 数据波段特征

ASTER		OLI	
波段编号	波段范围/μm	波段编号	波段范围/μm
4	1.60～1.70	1	0.43～0.45
5	2.145～2.18	2	0.45～0.51
6	2.185～2.225	3	0.53～0.59
7	2.235～2.285	4	0.64～0.67
8	2.295～2.36	5	0.85～0.88
9	2.36～2.43	6	1.57～1.65
		7	2.11～2.29

(2) 利用主成分分析法提取矿化蚀变信息

主成分分析(PCA)是现在广泛使用的提取岩石蚀变信息的方法。这种方法是对图像数据的集中和压缩,它将多光谱图像中各个波段高度相关的信息集中到少数的几个波段,并且尽可能地保证这些波段的信息互不相干,即用几个综合性波段代表多波段的原始图像,使处理的数据量减少。

对于 ASTER 数据,含 Mg-OH 矿物在 2.3 μm 波长处存在强吸收特性,对应 ASTER 数据 Band8,所以可由 Band1、Band3、Band4、Band8 波段提取 Mg-OH 蚀变信息,对该组主成分的判断准则是 Band4 系数与 Band8 系数符号相反,且 Band4 为负。含 Al-OH 矿物在 2.2 μm 波长处存在强吸收特性,可由 Band1、Band4、Band6、Band7 波段提取 Al-OH 蚀变信息,对该组主成分的判断准则是 Band4 系数与 Band6 系数符号相反,且 Band4 为正。铁染矿物在 0.5 μm 和 0.9 μm 波长处存在强吸收特征,对应 ASTER 数据 Band1 和 Band3,所以可由 Band1、Band2、Band3、Band4 波段提取铁染蚀变信息,对该组主成分的判断准则是 Band3 系数与 Band4 系数相反,且 Band3 为负。

对于 OLI 数据,本实验基于 Crosta 方法,即由 OLI1、OLI3、OLI4、OLI5 作为输入波段组合进行主成分分析,变换后的某个新的组分图像可能集中了铁矿化蚀变信息,对代表铁矿化主分量的判断准则是 OLI3 的系数应与 OLI1、OLI4 的系数符号相反;由 OLI1、OLI4、OLI5、OLI7 作为输入波段组合进行主成分分析,对代表羟基(OH^-)和碳酸根离子(CO_3^{2-})主分量的判断准则是 OLI5 系数应与 OLI7、OLI4 的系数符号相反,OLI1 一般与 OLI5 系数符号相同。

(3) 遥感异常信息分级

在遥感异常信息分级时,可利用 $X+n\sigma$ 确定异常下限和划分异常强度等级。X 是某一成分的统计均值(代表区域背景);σ 是该成分的标准差;n 的取值一般是 1～4。有了这一标准,提取异常时可以减少主观任意性,并使操作较为规范化。

11.4.2.2　实验数据

(1) 新疆维吾尔自治区哈密市某区域的地质矢量数据(Geologicalmap)。

(2) 2015 年 5 月新疆维吾尔自治区哈密市某区域的 ASTER 遥感数据。

（3）2020 年 2 月新疆维吾尔自治区哈密市某区域的 Landsat 8 OLI 影像数据。

11.4.3　实验步骤

11.4.3.1　基于波段比值法提取矿化蚀变信息

1. 用 ASTER 数据进行波段比值运算

（1）打开 ASTER 遥感数据“Xjhmlaster”。

（2）Mg-OH 蚀变信息的提取。

采用(B6＋B9)/(B7＋B8)的方法。在【Toolbox】中双击【Band Algebra】→【Band Math】，在随后打开对话框的输入栏中输入：(float(B6)＋float(B9))/(float(B7)＋float(B8))，单击【Add to List】按钮，之后单击【OK】按钮，在弹出的对话框中选择波段(见图 11-2)，B6 选择 Band6，B9 选择 Band9，B7 选择 Band7，B8 选择 Band8，将输出的文件名设置为“BandMath_01”，之后单击【OK】，输出计算结果。

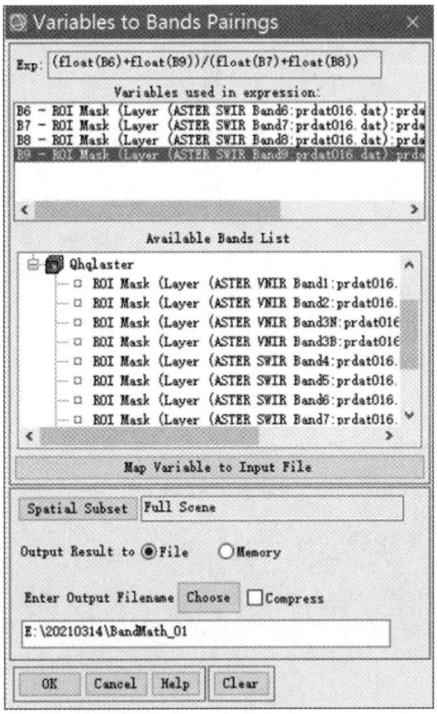

图 11-2　波段选择操作界面

（3）计算 $X+n\sigma$ 的值。

在左侧的 Layer Manager 列表中，找到步骤(2)的运算结果“BandMath_01”，单击鼠标右键，在弹出的右键菜单中选择【Quick Stats】，得到最大、最小、平均及标准差的值，相关数据见图 11-3。

计算 $X+n\sigma$，n 取 1、2、3、4，将 Mg-OH 异常信息分为三个等级，起始值为 1.029 263＋0.326 167，约为 1.355 43；终止值为 1.029 263＋4×0.326 167，约为 2.333 931。

（4）在左侧的 Layer Manager 中，鼠标右键单击“BandMath_01”，在弹出的右键菜单中

Basic Stats	Min	Max	Mean	StdDev
Band 1	0.000000	57.000000	1.029263	0.326167

图 11-3　统计数据界面

选择【New Raster Color Slice】，在弹出的对话框中选择“BandMath_01”后单击【OK】按钮。在弹出的【Edit Raster Color Slices】对话框中，点击 按钮，删除所有颜色分割内容，然后单击 按钮，添加 3 个新的范围，见图 11-4，单击【OK】按钮，最终得到如图 11-5 所示的结果。

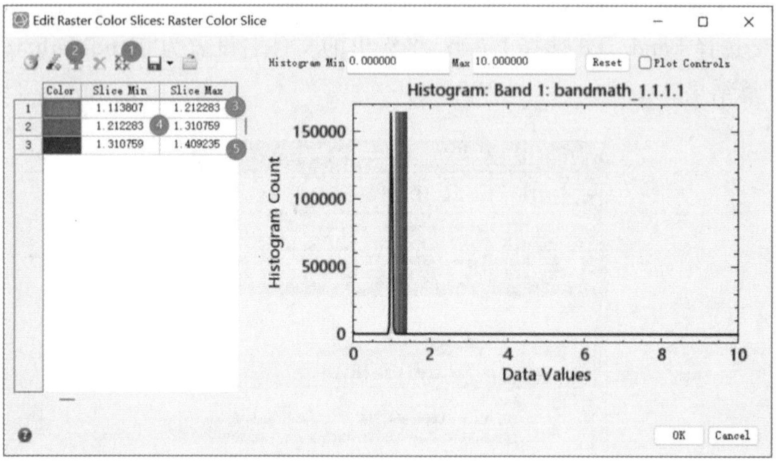

图 11-4　颜色密度分割区间设置(一)

图 11-5　Mg-OH 蚀变信息提取结果

(5) Al-OH 蚀变信息提取。

采用(B5＋B7)/B6 的方法。在【Toolbox】中双击【Band Algebra】→【Band Math】，在随后打开对话框的输入栏中输入：(float(B5)＋float(B7))/(float(B6))，单击【Add to List】按钮，之后单击【OK】按钮，在弹出的对话框中选择波段，B5 选择 Band5，B6 选择 Band6，B7 选

择 Band7，将输出的文件名设置为“BandMath_02”，之后单击【OK】按钮，输出计算结果。

(6) 在左侧的 Layer Manager 列表中，找到“BandMath_02”，单击鼠标右键，在弹出的右键菜单中选择【Quick Stats】，得到的均值为 1.015 331，标准差为 0.098 476。计算 $X+n\sigma$ 值，异常信息分级参考 Mg-OH 分级步骤，图 11-6 所示为 Al-OH 异常信息提取结果。

图 11-6　Al-OH 蚀变信息提取结果

(7) 铁染蚀变信息提取。在【Toolbox】中双击【Band Algebra】→【Band Math】，在随后打开对话框的输入栏中输入：(float(B2)＋float(B4))/(float(B1)＋float(B3))，单击【Add to List】按钮，之后单击【OK】按钮，在弹出的对话框中选择波段，B2 选择 Band2，B4 选择 Band4，B1 选择 Band1，B3 选择 Band3，将输出的文件名设置为“BandMath_03”，之后单击【OK】按钮，输出计算结果。

(8) 在左侧的 Layer Manager 列表中，找到“BandMath_03”，单击鼠标右键，在弹出的右键菜单中选择【Quick Stats】，得到的均值为 0.934 430，标准差为 0.137 291。计算 $X+n\sigma$ 值，异常信息分级参考 Mg-OH 分级步骤，图 11-7 所示为颜色密度分割区间设置界面，图 11-8 所示为铁染蚀变信息提取结果。

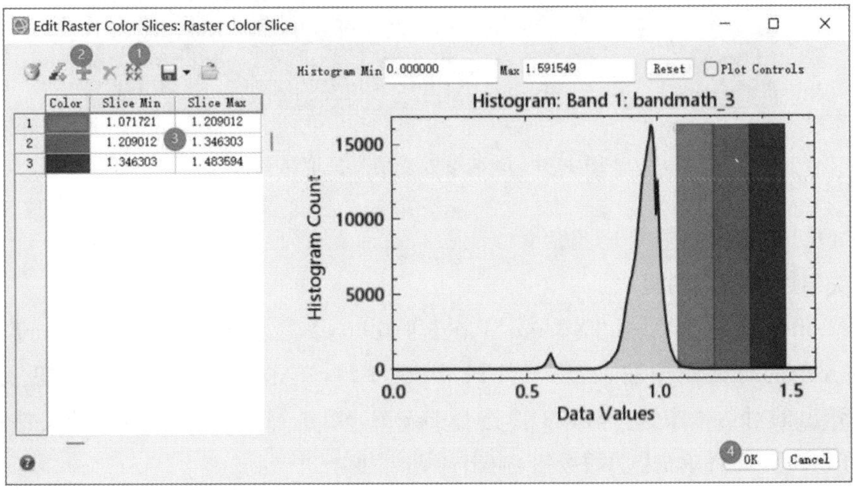

图 11-7　颜色密度分割区间设置(二)

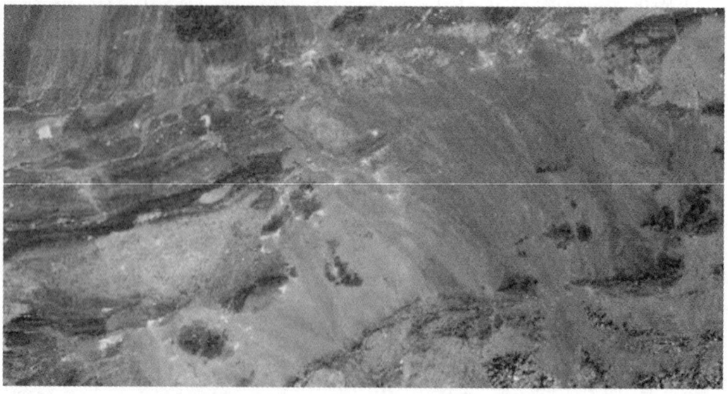

图 11-8 铁染蚀变信息提取结果

(9) 碳酸盐蚀变信息提取。在【Toolbox】中双击【Band Algebra】→【Band Math】,在随后打开对话框的输入栏中输入:(float(B7)+float(B9))/(float(B8)),单击【Add to List】按钮,之后单击【OK】按钮,在弹出的对话框中选择波段,B7 选择 Band7,B8 选择 Band8,B9 选择 Band9,将输出的文件名设置为"BandMath_04",之后单击【OK】按钮,输出计算结果。

(10) 在左侧的 Layer Manager 列表中,找到"BandMath_04",单击鼠标右键,在弹出的右键菜单中选择【Quick Stats】,得到的均值为 1.969 508,标准差为 0.159 579。计算 $X+n\sigma$ 值,异常信息分级参考 Mg-OH 分级步骤,图 11-9 所示为碳酸盐蚀变信息提取结果。

图 11-9 碳酸盐蚀变信息提取结果

2. 用 OLI 数据进行波段比值运算

(1) 铁染蚀变信息的提取。

打开 Landsat 遥感数据"Xjhami",在【Toolbox】中双击【Band Algebra】→【Band Math】,在弹出的对话框中输入:float(B1)/float(B2),单击【Add to List】按钮,之后单击【OK】,在弹出的对话框中选择波段,B1 选择 Band3,B2 选择 Band1,将输出的文件名设置为"BandMath_05",之后单击【OK】按钮,输出计算结果。

(2) 在左侧的 Layer Manager 列表中,找到"BandMath_05",单击鼠标右键,在弹出的右键菜单中选择【Quick Stats】，得到的均值为 1.240 92，标准差为 0.096 644。计算 $X+n\sigma$ 值，异常信息分级参考 Mg-OH 分级步骤，图 11-10 所示为颜色密度分割区间设置界面，图 11-11所示为铁氧化物类蚀变信息提取结果。

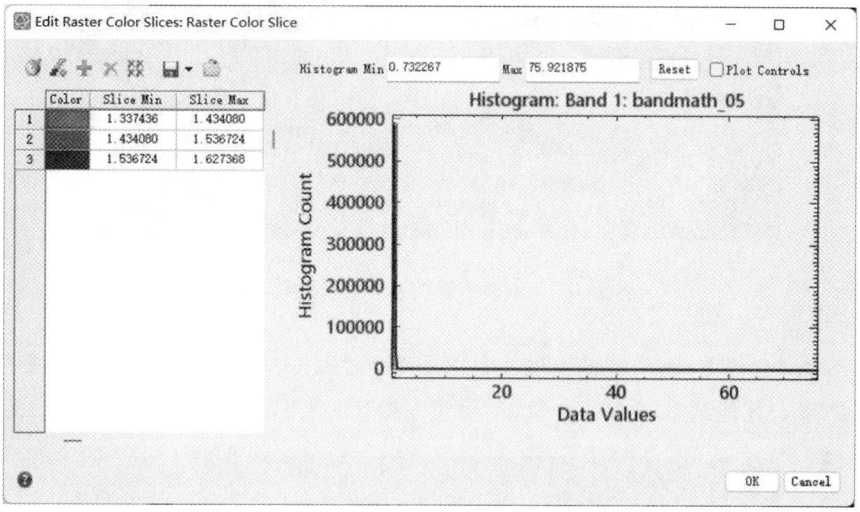

图 11-10　铁染蚀变信息颜色密度分割区间

图 11-11　铁氧化物类蚀变信息提取结果

(3) 亚铁矿物类蚀变信息提取。

在【Toolbox】中双击【Band Algebra】→【Band Math】，在弹出的对话框中输入：float(B1)/float(B2)，单击【Add to List】按钮，之后单击【OK】，在弹出的对话框中选择波段，B1 选择 Band5，B2 选择 Band4，将输出的文件名设置为“BandMath_06”，之后单击【OK】按钮，输出计算结果。其他结果与上述类似，不再重复叙述，结果见图 11-12。

(4)碳酸盐蚀变信息提取。

在【Toolbox】中双击【Band Algebra】→【Band Math】，在弹出的对话框中输入：float(B5)/float(B7)，单击【Add to List】按钮，之后单击【OK】，在弹出的对话框中选择波段，B5

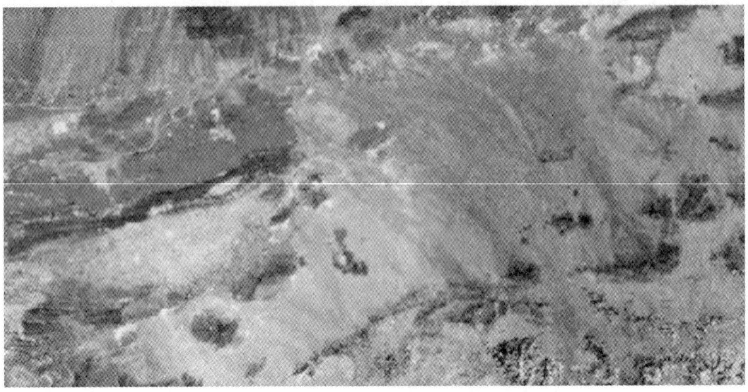

图 11-12　亚铁矿物类蚀变信息提取结果

选择 Band5，B7 选择 Band7，将输出的文件名设置为“BandMath_07”，之后单击【OK】按钮，输出计算结果。其他结果与上述类似，不再重复叙述，结果见图 11-13。

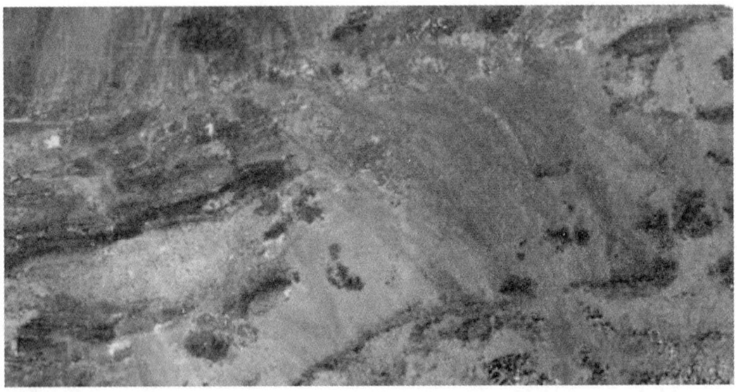

图 11-13　碳酸盐蚀变信息提取结果

11.4.3.2　基于主成分分析法提取矿化蚀变信息

1. 用 ASTER 数据进行主成分分析

(1) Mg-OH 蚀变信息提取。

在【Toolbox】工具箱中点击【Transform】→【PCA Rotation】→【Forward PCA Rotation Compute New Statistics and Rotate】，在弹出的对话框中选择图像“Xjhmlaster”，点击【Spectral Subset】选项，在随后弹出的对话框中按住 Ctrl 键，选择 1、3、4、8 波段，点击【OK】，见图 11-14。单击【OK】，在【Forward PC Parameters】对话框中设置文件的存储路径及文件名，单击【OK】。

(2) 在【Toolbox】工具箱中，双击【Statistics】→【View Statistics File】，打开上一步得到的统计文件“PCA.sta”，见图 11-15，根据实验原理与分析，第四主成分中特征向量满足要求，Band4 系数与 Band8 系数符号相反，且 Band4 为负。

注意：Eigenvectors 表示特征向量，该矩阵中，第一行～第四行分别对应第一主成分～第四主成分，每一列对应相应的波段(加载的数据波段)。对于 ASTER 数据，由于存在 band3N 和

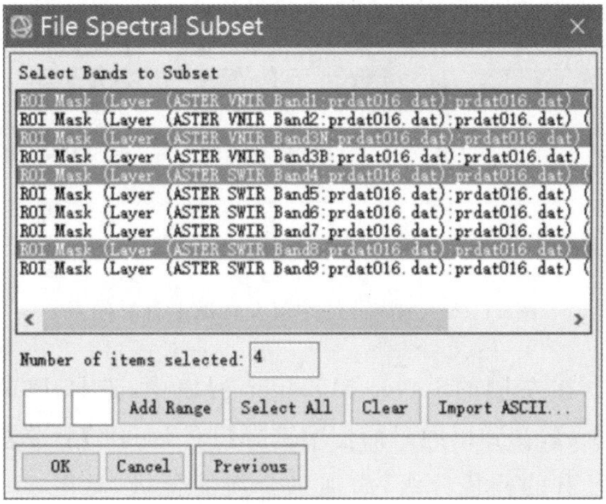

图 11-14　选择光谱波段

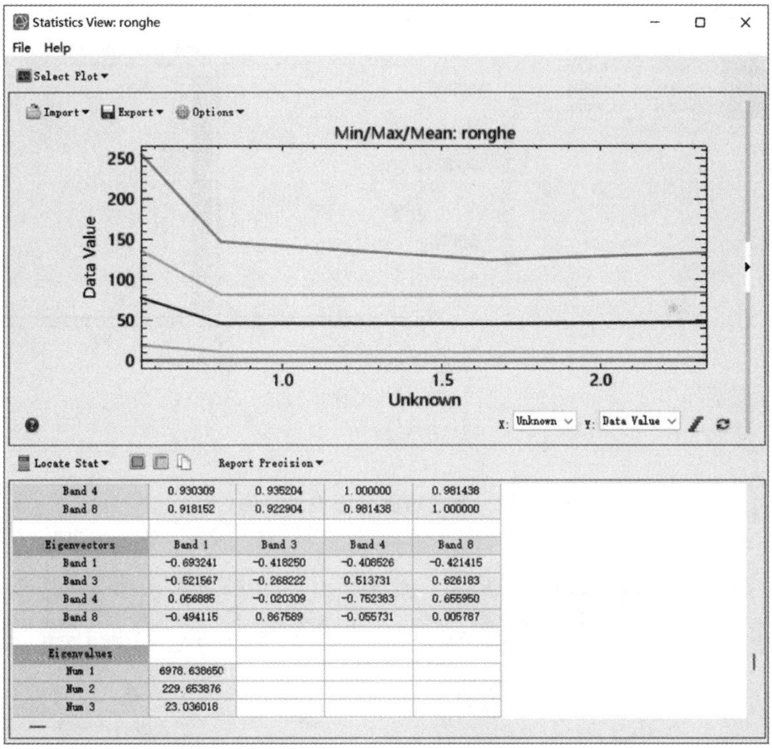

图 11-15　特征向量统计

band3B 两个波段，3B 之后的波段编号顺延(如 band4 顺延为 band5，band8 顺延为 band9)。

(3) 划分异常信息等级。按 F4 键打开【Data Manager】窗口，选择 PCA 的【PC Band4】，在主图像窗口打开第四主成分(PC4)，在 Layer Manager 中，选中刚打开的图像，然后单击鼠标右键，选择【Quick Stats】，得到四个成分的最大、最小、平均及标准差，见图 11-16。

Basic Stats	Min	Max	Mean	StdDev
Band 1	-221.527435	110.975136	0.000001	83.538248
Band 2	-144.145569	134.318985	-0.000000	15.154335
Band 3	-81.315933	82.433502	0.000000	4.799585
Band 4	-94.689827	96.022743	0.000000	2.949526

图 11-16　主成分的均值及标准差计算结果

（4）计算 $X+n\sigma$。在左侧的 Layer Manager 列表中，选择 PCA，在右键菜单中选择【New Raster Color Slice】，在弹出的对话框中选择【PC Band4】后单击【OK】按钮。在弹出的对话框中删除所有已有的颜色分级，添加三个新的分级，见图 11-17，设置完成后，单击【OK】按钮，得到密度分割结果，见图 11-18。

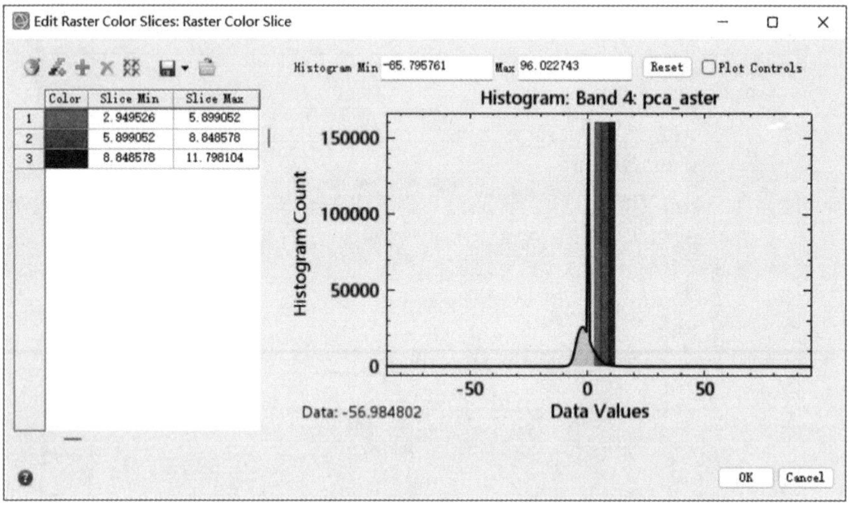

图 11-17　颜色密度分级设置界面（三）

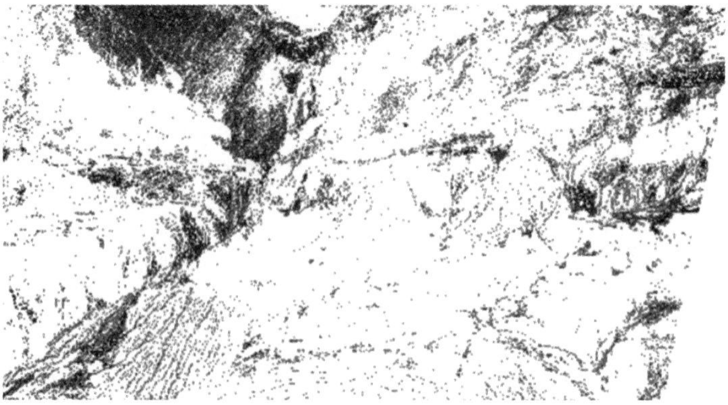

图 11-18　蚀变信息提取结果（用 ASTER 数据）

（5）提取 Al-OH 蚀变信息。参照 Mg-OH 蚀变信息提取步骤，选择 1、4、6、7 波段进行主成分分析，并进行异常信息分级。

（6）取铁染蚀变信息提。参照 Mg-OH 蚀变信息提取步骤，选择 1、2、3、4 波段进行主成分分析，并进行异常信息分级。

2. 用 OLI 数据进行主成分分析

（1）提取羟基和碳酸盐蚀变信息。

在【Toolbox】工具箱中点击【Transform】→【PCA Rotation】→【Forward PCA Rotation Compute New Statistics and Rotate】，在弹出的对话框中选择图像“Xjhami”，点击【Spectral Subset】选项，在随后弹出的对话框中按住 Ctrl 键，选择 1、4、5、7 波段，单击【OK】按钮，见图 11-19，单击【OK】，在【Forward PC Parameters】对话框中设置文件的存储路径及文件名“PCA_OLI.sta”和“PCA_OLI”，单击【OK】按钮，见图 11-20。

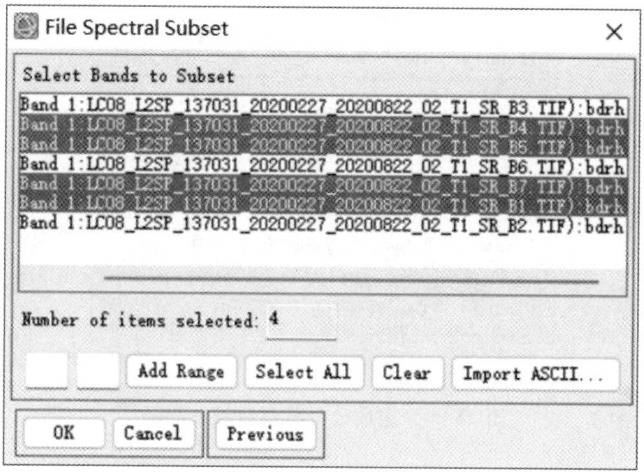

图 11-19　选择光谱波段

（2）在【Toolbox】工具箱中，双击【Statistics】→【View Statistics File】，打开文件“PCA_TM.sta”，根据统计文件制作表格，见表 11-2。

表 11 2　特征向量表

主成分	Band2	Band5	Band6	Band7
PC1	0.491 890	0.567 290	0.549 879	0.365 869
PC2	0.464 276	−0.396 549	−0.442 998	0.656 467
PC3	0.639 568	0.240 289	−0.424 870	−0.593 885
PC4	0.365 301	−0.680 582	0.566 455	−0.287 213

（3）划分异常信息等级。在【Toolbox】工具箱中，点击【Statistics】→【Compute Statistics】，

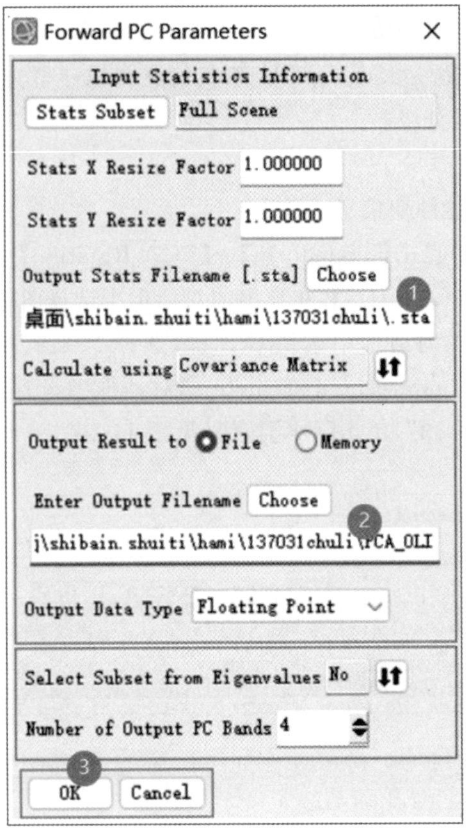

图 11-20　主成分分析参数设置界面

选择“PCA_TM”，单击【OK】按钮，在【Compute Statistics Parameters】对话框中按默认设置，点击【OK】，得到 PC2 的标准差为 1 019.327 201，平均值为 0。

（4）根据异常信息分级法，计算 $X+n\sigma$ 的值，在左侧的 Layer Manager 列表中，选择“PCA_TM”，在右键菜单中选择【New Raster Color Slice】，在弹出的对话框中选择【PC Band2】后，单击【OK】按钮。在弹出的对话框中删除所有已有的颜色分级，添加 3 个新的分级，见图 11-21，设置完成后，单击【OK】按钮，得到密度分割结果，见图 11-22。

（5）提取铁染蚀变信息。参照羟基蚀变信息提取步骤，选择 1、3、4、5 波段进行主成分分析，结果命名为“PCA2_OLI.sta”和“PCA2_OLI”，打开统计数据，根据判别规则可知铁矿化蚀变信息位于第三分量，查看第三分量的标准差。

（6）根据异常信息分级方法，计算 $X+n\sigma$ 的值，在左侧的 Layer Manager 列表中，选择“PCA2_OLI”的 PC3，在右键菜单中选择【New Raster Color Slice】，在弹出的对话框中选择【PC Band3】后，单击【OK】按钮。在弹出的对话框中删除所有已有的颜色分级，添加 3 个新的分级，得到提取结果，见图 11-23。

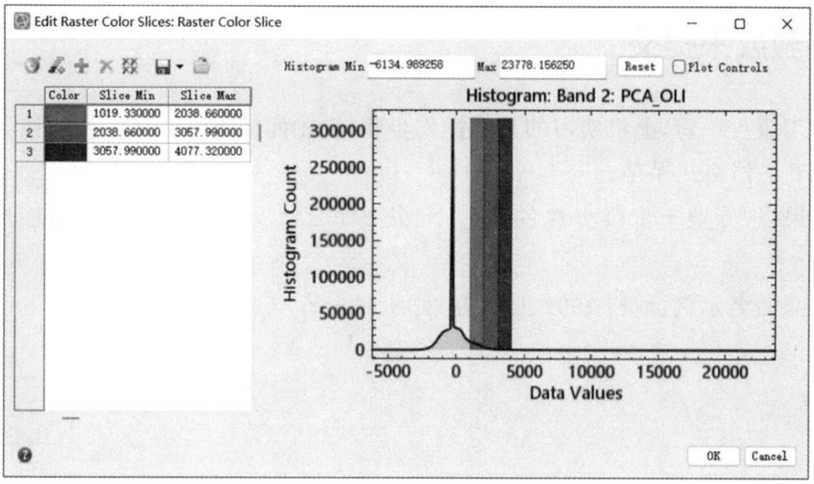

图 11-21　颜色密度分级设置界面(四)

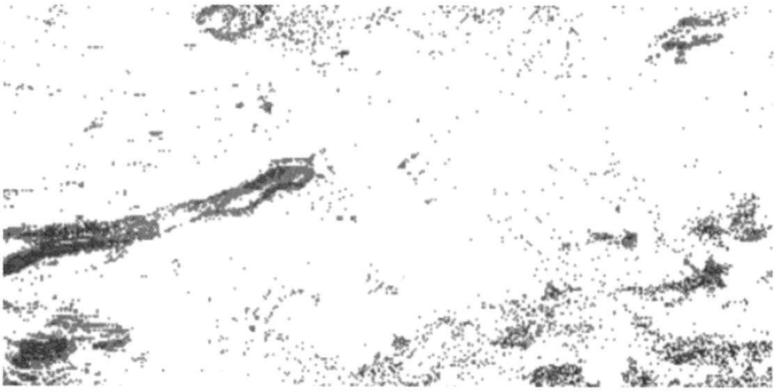

图 11-22　羟基和碳酸盐化蚀变信息提取结果

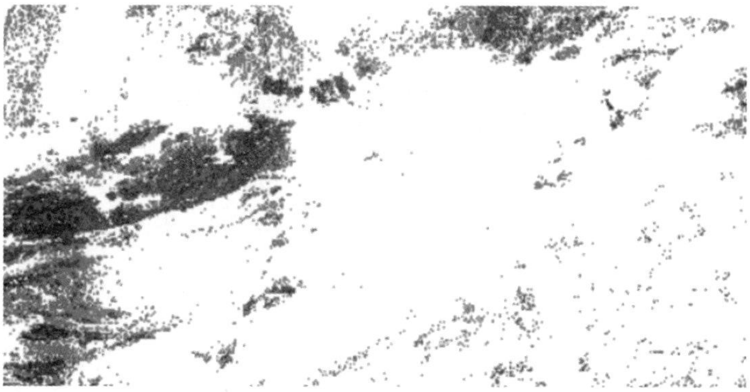

图 11-23　铁染蚀变信息提取结果

11.5 实验成果提交

上机实习报告一份，上机实习的具体操作步骤（含中间结果）一份，实习操作步骤及中间结果用 Word 文档格式保存。

实习成果以“专业＋班级＋姓名＋‘_’＋实习序号＋.rar”命名，“.rar”为电子文档的扩展名。

实习成果命名示例：地科 1901 王小明_实习 11.rar。

实验 12　生态环境评价

12.1　实验目的

(1) 掌握 ENVI 中遥感生态指数各指标(绿度、干度、湿度、热度)的提取方法,掌握生态环境评价方法。

(2) 学会使用主成分分析法对实验区生态环境进行评价。

12.2　实验内容

(1) 利用遥感生态指数(RSEI)评价研究区生态环境状况,其内容包括研究区绿度、热度、湿度、干度指标的计算。

(2) 利用主成分分析对四个指标进行叠加分析,分析研究区内生态环境质量。

(3) 可利用生态环境状况指数(EI)对研究区进行生态环境评价,其内容包括研究区生物丰度指数、植被覆盖指数、水网密度指数、土地胁迫指数的计算等(不做详细介绍),以此进行方法对比。

12.3　实验要求

根据青海省某市的区域遥感数据,完成下列分析:

(1) 对实验区影像数据进行预处理(包括辐射定标、大气校正、裁剪等其他操作)。

(2) 利用植被覆盖度指数、干度指数(NDBSI)、湿度公式、热度指数分别计算试验区的绿度、丁度、湿度、热度。

(3) 利用主成分分析法,分析实验区生态环境状况。

12.4　实验步骤

12.4.1　实验区简介

实验区位于青海省海西州德令哈市,隶属于德令哈市管辖,是青海省海西蒙古族藏族自治州政府所在地,平均海拔 3 000 m。实验区内的德令哈市是青海省连接甘肃、新疆及西藏等西部地区的重要枢纽。区内可鲁克湖位于德令哈市西北 30 km 处巴音河下游,为巴音河最大的流通湖；托素湖位于可鲁克湖的下游，面积约 180 km^2，平均湖水深度 14～15 m，要通过两湖之间的连通湖接受可鲁克湖的补给；尕海湖是位于德令哈市区西南部的一个构造湖，平均水深 6～8 m，湖水容量 2.5×10^8 m^3，属于盐湖。实验区位置示意图见图 12-1。

图 12-1　研究区位置示意图

12.4.2　实验原理与实验数据

12.4.2.1　实验原理

近年来，生态环境的变化对人类的生产生活造成不利影响，环境改善与修复仍是研究区的一个热点问题。针对生态环境变化的评价，中华人民共和国生态环境部发布了《生态环境状况评价技术规范》，该规范一共选择了 5 个评价指数，即生物丰度、植被覆盖、水网密度、土地退化和环境质量，并通过加权求和构成了生态环境状况指数(EI)，即 EI＝0.25×生物丰度指数＋0.2×植被覆盖指数＋0.2×水网密度指数＋0.2×土地退化指数＋0.15×环境质量指数，其中各个指数的权重已经确定，相对较为主观。

遥感生态指数(RSEI)是一个新型的基于遥感信息技术提出的，可快速监测与评价区域生态质量的模型。该指数模型耦合了植被指数、湿度分量、地表温度和裸土指数等 4 个评价指标，分别代表了绿度、湿度、热度和干度等 4 大生态要素。与常用的多指标加权集成法不同的是该模型主要运用主成分变换来集成各指标，各指标对 RSEI 的影响由其数据本身的性质决定，而不由人为的加权决定，指标的集成更为客观合理。

以自然生态环境的 4 个重要指标作为拟建生态指数的评价指标，即绿度、湿度、热度、干度在反映生态质量的诸多自然因素中与人类的生存息息相关，也是人类直观感知生态条件优劣的最重要指标，因此常被用于评价生态系统。就遥感技术而言，它可以从遥感影像中获得这 4 个指标的信息，如采用植被指数、裸土指数、湿度分量、地表温度就可以分别代表绿度、干度、湿度和热度。这样，拟建的遥感生态指数(RSEI)就可以表示为这 4 个指标的函数，即

RSEI＝f(Greenness，Wetness，Thermal，Dryness)

其遥感定义为：RSEI ＝f(VI，Wet，LST，SI)

式中，Greenness 为绿度；Wetness 为湿度；Thermal 为热度；Dryness 为干度；VI 为植被指数；Wet 为湿度分量；LST 为地表温度；SI 为裸土指数。

多元统计方法中的主成分分析(PCA)是一种将多个变量通过正交线性变换来选出少数重要变量的多维数据压缩技术，采用主成分变换来进行指标集成，其最大优点就是集成各指标的权重不是人为确定的，而是根据数据本身的性质、各指标对各主分量的贡献度来自动客观地确定的，因而在计算时可以避免因人而异、因方法而异的权重设定造成的结果偏差。

12.4.2.2　实验数据

所选取的遥感数据为德令哈市 2020 年的 Landsat 8 的数据，该影像数据各个波段信息参见表 12-1。

表 12-1　Landsat 8 各个波段信息

传感器类型	波段	波长范围/μm	空间分辨率/m	主要应用
陆地成像仪 OLI	Band1 Coastal (海岸波段)	0.433～0.453	30	主要用于海岸带观测
	Band2 Blue(蓝波段)	0.450～0.515	30	用于水体穿透，分辨土壤植被
	Band3 Green(绿波段)	0.525～0.600	30	用于分辨植被
	Band4 Red(红波段)	0.630～0.680	30	处于叶绿素吸收区，用于观测道路、裸露土壤、植被种类等
	Band5 NIR (近红外波段)	0.845～0.885	30	用于估算生物量，分辨潮湿土壤
	Band6 SWIR 1 (短波红外 1)	1.560～1.660	30	用于分辨道路、裸露土壤、水体，还能在不同植被之间有好的对比度，并且有较好的大气、云雾分辨能力
	Band7 SWIR 2 (短波红外 2)	2.100～2.300	30	对岩石、矿物的分辨很有用，也可用于辨识植被覆盖和湿润土壤
	Band8 Pan (全色波段)	0.500～0.680	15	为 15 m 分辨率的黑白图像，用于增强分辨率
	Band9 Cirrus (卷云波段)	1.360～1.390	30	具有水汽强吸收特征，可用于云检测
热红外传感器 TIRS	Band10 TIRS 1 (热红外 1)	10.60～11.19	100	感应热辐射的目标
	Band11 TIRS 2 (热红外 2)	11.50～12.51	100	感应热辐射的目标

12.4.3　实验步骤

12.4.3.1　预处理

(1) 辐射定标

在 ENVI 工具箱中点击【Radiometric Calibration】(图 12-2 左侧),并按照图 12-2 右侧所示设置相应参数,完成影响数据的辐射定标操作。

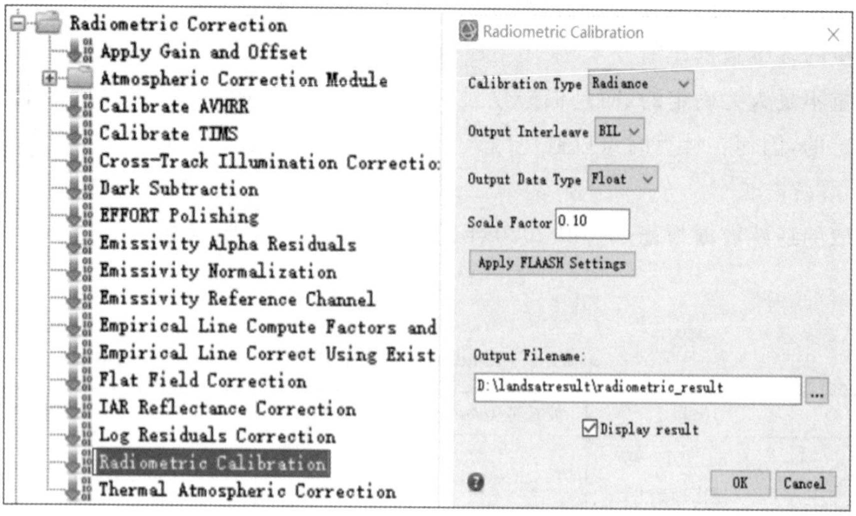

图 12-2　影像数据辐射定标

(2) 大气校正

对辐射定标后的数据直接进行 FLAASH 大气校正,见图 12-3,打开【Radiometric Correction】→【Atmospheric Correction Module】→【FLAASH Atmospheric Correction】工具,导入经过辐射定标的数据"radiometric_result.dat",进行大气校正设置。

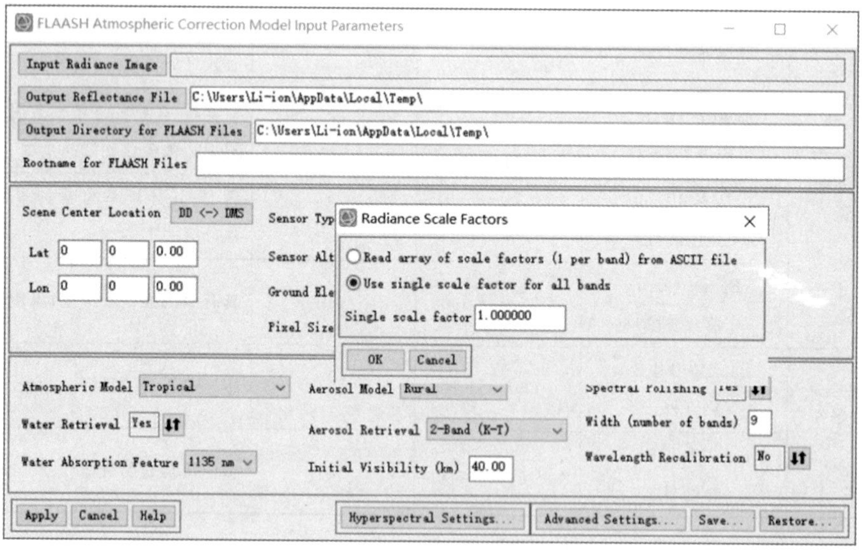

图 12-3　大气校正窗口

① 设置相关参数(图 12-4)。

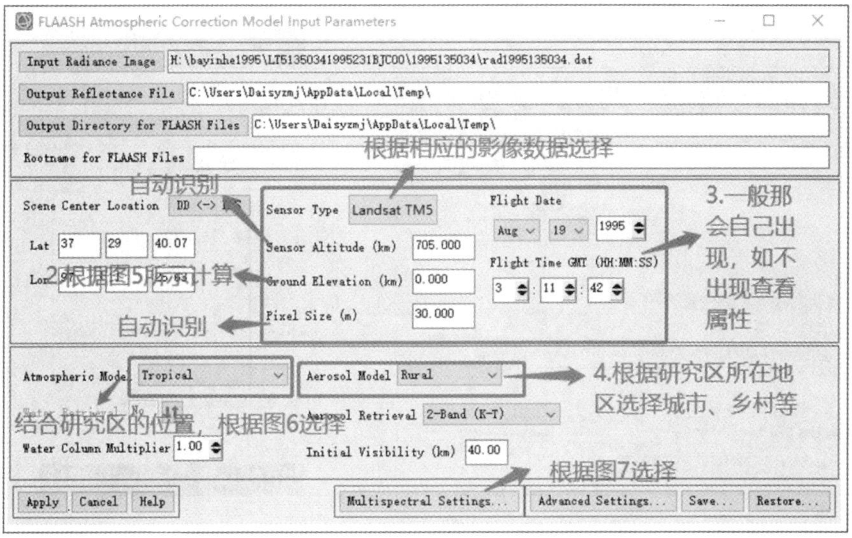

图 12-4　大气校正各参数选择

② 计算 Ground Elevation。由于 FLAASH 大气校正需要影像区域的平均高程，所以可使用 ENVI 自带的全球高程数据进行计算。选择【File】→【Open World Data】→【Elevation】，打开 ENVI 自带的全球 900mDEM 数据。再将需要计算高程数据的影像打开（须带坐标信息），可以放大并看到影像数据已叠加在 DEM 数据上[见图 12-5(a)]。

打开工具箱中的【Statistics】→【Compute Statistics】，然后在输入文件对话框中选择“GMTED2010.jp2”数据，再单击【Stats Subset】，单击【File】，选择需要统计高程信息的图像，然后点击【OK】[见图 12-5(b)]。

之后的参数均设置为默认。最后得到统计的平均高程信息[见图 12-5(c)]。

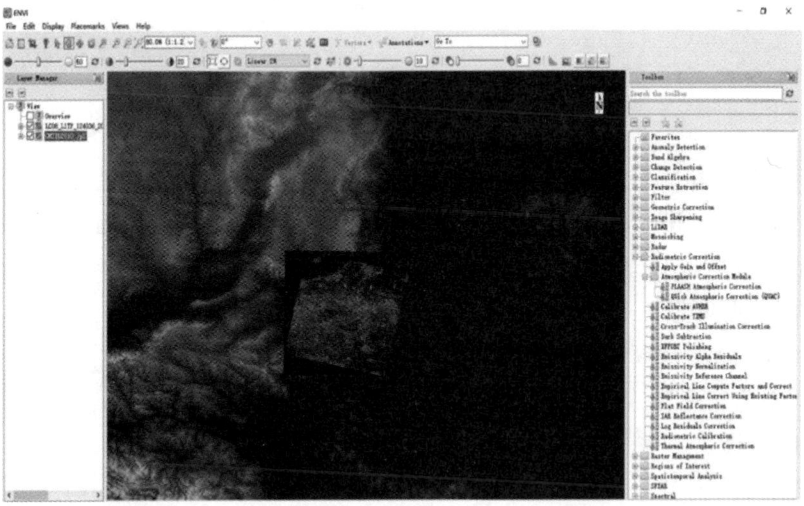

(a)

图 12-5　平均高程计算过程

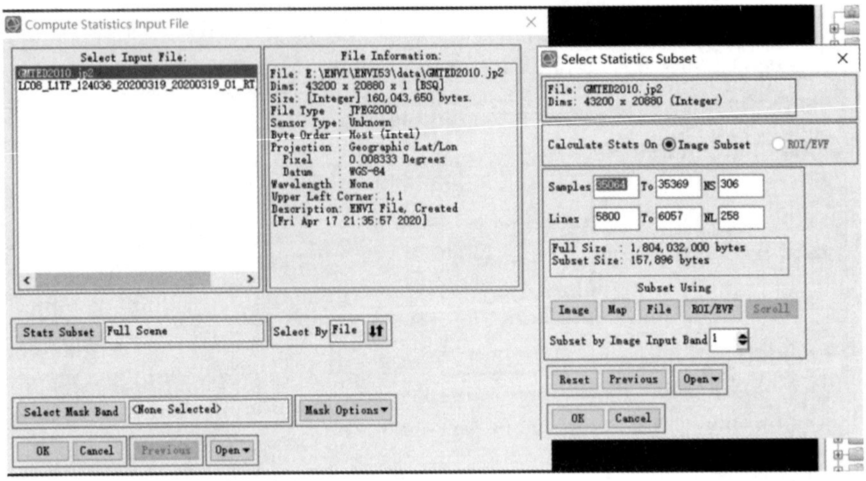

(b)

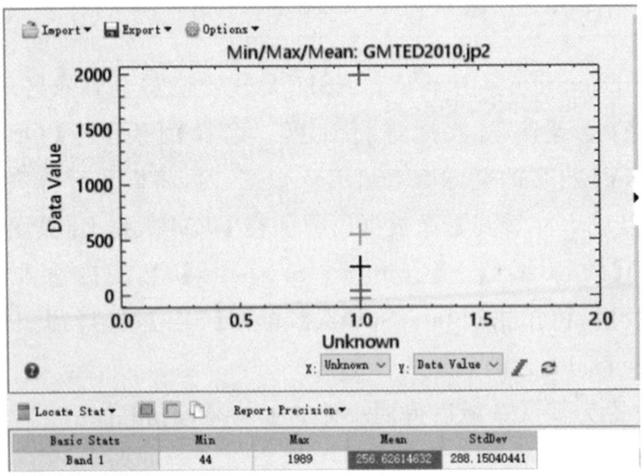

(c)

图 12-5(续)

③ Aerosol Model 气溶胶模型:选择城市 Urban(根据影像所处地区真实情况选择)。

④ Atmospheric Model:根据影像中心纬度(为 34°)确定大气模型为 MLS(见图 12-6)。

⑤ Hyperspectral Settings 参数选择(见图 12-7)。

(3) 影像数据裁剪

使用 ENVI 中的 Sub 工具进行裁剪。

12.4.3.2　四个指数计算

(1) 绿度计算

① 绿度指数的计算,一般利用归一化植被指数(NDVI),公式为:NDVI=(NIR−Red)/(NIR+Red),即在【Bandmath】工具中输入 NDVI 计算公式:(float(b2)−float(b1))/(float(b2)+float(b1)),其中 b1、b2 分别是红波段和近红外波段[图 12-8(a)(b)]。

Latitude(°N)	Jan.	March	May	July	Sept.	Nov.
80	SAW	SAW	SAW	MLW	MLW	SAW
70	SAW	SAW	MLW	MLW	MLW	SAW
60	MLW	MLW	MLW	SAS	SAS	MLW
50	MLW	MLW	SAS	SAS	SAS	SAS
40	SAS	SAS	SAS	MLS	MLS	SAS
30	MLS	MLS	MLS	T	T	MLS
20	T	T	T	T	T	T
10	T	T	T	T	T	T
0	T	T	T	T	T	T
-10	T	T	T	T	T	T
-20	T	T	T	MLS	MLS	T
-30	MLS	MLS	MLS	MLS	MLS	MLS
-40	SAS	SAS	SAS	SAS	SAS	SAS
-50	SAS	SAS	SAS	MLW	MLW	SAS
-60	MLW	MLW	MLW	MLW	MLW	MLW
-70	MLW	MLW	MLW	MLW	MLW	MLW
-80	MLW	MLW	MLW	SAW	MLW	MLW

图 12-6　Atmospheric Model 选择

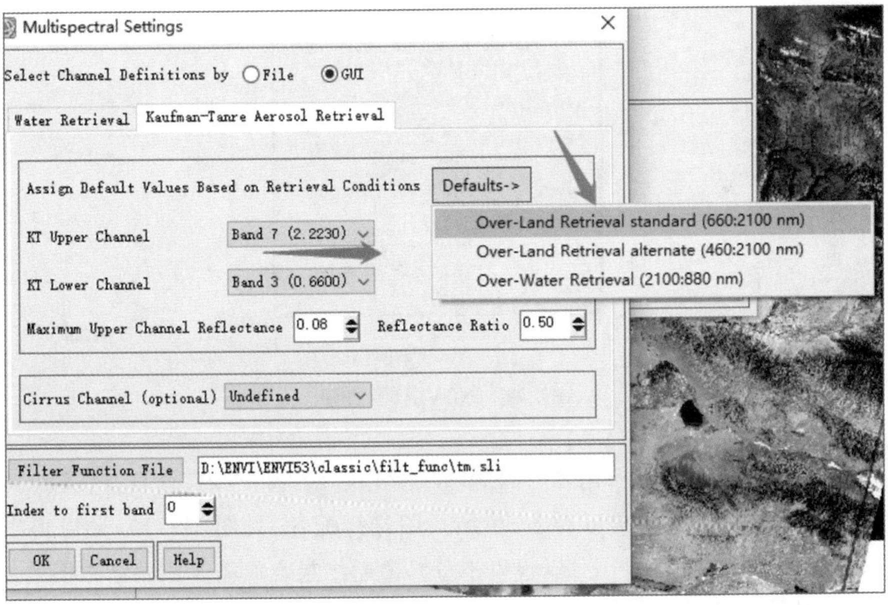

图 12-7　Hyperspectral Settings 选择

对 NDVI 的结果进行归一化处理，结果如图 12-9 所示。公式：(float(b1) lt 0) * 0＋(float(b1) gt 1) * 1＋(float(b1) ge 0 and float(b1) le 1) * float(b1)。

② 右键选择统计【Quick Stats】，分别取累积概率为 5％和 95％的 NDVI 值作为“NDVImin”和“NDVImax”（见图 12-10），根据公式 VFC＝（NDVI－NDVImin）/

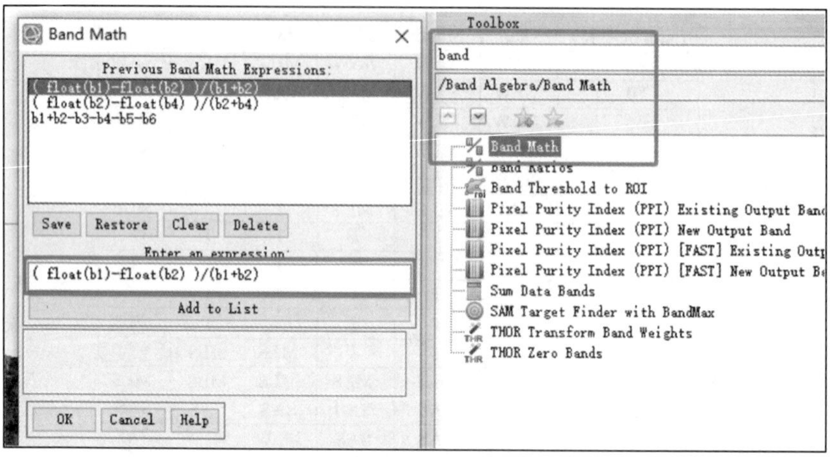

(a)

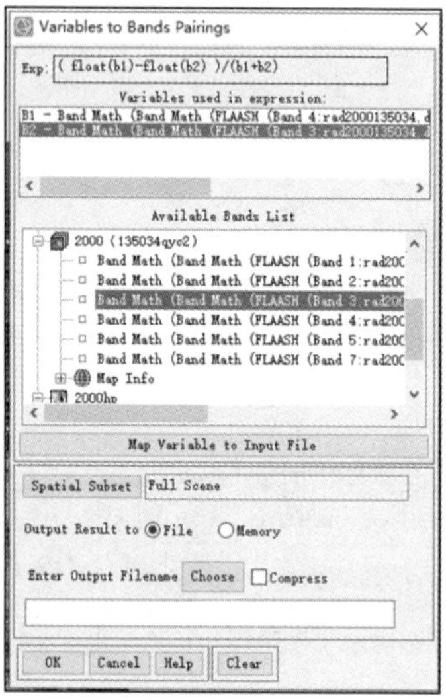

(b)

图 12-8　NDVI 计算过程

(NDVImax－NDVImin)将归一化之后的 NDVI 影像数据进行 VFC 计算并在【Band Math】中进行运算，根据相关经验标准可对 VFC 结果图进行配色(见图 12-11)，最后得出绿度分级图[见图 12-12，可将绿度进行分级(也可不分)，最后结果合成需要原始结果图]。

(2) 湿度计算

湿度可根据公式 WET＝c1B1＋c2B2＋c3B3＋c4B4＋c5B5＋c6B6 用 ENVI 工具中的【Band Math】进行运算。

B1～B6 分别代表蓝波段、绿波段、红波段、近红外波段、中红外波段 1、中红外波段 2；c1～c6 是传感器参数。由于传感器的类型不同，参数相应有所不同。其中，对于 TM 传感器，c1～c6 分别为 0.031 5、0.202 1、0.301 2、0.159 4、－0.680 6、－0.610 9；对于 OLI 传感器，c1～c6 分别为 0.151 1、0.197 3、0.328 3、0.340 7、－0.711 7、－0.455 9。

图 12-9　NDVI 结果图

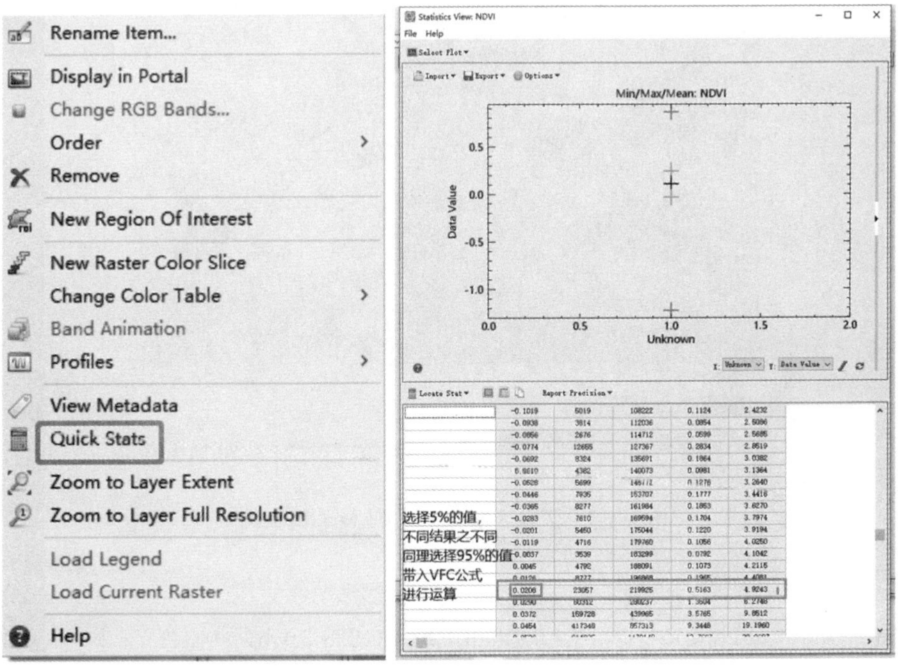

图 12-10　NDVI 中 NDVImax 与 NDVImin 统计

不同传感器的湿度计算公式：

Wet－TM＝(b1 ∗ 0.031 5＋b2 ∗ 0.202 1＋b3 ∗ 0.301 2＋b4 ∗ 0.159 4＋b5 ∗ (－0.680 6)＋

图 12-11　实验区 VFC 结果图

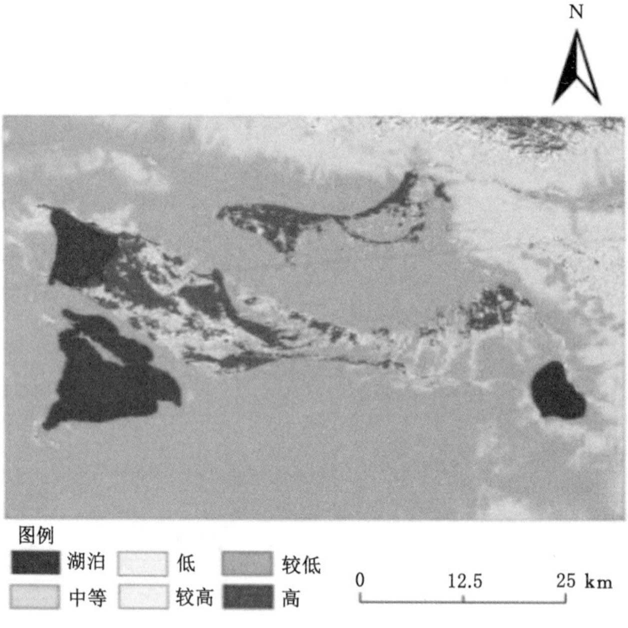

图 12-12　实验区绿度分级图(ArcGIS 制图)

b7 * (—0.610 9))/10 000

Wet—OLT=(b1 * 0.151 1+b2 * 0.197 3+b3 * 0.328 3+b4 * 0.340 7+b5 * (—0.711 7)+b7 * (—0.455 9))/10 000

在计算湿度过程中乘以 1/10 000,是为了使湿度的范围值落在[—1,1]区间,其结果图见图 12-13。

根据上述方法可在 ENVI 中进行密度分割,对相应的结果图在 ENVI 中右键选择【New Raster Color Slice】,以此可对干度结果图进行分级。

图 12-13　实验区湿度结果图

(3) 干度指数(NDBSI)计算

干度指数(NDBSI)可由城市建筑指数(IBI)和裸土指数(SI)的平均值得到，该指数的范围是[−1,1]，值越大，表示越干燥。干度计算各公式如下：

$$\mathrm{IBI}=\frac{\dfrac{2\rho_{\mathrm{swir1}}}{\rho_{\mathrm{swir1}}+\rho_{\mathrm{nir}}}-\left(\dfrac{\rho_{\mathrm{nir}}}{\rho_{\mathrm{mir}}+\rho_{\mathrm{red}}}+\dfrac{\rho_{\mathrm{green}}}{\rho_{\mathrm{green}}+\rho_{\mathrm{swir1}}}\right)}{\dfrac{2\rho_{\mathrm{swir1}}}{\rho_{\mathrm{swir1}}+\rho_{\mathrm{nir}}}+\left(\dfrac{\rho_{\mathrm{nir}}}{\rho_{\mathrm{mir}}+\rho_{\mathrm{red}}}+\dfrac{\rho_{\mathrm{green}}}{\rho_{\mathrm{green}}+\rho_{\mathrm{swir1}}}\right)}$$

$$\mathrm{SI}=\frac{(\rho_{\mathrm{swir1}}+\rho_{\mathrm{red}})-(\rho_{\mathrm{nir}}+\rho_{\mathrm{blue}})}{(\rho_{\mathrm{swir1}}+\rho_{\mathrm{red}})+(\rho_{\mathrm{nir}}+\rho_{\mathrm{blue}})}$$

$$\mathrm{NDBSI}=\frac{\mathrm{IBI}+\mathrm{SI}}{2}$$

式中，ρ_{blue}、ρ_{green}、ρ_{red}、ρ_{nir}、ρ_{swir1} 分别表示蓝、绿、红、近红外、中红外 1。

在【Band math】中输入公式：

SI=(float((b3+b5)−(b1+b4)))/((b3+b5)+(b1+b4))

IBI =(float(2 * b5)/float(b5+b4)−(float(b4)/(float(b4+b3)+(float(b2))/(float(b2+b5)))/(float(2 * b5)/float(b5+b4)+(float(b4)/float(b4+b3)+(float(b2))/(float(b2+b5)))

式中，b1～b5 分别表示蓝、绿、红、近红外波段、中红外波段 1。

NDBSI=(b1+b2)/2，其中 b1、b2 分别为 IBI 图像、SI 图像。

最后对得出的结果图进行归一化处理，公式为(b1 lt min) * 0+(b1 gt max) * 1+(b1 ge min and b1 le max) * ((b1−min)/ (max−min))，结果图见图 12-14。

(4) LST 计算

① 获得辐射亮度图像

对数据中的热红外波段进行辐射定标，获得辐射亮度图像。Landsat 5 影像为第 6 波段，Landsat 8 影像为第 10 波段。打开数据，进行辐射定标，获得辐射亮度图像。在 ENVI 中打开原始数据“MTL.txt”，选择【Radiometric Calibration】工具，选择“MTL_Thermal”数

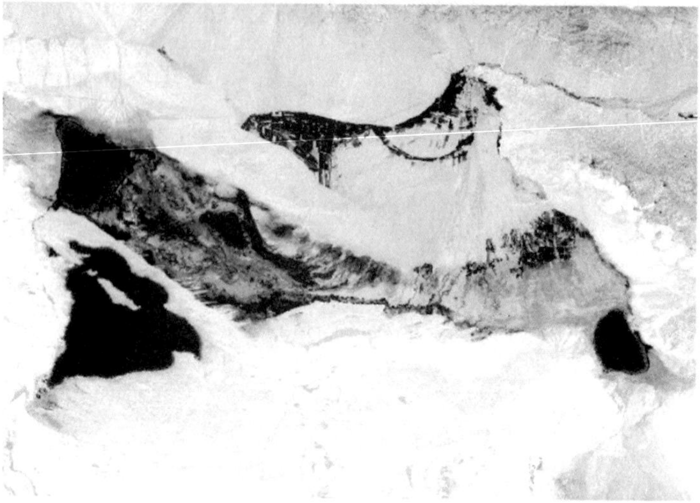

图 12-14 NDBSI 结果图

据,并根据需要选择【spatial subset】(可对影像数据进行裁剪)。

② 计算 NDVI

NDVI=(Nir−Red)/(Nir+Red)

③ 计算植被覆盖度 VFC

计算植被覆盖度 VFC 采用的是混合像元分解法,将整景影像的地类大致分为水体、植被和建筑,具体的计算公式如下:

VFC=(NDVI−NDVImin)/(NDVImax−NDVImin)

式中,NDVI 为归一化差异植被指数,取 NDVImax(置信区间 95%)和 NDVImin(置信区间 5%),最后进行归一化。

利用 ENVI 的【Band Math】,在公式输入栏中输入:

Fv=(b1 lt min) * 0+(b1 gt max) * 1+(b1 ge min and b1 le max) * ((b1−min)/(max−min))

式中,b1 为 NDVI 结果。

注:上述步骤②③参照指数计算中的绿度计算过程。

④ 地表比辐射率 ε 计算

根据前人的研究将遥感影像分为水体、城镇和自然表面 3 种类型。本专题采取以下方法计算研究区地表比辐射率。水体像元的比辐射率(ε_{water})赋值为 0.995,自然表面和城镇像元的比辐射率估算则分别根据下式计算:

$$\varepsilon_{surface}=0.9625+0.0614 * VFC-0.0461 * VFC^2$$

$$\varepsilon_{building}=0.9589+0.086 * VFC-0.0671 * VFC^2$$

$$\varepsilon_{water}=0.995$$

式中,$\varepsilon_{surface}$和$\varepsilon_{building}$分别代表自然表面像元和城镇像元的比辐射率。

在 ENVI 中的计算公式：

Surf=(b1 le Min) * 0.995+(b1 gt Min and b1 lt Max) * (0.9589+0.086 * b2−0.0671 * b2 * b2)+(b1 ge Max) * (0.9625+0.0614 * b2−0.0461 * b2 * b2)

式中，b1 为 NDVI 值，b2 为植被覆盖度。

⑤ 计算相同温度下黑体的辐射亮度值

查询大气剖面数据(http://atmcorr.gsfc.nasa.gov/，也可在 ENVI 中的 APP Store 中下载 Landsat 8 LST 插件，可得出相关信息)，输入相关参数可得到大气剖面信息：大气在热红外波段的透过率(t)，大气向上辐射亮度(Lu)，大气向下辐射亮度(Ld)，见图 12-15。

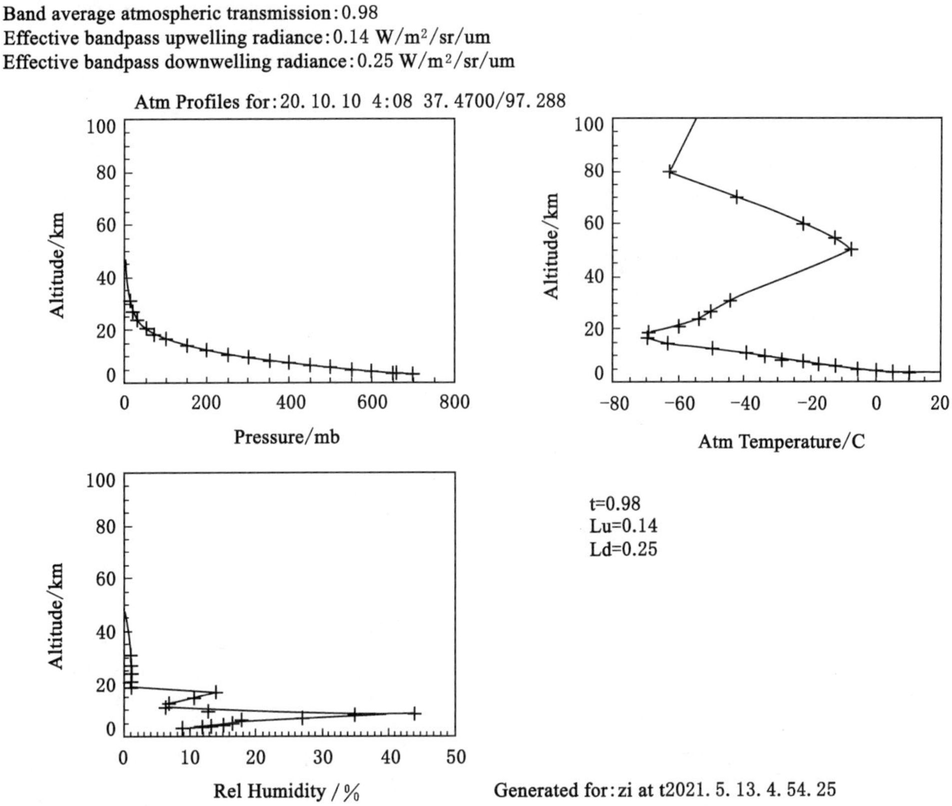

图 12-15 大气剖面数据

在【Band Math】中运算黑体辐射(见图 12-16)：

BlackT=(b2−Lu−t * (1−b1) * Ld)/(t * b1)

式中，b1 为地表比辐射率，b2 为热红外波段辐射亮度。

⑥ 反演地表温度

在 ENVI 的【Band Math】中运算的温度反演公式如下(见图 12-17，图 12-18 为 LST 反演的热度结果图)：

Landsat 5：T=(1 260.56)/alog(607.76/b1+1)−273

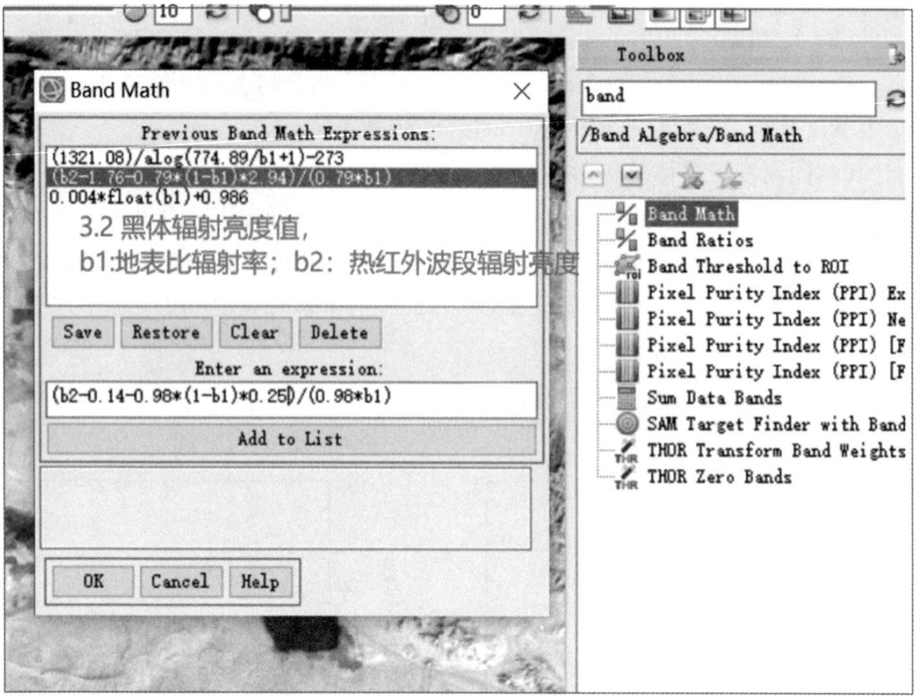

图 12-16　黑体辐射亮度值运算

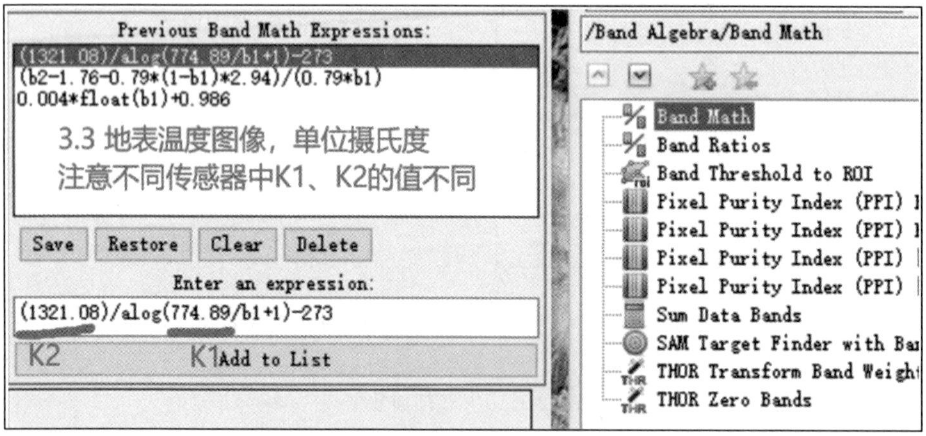

图 12-17　地表温度反演过程

Landsat 8：T=(1 321.08)/alog(774.89/b1+1)−273

式中，b1 选择相同温度下黑体辐射亮度图像。

注意：4 个指标的量纲不统一，因此在做主成分变换前，必须先对这些指标进行正规化，将它们的数值映射到[0,1]区间，转化成无量纲，最后再计算 PCA。

图 12-18　LST 反演的热度结果图

12.4.3.3　四个归一化的指标合成

运用 ENVI 中的工具【LayerStacking】，选择归一化后的四个指标图像进行波段组合。顺序从上到下分别为 NDVI、WET、NDBSI、LST（过程图见图 12-19，结果图见图 12-20）。

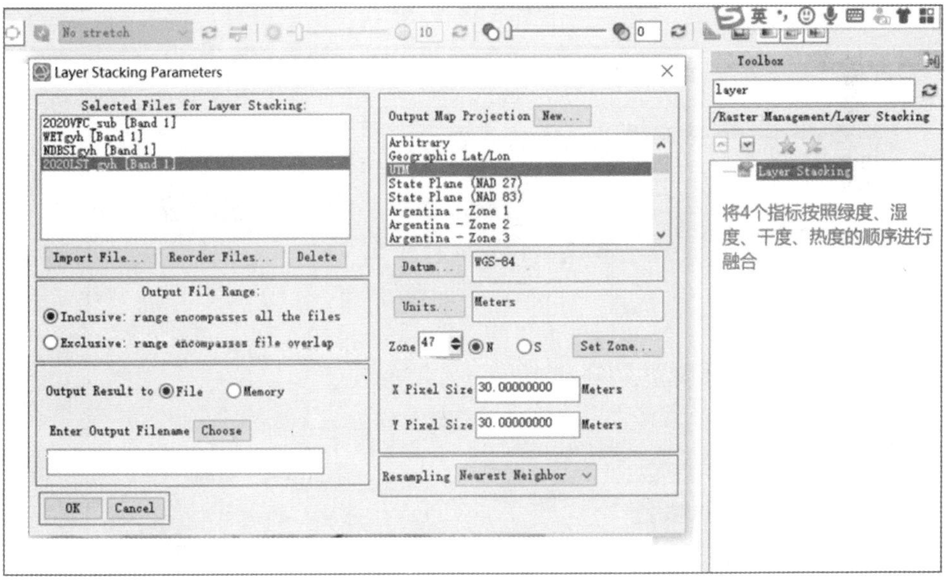

图 12-19　四个指标合成步骤图

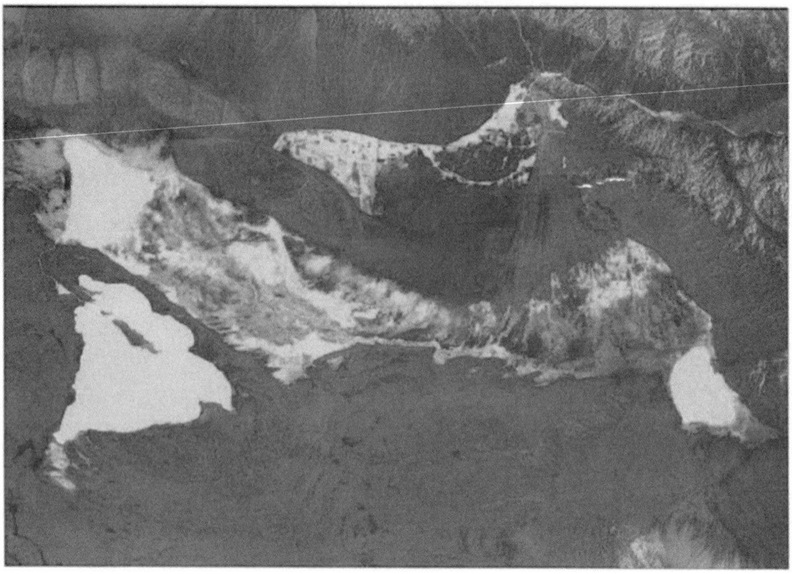

图 12-20　合成结果图

12.4.3.4　主成分分析

使用 ENVI 中的【Transforms】→【Principal Components】→【Forward PCA Rotation】→【Compute New Statistics and Rotate】[如图 12-21(a)(b)所示]。

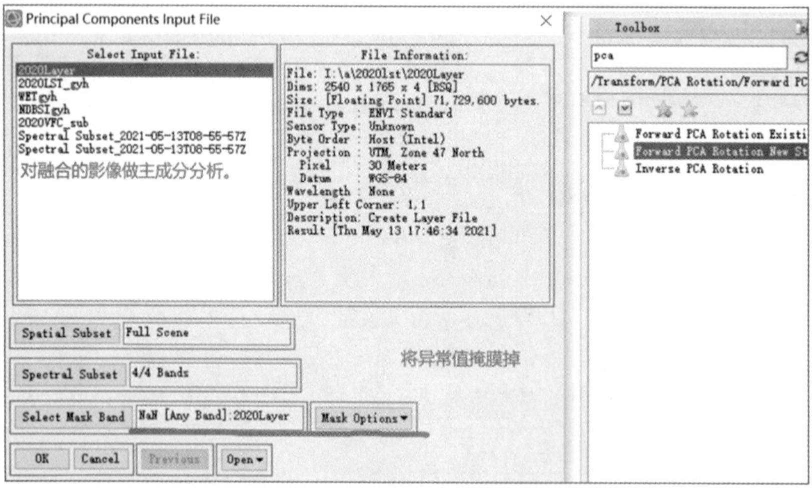

(a)

图 12-21　主成分分析过程

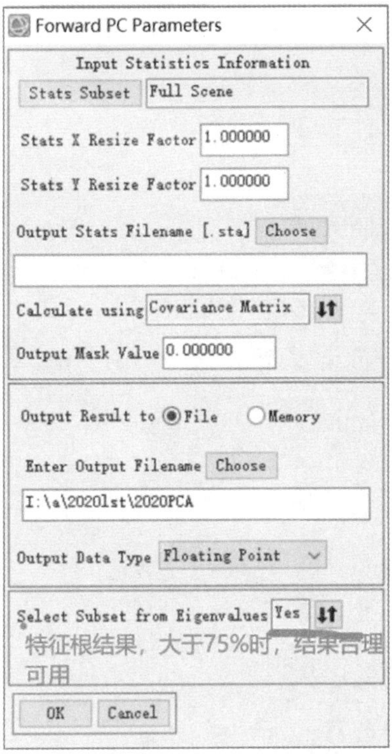

(b)

图 12-21(续)

可对 PCA 的结果(见图 12-22)进行分析，PCA 以“PCA1”的结果为主，经过主成分分析之后，第一主成分“PCA1”即初始遥感生态指数 RSEI0。在个别情况下，生态较好的区域 RSEI0 值反而越低，这时候可以用公式 1－RSEI0 进行计算，使 RSEI 值越高的地方表示生态环境越好(本实验区使用了此方法)。

图 12-22　PCA 结果图

对得到的 RSEI 值进行标准化处理，使得其范围在[0,1]区间。RSEI 值越大，表示该地区的生态环境越好，见图 12-23。

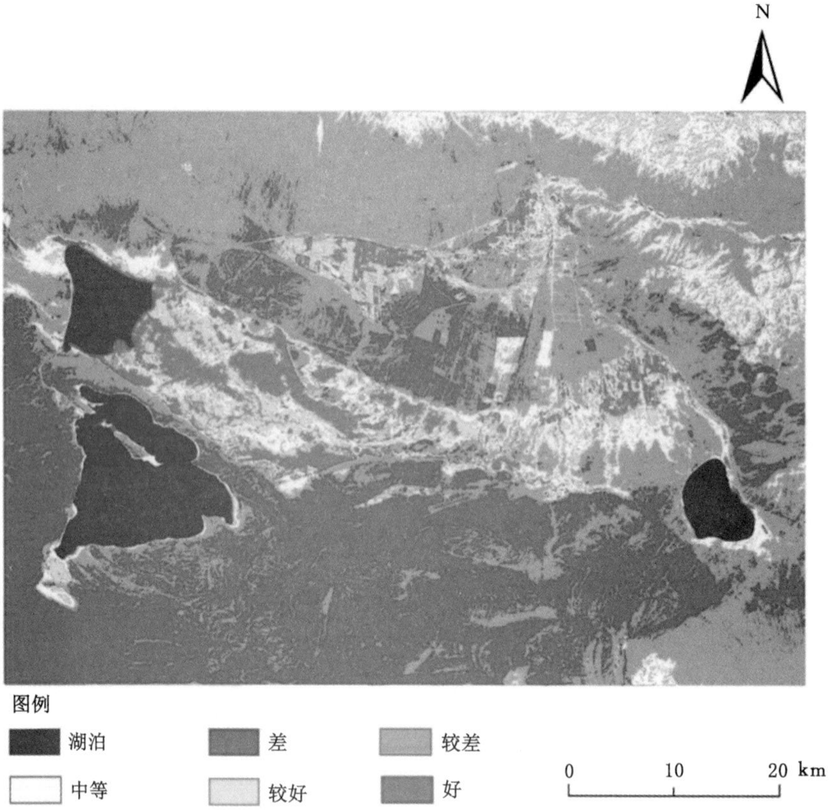

图 12-23 RSEI 成果图

最后可根据相关资料对 RSEI 结果做分析，同时将其与 EI 的结果进行分析对比。

12.5 实验成果提交

上机实习报告一份，上机实习的具体操作步骤(含中间结果)一份，实习操作步骤及中间结果用 Word 文档格式保存。

实习成果以“专业＋班级＋姓名＋‘_’＋实习序号＋.rar”命名，“.rar”为电子文档的扩展名。

实习成果命名示例：地科 1901 王小明_实习 12.rar。

实验 13　区域地表沉降信息提取

13.1　实验目的

（1）掌握基于雷达（SAR）遥感数据提取区域地表沉降信息的基本原理。

（2）掌握区域地表沉降信息提取的方法。

13.2　实验内容

采用 SBAS-InSAR 的方法提取区域地表沉降量及形变速率。

13.3　实验要求

根据义马煤田矿区的 SAR 数据和 DEM 数据，完成下列分析：

利用时序 SAR 数据获取矿区某年的形变速率以及形变量。

13.4　实验步骤

13.4.1　实验区简介

义马煤田位于河南省西部义马市、渑池境内，豫西浅山丘陵区，地表起伏不平，沟壑纵横，其地理位置为北纬 34°42′～34°46′，东经 111°50′47″～111°50′49″，面积约 150 km^2。义马市北部和南部为低山丘陵，海拔 500～700 m，中部为东西向涧河谷底，整体地势北高南低、西高东低，南北倾斜度大，属秦岭余脉崤山延伸地带。义马市矿产资源丰富，已探明煤炭总储量达 79 亿 t。保有储量约 9 亿 t，可采储量约 5 亿 t。铝土、玻璃石英砂、火礁岩、重晶石、硫铁矿等矿产资源也很丰富，其中铝土矿探明储量 1.02 亿 t，占河南省总储量的 50％以上。

由于受资源枯竭、政策等因素影响，原有的 5 个生产矿井和 1 个露天煤矿，一半矿井已经相继关闭，目前耿村煤矿、千秋煤矿和常村煤矿仍正常生产，义马煤田各井（矿）田分布参照图 13-1。

13.4.2　实验原理与实验数据

13.4.2.1　实验原理

InSAR 技术是一种高效的大区域滑坡监测的对地观测技术，它通过利用雷达影像的相

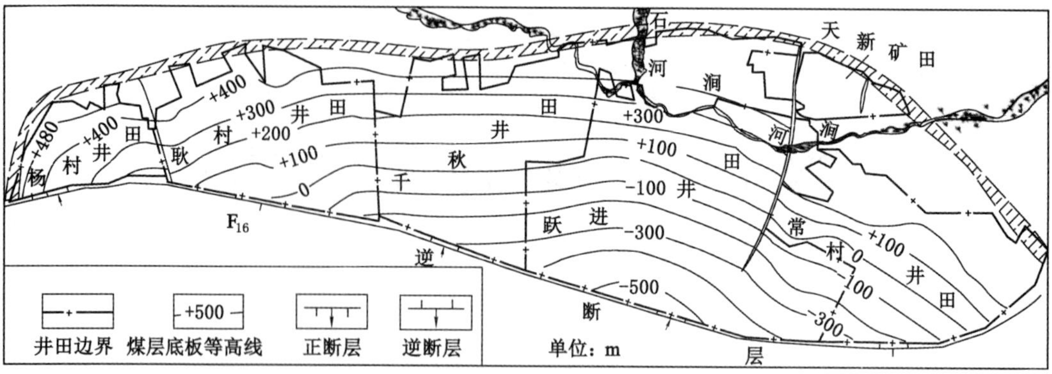

图 13-1　义马煤田各井(矿)田分布图

位信息获取目标点在雷达视线方向的形变信息，具有全天时、全天候、不受天气影响、以厘米量级来精确获取地表形变的优点，相较于光学遥感，InSAR 能更好地定量监测、表征地表自然环境形态变化，揭示地表缓慢移动的过程。主要的监测方法有：差分干涉 D-InSAR、与 PS 技术结合的 PS-InSAR、时间序列 InSAR、地基合成孔径干涉雷达 GBInSAR。

小基线集 InSAR(SBAS-InSAR)方法属于时间序列 InSAR 分析方法，该方法弥补了传统 D-InSAR 方法的缺点，相较于仅使用一对干涉数据，SBAS-InSAR 利用多次重复轨道在稳定散射体目标上形成的冗余观测，将形变相位和无关成分分离，从而提高形变测量的精度和可靠性。SBAS-InSAR 方法最早于 2002 年由意大利学者提出，按照短时间基线的原则生成拥有多幅主影像的序列干涉图，对差分干涉相位进行空间滤波，再基于平均空间相干性识别慢失相关滤波相位像素点，然后进行三维相位解缠和奇异值分解，求解单主影像相位序列，最后使用时空滤波估计和去除大气延迟相位，得到地形高程误差和形变序列信息。SBAS-InSAR 技术流程图如图 13-2 所示。

13.4.2.2　实验数据

本实验数据为义马煤田 2015 年 11 景 Sentinel-1A 卫星 Level-1 等级的单视复数图像(Single Look Complex, SLC)数据(下载地址：https://scihub.copernicus.eu/dhus/#/home)以及 ALOS PALSAR 12.5M 分辨率的 DEM 数据。

13.4.3　实验步骤

使用工具：SARscape 5.2.1、ENVI 5.3。

13.4.3.1　SARscape 5.2.1 安装步骤

利用 SARscape 可以对原始 SAR 数据进行处理分析，输出 SAR 图像产品、数字高程模型(DEM)和地表形变图等信息，并且可以将提取的信息与光学遥感数据、地理信息集成在一起。该软件架构于 ENVI 遥感图像处理软件之上，提供图形化操作界面，具有专业雷达图像处理和分析功能。

对 SARscape 进行安装时直接双击该软件按照安装流程进行安装，安装成功后打开 ENVI 5.3，在右侧工具栏中就会显示 SARscape 工具。

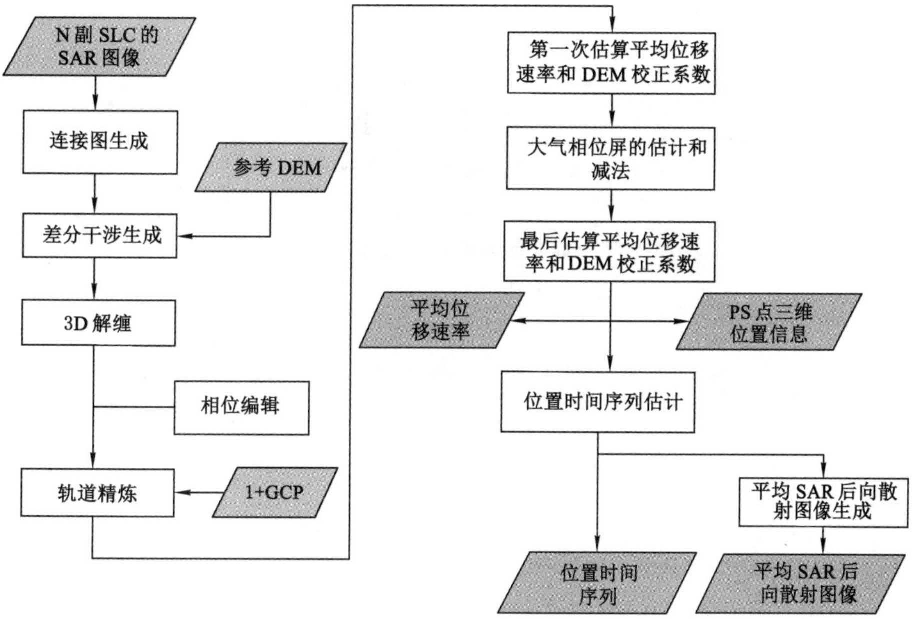

图 13-2　SBAS-InSAR 技术流程图

13.4.3.2　【SARscape Preferences】设置

设置符合特定数据类型的系统参数，打开【SARscape Preferences】，见图 13-3，点击【Load Preferences】，选择符合数据格式的选项，本实验使用的数据源为 Sentinel-1，所以此处选择与哨兵 1 号相符合的 SENTINEL_TOPSAR。

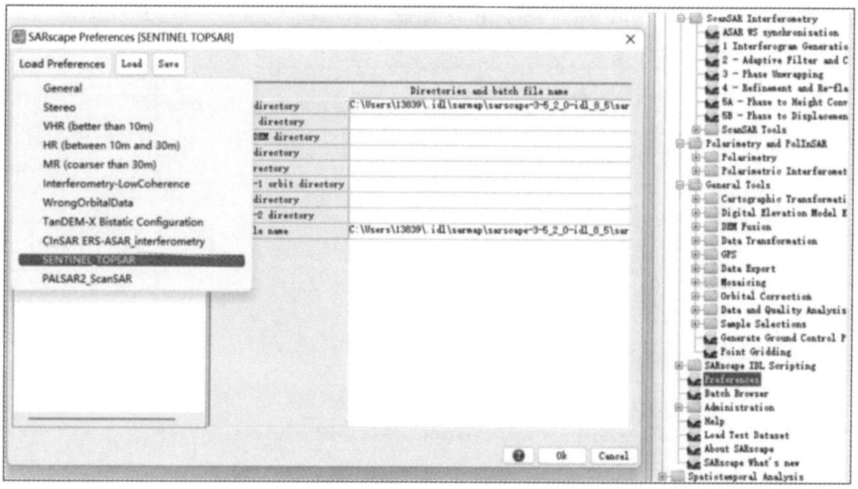

图 13-3　【SARscape Preferences】设置界面

13.4.3.3　数据导入

（1）本次实验所使用的数据源为 Sentinel-1，需要对下载好的数据进行解压，然后选择

【SARscape】→【SAR Spaceborne】→【SENTINEL 1】，导入哨兵 1 解压文件中的“.safe”文件，见图 13-4。

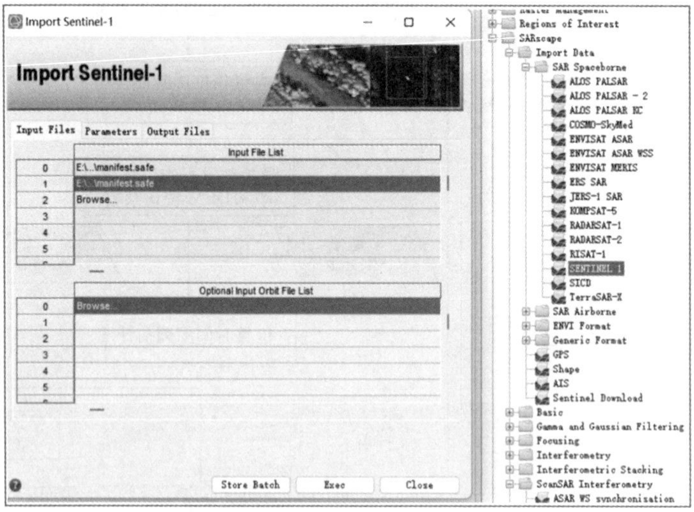

图 13-4　数据导入

(2) 将参数【Parameters】选择框中的【Rename the File Using Parameters】设置为“True”，见图 13-5。

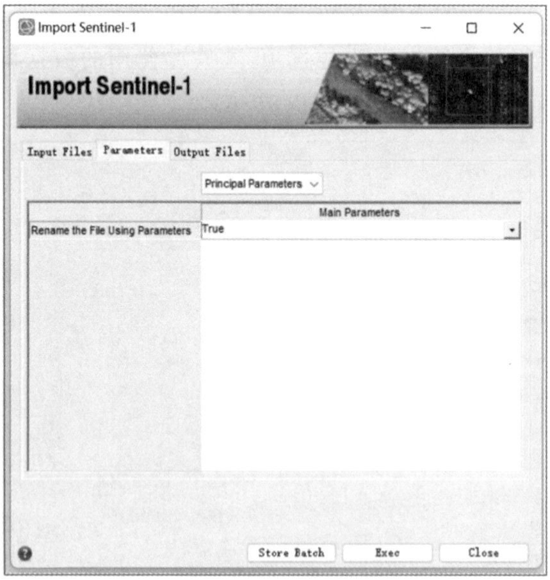

图 13-5　数据导入对话框中【Parameters】选项卡参数设置

(3)文件输出时可以对文件框右键，选择 Change Output Directions 更改输出文件的路径(见图 13-6)，设置好后点击【Exec】运行，结果见图 13-7。

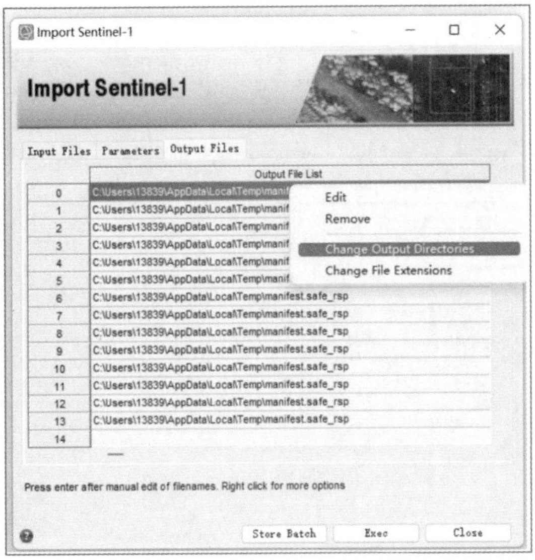

图 13-6　输出导入的数据

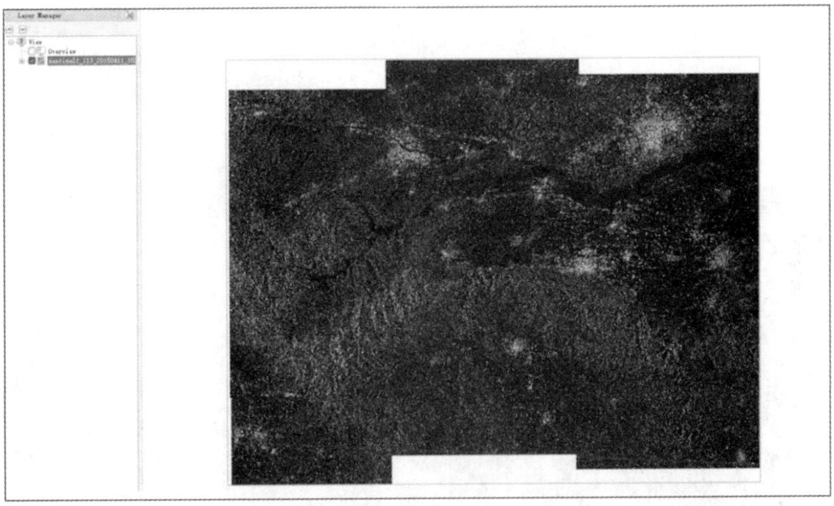

图 13-7　导入的 2015 年 4 月 11 日 Sentinel-1 VV 数据结果

13.4.3.4　Option 裁剪

按照指定的范围对哨兵 1 号数据进行裁剪。

(1) 打开【Sample Selection】→【Sample Selection SAR Geometry Data】对话框，导入需要裁剪的"_VV_slc_list"文件。

(2) 在【Optional Files】选项页【Vector File】中选择研究区域矢量文件，从【DEM File】中导入准备好的且比研究区大的 DEM，【Input Reference File】这里暂且不输入。

(3)【Parameters】选项对话框参数设置见图 13-8。

(4) 输出文件(Output Files)：自动添加"_cut"，裁剪结果图见图 13-9。

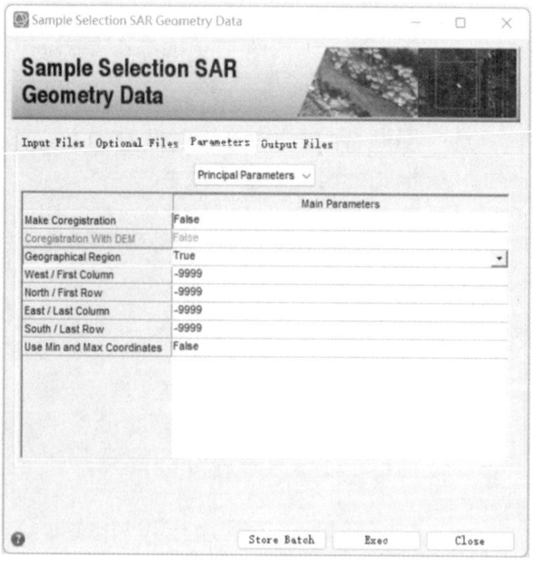

图 13-8 【Parameters】选项对话框参数设置

图 13-9 2015 年 4 月 11 日裁剪结果图

13.4.3.5 生成连接图(Connection Graph)

(1) 选择【SARscape】→【Interferometric Stacking】→【SBAS】→【1 - Connection Graph】,打开连接图生成对话框,输入裁剪好的文件。

(2)【Optional Files】选项卡中的【Super Master File】不用输入,软件会按照相对关系自动选择最佳的超级主影像。由于数据量过多,此处选择 3D 解缠模式,【Parameters】对话框的参数设置见图 13-10，设置文件输出路径，点击【Exec】运行。

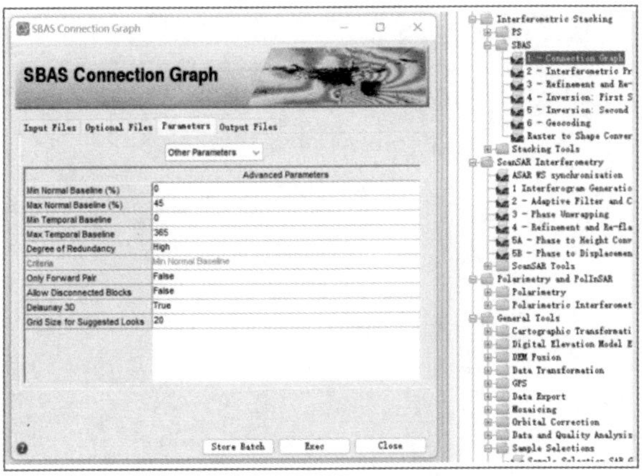

图 13-10　连接图生成中【Parameters】对话框的参数设置

这一步会生成 4 个结果，即时间基线图(见图 13-11)、空间基线图(见图 13-12)、3D 解缠的子像对(见图 13-13)以及弹出的 txt 格式报告，记录各相对的基线情况以及自动选出的超级主影像。

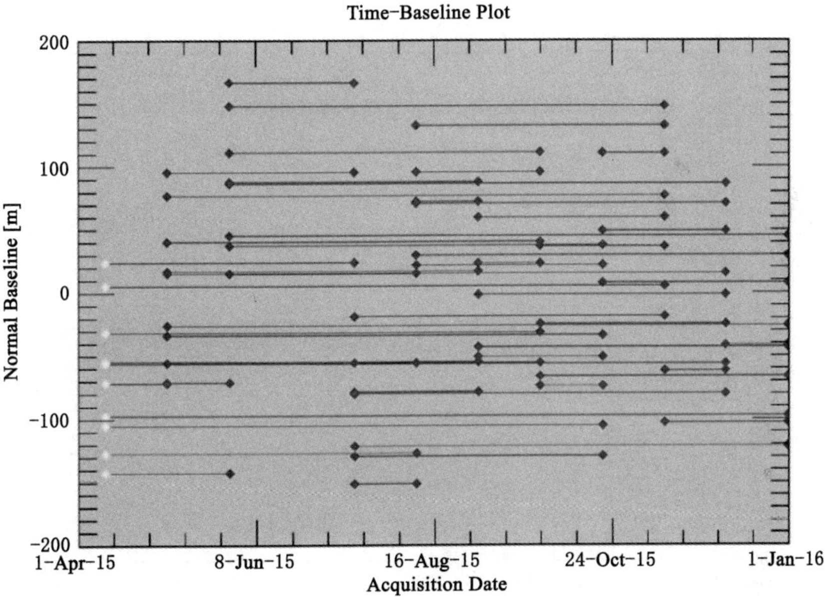

图 13-11　时间基线图

13.4.3.6　干涉工作流(Interferometric Process)

根据像对的连接关系对每个像对进行干涉工作流处理，包括干涉图生成、干涉图去平、自适应滤波和相干性生成以及相位解缠，生成一系列解缠后的相位图，所有的干涉图最终都与超级主影像进行了配准，为下一步轨道精炼、重去平以及 SBAS 反演做准备。

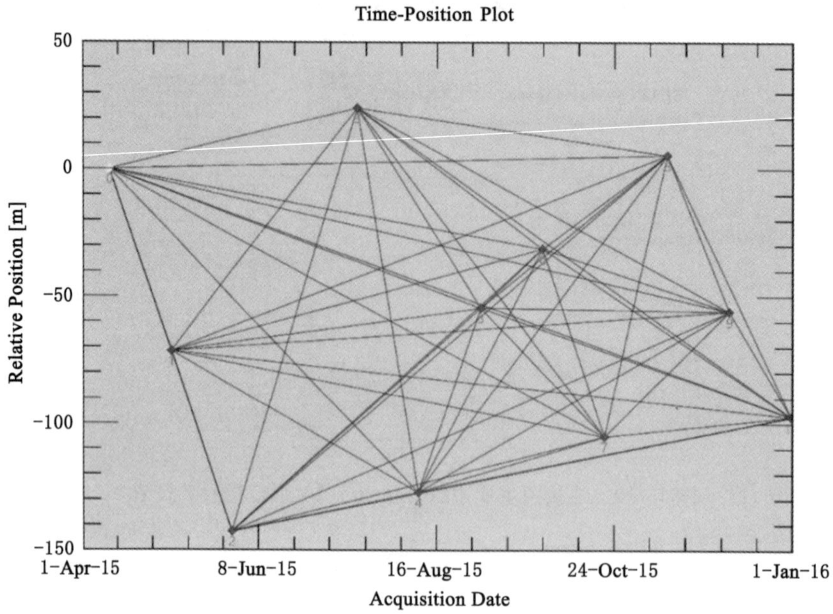

图 13-12　空间基线图

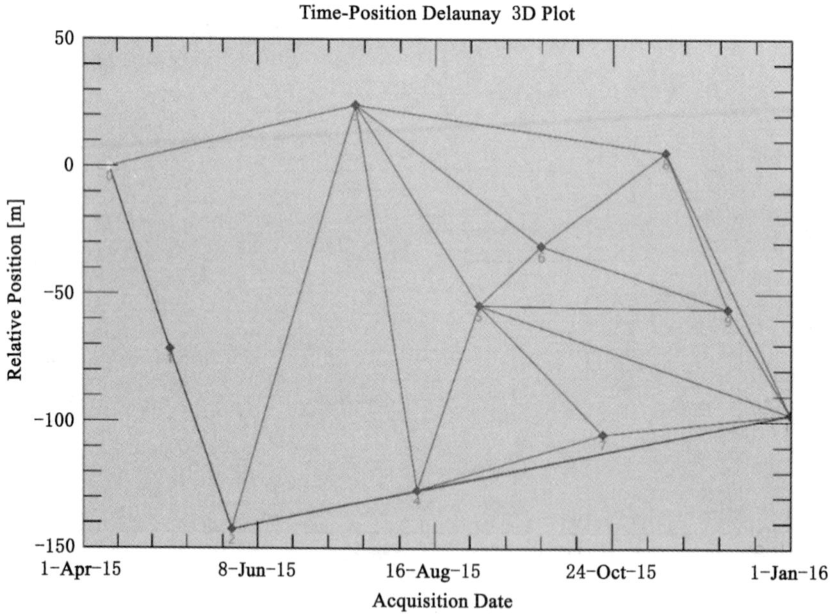

图 13-13　3D 解缠的子像对

选择【SARscape】→【Interferometric Stacking】→【SBAS】→【2 — Interferometric Process】，在【Input File】中导入 13.4.3.5 生成的“auxiliary.xml”文件，随后导入 DEM，【Parameters】参数设置中根据哨兵 1 号分辨率的特征将其 Range Looks 改为 5，其他默认，点击【Exec】运行。

生成的结果为各个像对去平和滤波后的干涉图（＊_fint）（见图 13-14）、相关系数图（＊_cc）和解缠结果图（＊_upha）（见图 13-15），结果文件存储于上一步生成的文件夹根目录下的“interferogram_stacking”文件夹中。在 ENVI 中打开并查看解缠结果（IS_upha_list_meta）和相应的相干性图（IS_cc_list_meta），查看有无相干性低和解缠结果不好的像对。

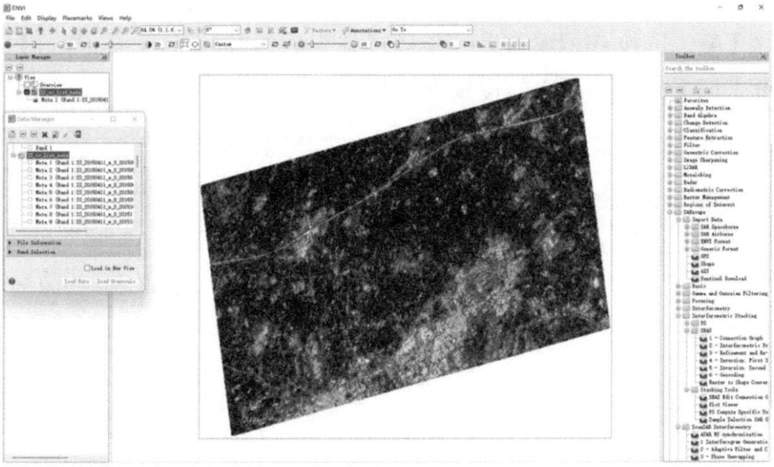

图 13-14　相干性图

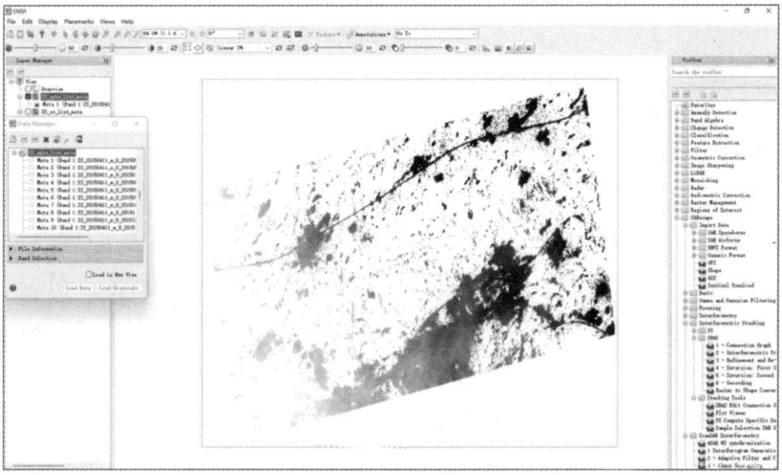

图 13-15　解缠结果图

13.4.3.7　连接图编辑（SBAS Edit Connection Graph）

依次查看上一步生成的各个像对的相干性图（_cc）和解缠结果图（upha）（存储于上一步生成的“interferogram_stacking”文件夹中的“interf_tiff”子文件夹中），使用连接图编辑工具将相干性低的像对移除。选择【SARscape】→【Interferometric Stacking】→【Stacking tools】→【SBAS Edit Connection Graph】，在【Auxiliary file】中选择上一步运行结束后的“auxiliary.sml”，然后分别在【Master List】和【Slave List】对话框中选择要移除的数据对，点击【Remove Pair】移除，重复上面的操作，直到移除掉所有需要移除的数据对。该步骤可用于需要对连接关系进行编辑的任何时候。

13.4.3.8　轨道精炼和重去平(Refinement and Re-Flattening)

该步骤的目的是估算和去除残余的恒定相位和解缠后还存在的相位坡道。

选择【SARscape】→【Interferometric Stacking】→【SBAS】→【3－Refinement and Re-Flattening】，在【Auxiliary file】输入上一步运行结束后的“auxiliary.sml”，在【DEM File】对话框选择参考 DEM，点击下图中的符号进行 GCP 创建，见图 13-16。

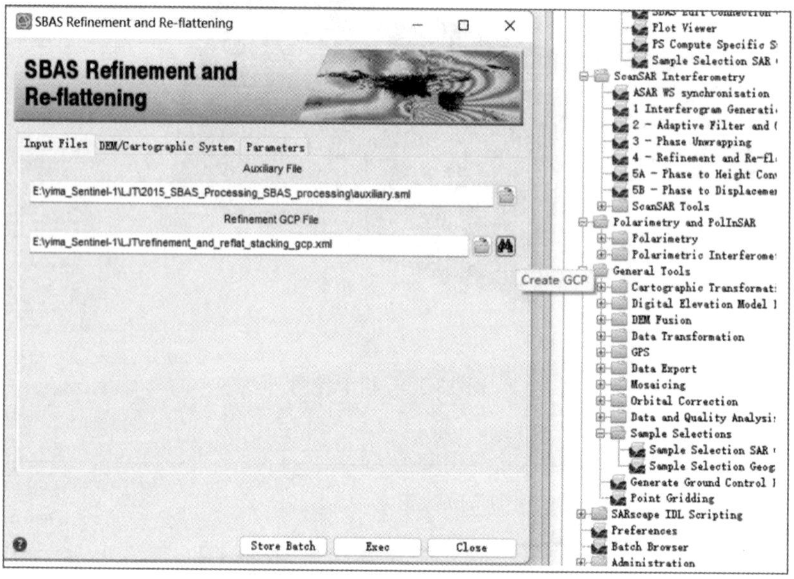

图 13-16　GCP 创建

GCP 创建对话框中选择已经解缠很好并且能够看出形变区域的解缠图作为【Input File】(＊_upha)，选择解缠结果少的解缠图作为【Reference image】(＊_upha)，这样可以保证 GCP 远离形变区域并且位于有效的解缠结果上，设置好后点击【Next】，一般选择 10 个以上控制点。

【Parameters】选项卡参数设置见图 13-17。

13.4.3.9　SBAS 反演 step1(Inversion：First Step)

这一步是 SBAS 反演的核心步骤，第一次估计位移速率和残余地形，用来对合成的干涉图进行去平，重新做相位解缠和轨道精炼，生成更优化的结果，用于下一步计算。打开【SARscape】→【Interferometric Stacking】→【SBAS】→【4－ Inversion：First Step】，选择最新的“auxiliary file.sml”文件，其他参数按照默认，点击【Exec】运行。

13.4.3.10　SBAS 反演 step2(Inversion：Second Step)

这一步的核心是计算时间序列上的位移，在第一步得到的形变速率(_disp_first)基础上，进行定制大气滤波，从而估算和去除大气相位，得到更加纯净的时间序列上的最终位移结果。

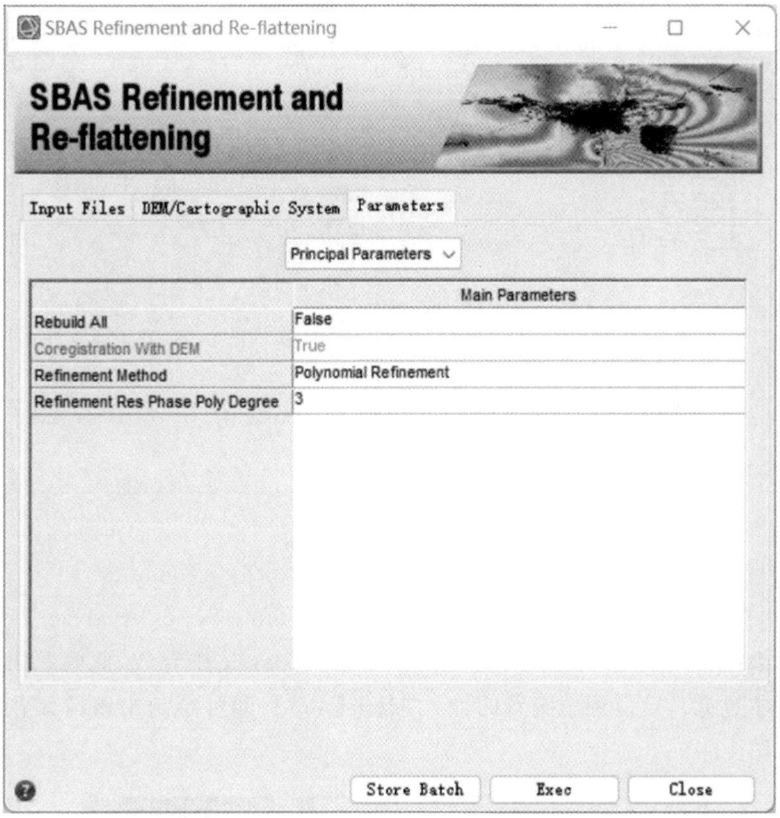

图 13-17　GCP 创建对话框中【Parameters】选项卡参数设置

打开【SARscape】→【Interferometric Stacking】→【SBAS】→【5－Inversion：Second Step】输入最新的“Auxiliary file”文件，选择在轨道精炼的时候使用的控制点文件作为“Displacement GCP file”，其他参数按照默认，点击【Exec】运行。

13.4.3.11　地理编码(Geocoding)

点击【SARscape】→【Interferometric Stacking】→【SBAS】→【6－Geocoding】对 SBAS 的结果进行地理编码，输入最新的“Auxiliary file”文件，输入 DEM，其他参数默认，获取的地理编码的结果都输出存放在“SBAS_processing/inversion/geocoded”路径之下。

13.4.3.12　SBAS 结果时序分析

SBAS 得到的结果，一个是栅格格式的形变速率图(见图 13-18)，在 ENVI 中直接打开…_SBAS_processing\inversion\geocoded\SI_vel_geo 数据，该数据的像元值是平均位移速率，单位是 mm/y。右键点击形变速率图，选择【New Raster Color Slices】，对形变速率图进行密度分割，进行形变区间等级划分和配色，使其彩色显示。

另一个结果是时序形变结果，即每一个时相相对于第一时相的形变量，打开和分析方法如下：

打开…__SBAS_processing\inversion\geocoded_disp\SI_geo_disp_meta 文件，该文件记录每期形变量以及其他信息，显示其中一个形变波段 SI_YYYYMMDD_N_disp_geo。在

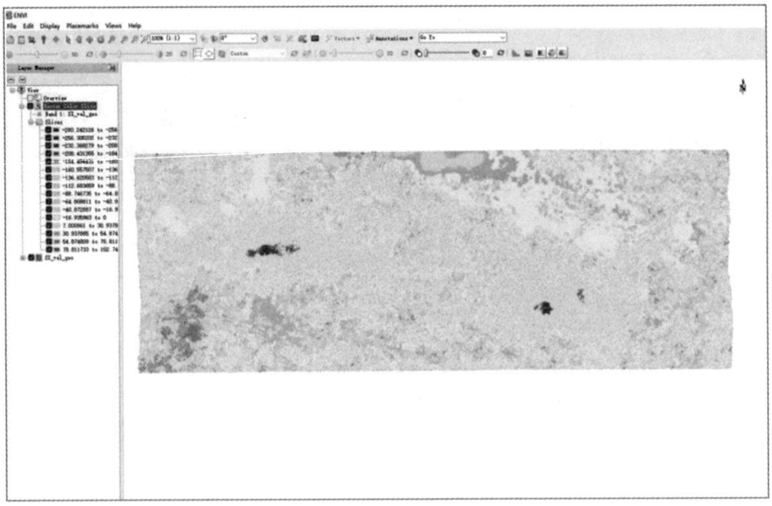

图 13-18　形变速率图

【Toolbox】中，打开【SARscape】→【General Tools】→【Time Series Analyzer】→【Raster】工具(该工具如果在 ENVI 5.3 中找不到，可以去 ENVI Classic 中寻找，此问题出现的原因为 SARscape 版本过低)，定位到想查看的像元，点击【plot】，即可绘制出该像元在每个时相上的形变量，见图 13-19。

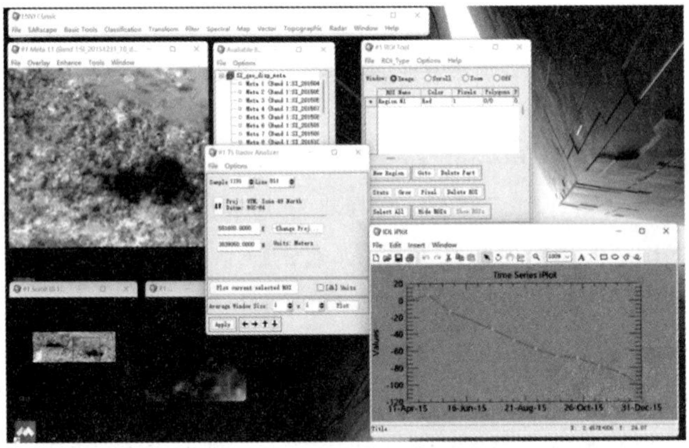

图 13-19　某点的形变量变化图

13.5　实验成果提交

上机实习报告一份，上机实习的具体操作步骤(含中间结果)一份，实习操作步骤及中间结果用 Word 文档格式保存。

实习成果以“专业＋班级＋姓名＋‘_’＋实习序号＋.rar”命名，“.rar”为电子文档的扩展名。

实习成果命名示例：地科 1901 王小明_实习 13.rar。

参考文献

[1] 蔡玉林,杨丽,刘正军,等.ENVI 遥感数字图像处理方法与实践[M].北京:测绘出版社,2020.

[2] 陈靖,文广超,谢洪波,等.白格滑坡区遥感光谱时空特征对滑坡发育的指示作用[J].自然灾害学报,2022,31(6):239-247.

[3] 程三友,许安东.遥感地质学实验教程[M].北京:地质出版社,2013.

[4] 邓书斌,陈秋锦,杜会建,等.ENVI 遥感图像处理方法[M].北京:高等教育出版社,2014.

[5] 郭庆华,胡天宇,姜媛茜,等.遥感在生物多样性研究中的应用进展[J].生物多样性,2018,26(8):789-806.

[6] 匡经水.利用航片与大比例尺地形图解译岩层产状[J].陕西煤炭,2012,31(6):75-76.

[7] 李娜,王新军,卢刚,等.2000—2017 年天山北坡西白杨沟流域土壤侵蚀时空变化分析[J].干旱区资源与环境,2021,35(3):73-79.

[8] 李彤泰.新疆哈密市黄山基性-超基性岩带铜镍矿床地质特征及矿床成因[J].西北地质,2011,44(1):54-60.

[9] 李志忠,汪大明,刘德长,等.地学遥感应用概论[M].北京:地质出版社,2017.

[10] 刘美玲,明冬萍.遥感地学应用实验教程[M].北京:科学出版社,2018.

[11] 刘瑞国.遥感解译线性构造与地质构造对比研究[J].中国煤炭地质,2018,30(12):71-74.

[12] 刘燕君.遥感找矿的原理和方法[M].北京:冶金工业出版社,1991.

[13] 马克平.试论生物多样性的概念[J].生物多样性,1993,1(1):20-22.

[14] 明冬萍,刘美玲.遥感地学应用[M].北京:科学出版社,2017.

[15] 唐渊,刘俊来,TRAN M D,等.奠边府走滑断裂带的构造特征、遥感解译及其区域构造意义[J].地质学报,2009,83(10):1401-1414.

[16] 田淑芳,詹骞.遥感地质学[M].2 版.北京:地质出版社,2013.

[17] 王琳,李娜,文广超,等.黄河流域河南段植被覆盖度变化及其驱动力[J].水土保持通报,2022,42(6):393-399.

[18] 王宁涛,彭轲,黎清华,等.基于 RS 和 GIS 的地质灾害易发性定量评价:以湖北省五峰县为例[J].地学前缘,2012,19(6):221-229.

[19] 王毅,喻鑫.地球信息科学与技术专业实验教程:遥感分册[M].武汉:中国地质大学出版社,2020.

[20] 魏永明,蔺启忠,肖磉,等.新疆西准噶尔地区不同尺度地质构造的遥感标识特征及找

矿意义[J].大地构造与成矿学,2015,39(1):76-92.

[21] 温兴平.遥感技术及其地学应用[M].北京:科学出版社,2017.

[22] 文广超,孙世奎,李兴,等.可鲁克湖流域生态环境质量诊断[J].应用生态学报,2021,32(8):2906-2914.

[23] 文广超,赵梅娟,谢洪波,等.伊犁河谷西部土地植被覆盖演化及驱动力分析[J].干旱区研究,2021,38(3):843-854.

[24] 文广超,李兴,吴冰洁,等.基于 Landsat 影像的柴达木盆地湖泊提取方法[J].干旱区研究,2022,39(3):774-786.

[25] 吴云霞,史继忠,彭立芹,等.遥感地质学实习教程[M].北京:地质出版社,2015.

[26] 薛重生.地学遥感概论[M].武汉:中国地质大学出版社,2011.

[27] 杨运航,文广超,谢洪波,等.柴达木盆地典型地貌单元归一化植被指数变化特征[J].水土保持通报,2020,40(4):133-139.

[28] 尹云鹤,吴绍洪,赵东升,等.过去 30 年气候变化对黄河源区水源涵养量的影响[J].地理研究,2016,35(1):49-57.

[29] 张娟,文广超,王恩营,等.基于遥感生态指数的焦作市生态环境动态监测与评价[J].水土保持通报,2020,40(6):107-114.

[30] 赵玲,王核,刘建平,等.西昆仑地区恰尔隆、大同一带 ETM 遥感影像构造解译[J].大地构造与成矿学,2008,32(4):470-474.

[31] 中华人民共和国环境保护部,中华人民共和国国家发展和改革委员会.生态保护红线划定指南[Z].北京:环境保护部,2017.

[32] 中华人民共和国水利部.土壤侵蚀分类分级标准:SL 190—2007[S].北京:中国水利水电出版社,2008:1-20.

[33] 朱亮璞.遥感地质学[M].北京:地质出版社,1994.

[34] 卓静,何慧娟,邹继业.近 15 a 秦岭林区水源涵养量变化特征[J].干旱区研究,2017,34(3):604-612.

[35] 邹小阳,周旺,孙文俊,等.工程堆积体土壤侵蚀影响因素国内研究进展[J].东北农业科学,2021,46(1):57-61.

[36] RENARD K, FOSTER G R, WEESIES G, et al. Predicting soil erosion by water: a guide to conservation planning with the Revised Universal Soil Loss Equation (RUSLE) [J]. Agricultural Handbook, 1997.